T0239118

Maschinelles Lernen für die
Ingenieurwissenschaften

Marcus J. Neuer

Maschinelles Lernen für die Ingenieurwissenschaften

Einführung in physikalisch-informierte, erklärbare Lernverfahren für KI in technischen Anwendungen

 Springer

Marcus J. Neuer
Research & Development
innoRIID
Düsseldorf, Deutschland

ISBN 978-3-662-68215-9   ISBN 978-3-662-68216-6   (eBook)
https://doi.org/10.1007/978-3-662-68216-6

Die Deutsche Nationalbibliothek verzeichnet diese Publikation in der Deutschen Nationalbibliografie;
detaillierte bibliografische Daten sind im Internet über https://portal.dnb.de abrufbar.

Planung/Lektorat: Leonardo Milla
Springer Vieweg ist ein Imprint der eingetragenen Gesellschaft Springer-Verlag GmbH, DE und ist ein
Teil von Springer Nature.
Die Anschrift der Gesellschaft ist: Heidelberger Platz 3, 14197 Berlin, Germany

Das Papier dieses Produkts ist recycelbar.

Dieses Buch widme ich meiner großen Liebe,
Paula!

Vorwort

Lieber Leser! Dieses Buch entstand aus der Vorlesungsreihe „Data-Mining im Umfeld technischer Prozess", die ich in den letzten Jahren an der RWTH Aachen halten durfte. Immer wieder war großes Interesse der Studenten an den Lernverfahren zu erkennen. Mir wurde klar, obwohl es an guter Informatik-Fachliteratur hierzu nicht fehlt, dass es Sinn macht, Anwendung, Entwurf und Betrieb von derartigen Verfahren aus Sicht der technischen Anwendungen zu beschreiben. Dazu spielt gerade die praktische Umsetzung eine große Rolle.

Das Buch soll Studenten, die bisher nur wenig mit Machine Learning in Kontakt gekommen sind, einen Startpunkt geben und Ihnen mit einer ausgewählten Sammlung an lauffähigen Codefragmenten helfen, eigene Problemstellungen mit Lernverfahren zu bearbeiten. Dabei soll es genügend mathematische Grundlagen vermitteln, um Vertrauen in die Methodik zu schaffen, sowie die Programmierung hinreichend vollständig darstellen, um leicht darauf aufzubauen. Die hier gezeigten Grundlagen stellen daher nur eine Einführung dar.

Vom ersten Kapitel an liegt der Fokus auf physikalisch-informierten Verfahren und dem Aspekt der algorithmischen Erklärbarkeit. Sowohl die Struktur des Buches als auch die Inhalte der einzelnen Kapitel wurden auf diese thematische Zielsetzung ausgerichtet. So beinhaltet die Darstellung der mathematischen Grundlagen einen Schwerpunkt auf stochastischen Prozessen, um diese später in die physikalisch-informierten Lernverfahren zu integrieren. Hierzu ist eine konsequente Einbeziehung von Unsicherheiten, analytischen Ausdrücken und semantischen Werkzeugen unerlässlich.

Aus Gründen der besseren Lesbarkeit verwenden wir in diesem Buch überwiegend das generische Maskulinum. Dies impliziert immer beide Formen, schließt also die weibliche Form mit ein.

Das Buch ist unterteilt in drei größere Abschnitte. Kap. 1 bis 3 bilden dabei eine Form von Einleitung. Sie behandeln den Umgang mit Daten, mathematische Hilfsmittel, um sie zu beschreiben, und letztlich Methoden, um sie gezielt anzupassen.

Kap. 4, 5 und 6 behandeln Machine Learning, beginnend mit überwachten Lernverfahren über unüberwachte Verfahren hin zu der Idee des physikalisch-informierten Lernens. Jede Methode wird dabei nicht nur dargestellt, sondern mit Codebeispielen unterstützt. Dieser Einsatz auf der Ebene der Programmierung ist hierbei von großer Bedeutung, da er das Verständnis vertieft und die spätere Anwendbarkeit überhaupt erst ermöglicht.

Es gibt dabei Ansätze, die wir bewusst ausgespart haben. So hätten Support Vector Machines (SVM), die Self-Organizing Map (SOM) von Kohonen oder auch Restricted Boltzmann Machines (RBM) durchaus in den Kontext gepasst. Eine gebührend ausführliche Darstellung hätte jedoch den Rahmen dieser Einführung verlassen und soll daher an anderer Stelle in Zukunft noch einmal aufgegriffen werden.

In allen Kapiteln wird Erklärbarkeit und physikalisches Grundverständnis immer wieder thematisch aufgegriffen. Kap. 7 schließt das Buch ab und behandelt diesen Aspekt aus verschiedenen Perspektiven. Wir zeigen nicht nur hilfreiche semantische Tools um Kontext und Wissensbezüge zu speichern, sondern wir widmen uns auch der Frage, welche Datentechnologien und Strategien Erklärbarkeit unterstützen.

Düsseldorf   Marcus J. Neuer
Juli 2023

Danksagung

Über die Zeit haben mich verschiedene Studenten mit Probelesen, Nachvollziehen der Beispiele und Fehlersuche im Quellcode bei der Realisation des Buches unterstützt. Hierfür möchte ich mich nachdrücklich bedanken, auch wenn ich hier nicht alle namentlich aufzählen kann.

Genauso möchte ich dem Team von Springer Nature für Ihre Betreuung, Tipps und Geduld bei der Erstellung dieses Buches danken.

Andreas Quick, Thomas George und Tobias Seitz von der iba AG haben häufig mit mir über die praktischen Aspekte von Lernverfahren und die Anforderungen von Industriekunden diskutiert. Für diese anregenden Diskussionen und Einblicke bin ich bis heute sehr dankbar.

Peter und Christian Henke haben mir bei der innoRIID GmbH die Möglichkeiten gegeben, viele meiner algorithmischen Ansätze für reale Produkte zu spezialisieren und diese somit zu kommerzialisieren. Hierbei konnte ich wertvolle Erkenntnisse darüber gewinnen, welche Verfahren wirklich robust sind und welche weniger für den praktischen Einsatz geeignet sind. Dafür danke ich ihnen und auch dem gesamten Team bei innoRIID.

Ich möchte mich auch ganz herzlich bei den vielen Kollegen des Betriebsforschungsinstituts (BFI) in Düsseldorf bedanken. Über die letzten Jahre fand ich hier eine wissenschaftliche Heimat, die es mir erlaubt hat, viele neue Themen kennen- und auch lehren zu lernen. Dr. Alexander Ebel hat mich sicherlich mit seiner Leidenschaft für semantische Technologien angesteckt. Ihm bin ich dankbar für die gemeinsamen Projekte, in denen wir Agententechnologien und semantische Konzepte zum realen Einsatz in der Industrie bringen konnten. Norbert Link stand mir häufig zur Seite, um über die Sinnhaftigkeit eines Algorithmus zu diskutieren. Von ihm habe ich viele Einblicke erhalten, um Methoden kritisch zu hinterfragen und Fehler aufzuspüren. Norbert Holzknecht weckte bei mir eine Faszination für industrielle Datensysteme und ermutigte mich, auch unkonventionelle Lösungswege zu nutzen. Dr. Andreas Wolff stand mir immer mit Rat und Tat zur Seite, vor allem was komplizierte mathematische Konzepte anging. Ihm bin ich für die vielen Diskussionen und Ideenrunden dankbar, die meinen Horizont jedes Mal erweitert haben. Letztlich möchte ich Prof. Dr. Harald Peters nennen, ohne den ich wahrscheinlich nie meine akademischen Interessen wieder aufgegriffen hätte und der mich bis zum heutigen Tag immer unterstützt hat.

Ein letzter großer Dank gilt dem Institut für Theoretische Physik I der Heinrich-Heine-Universität Düsseldorf. Speziell Prof. Dr. K.-H. Spatschek und Dr. E. Laedke haben mir grundlegende algorithmische und mathematische Werkzeuge vermittelt, die mich bis heute in meinem Beruf begleiten, was mich zutiefst dankbar macht.

Ich möchte mich bei meinen Eltern bedanken, die mir so vieles im Leben möglich machten und immer für mich da sind. Sie unterstützten jeden meiner Lebensträume und haben somit auch einen großen Anteil an dieser Arbeit.

Meiner Frau Stephanie Paula Neuer ist dieses Buch nicht nur gewidmet, ich danke ihr für ihre liebevolle Unterstützung, für den Wind in meinen Segeln und natürlich die vielen Stunden, in denen sie mir half Fehler zu finden und auszumerzen. Ohne sie wäre das Buch so nicht möglich gewesen.

im Düsseldorf   Marcus J. Neuer
Juli 2023

Inhaltsverzeichnis

Abkürzungsverzeichnis

AE	Autoencoder
DGL	Differentialgleichung
IG	Information Gain, Informationsgewinn
KNN	Künstliches Neuronales Netz
LSTM	Long Shortterm Memory, langes Kurzzeitgedächtnis
MDN	Mixture-Density-Netzwerk, ein neuronales Netz mit gemischten Dichten
MLP	Multi-Layer Perceptron, ein mehrschichtiges, vollständig verknüpftes Netz
NN	Neuronales Netz
PCA	Principal Component Analysis, Hauptkomponentenanalyse
PINN	Physikalisch-informiertes neuronales Netz
Xtest	Testdaten der Eingangsvariablen
Xtrain	Trainingsdaten der Eingangsvariablen
Ytest	Testsdaten der Label/Zielvariablen
Ytrain	Trainingsdaten der Label/Zielvariablen

Kapitel 1
Daten als Grundlage von Modellen

Schlüsselwörter Data Mining · CRISP-DM · Skalen

Maschinelles Lernen hat in den letzten Jahren Erfolge in vielen Anwendungen feiern können. Die Möglichkeiten, die es uns erschließt, sind zahlreich. Neuartige Fotofilter rechnen unser Gesicht jünger oder sorgen dafür, dass wir stets in die Kameralinse schauen. Wissen wird über intelligente Chatbots von uns schneller erschlossen als zuvor. In diesem Sinne verändern datenbasierte Modelle und Lernverfahren derzeit unsere Umgebung nachhaltig. Viele Menschen reagieren mit Skepsis. Zum Teil ist dies berechtigt, denn die künstliche Intelligenz (KI), die oft fälschlicherweise mit ihrem Untergebiet des maschinellen Lernens gleichgesetzt wird, kann nicht jedes Problem lösen. Die Erwartungshaltung an KI ist übertrieben und utopisch (Abb. 1.1).

Daten sind der Treibstoff für Lernverfahren. Es ist wichtig zu verstehen, wie sich Daten charakterisieren lassen. Dieses Kapitel zeigt daher, wie wir sie strukturiert beschreiben und mit ihnen arbeiten. Wir führen Data Mining und Cross Industry Standard Process for Data Mining (CRISP-DM) als systematische Prozesse ein, mit klarem Fokus auf den praktischen Aspekten einer industriellen Realisierung. Um die Programmcodes im Buch nachzuvollziehen, stellen wir die Programmiersprache Python kurz vor und erläutern ihre wichtigsten Bibliotheken.

Maschinelles Lernen für Ingenieurwissenschaften konzentriert sich auf den Kontext technischer Prozesse. Es hat somit vorrangig einen Anwendungsbezug. Wir stellen das Thema im Rahmen dieses Buches systematisch vor und legen großen Wert auf klare Beispiele und nachvollziehbare praktische Anwendungen. Einige dieser Anwendungen und Beispiele wurden dazu vereinfacht. Wir stellen die Theorie dar, um das Vertrauen in eine Methode zu motivieren oder eine spezielle Wirkweise in den Vordergrund zu stellen. Die mathematischen Grundlagen haben in ihrer hier gezeigten Weise aber nicht den Anspruch geschlossen formuliert zu sein. Vielmehr sollen sie helfen, die unterliegenden Mechanismen auf mathematischer Basis begreifbar werden zu lassen.

© Der/die Autor(en), exklusiv lizenziert an Springer-Verlag GmbH, DE, ein Teil von Springer Nature 2024
M. J. Neuer, *Maschinelles Lernen für die Ingenieurwissenschaften*,
https://doi.org/10.1007/978-3-662-68216-6_1

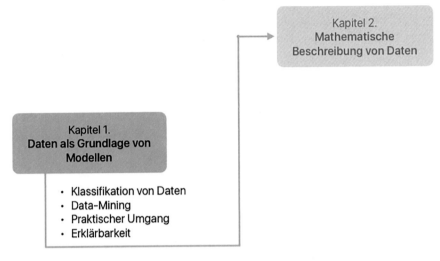

Abb. 1.1 Kapitelübersicht

1.1 Datenbasierte Modellierung

1.1.1 Der Begriff Modell

Warum ist maschinelles Lernen überhaupt interessant? Dafür holen wir etwas weiter aus. In den Natur- und Ingenieurwissenschaften besteht seit vielen Jahren eine tiefe Wertschätzung für Modelle. Sie imitieren die Realität auf einer niedrigeren Detailstufe und helfen uns, komplexe Zusammenhänge zu verstehen. Prozesse werden durch Modelle vorhersagbar.

First-Principle-Modelle
Viele Modelle stammen aus Axiomen und den Naturgesetzen. Sie verknüpfen physikalische Größen miteinander und erlauben damit ein direktes Verständnis der Zusammenhänge. Aufgrund dieser Eigenschaft nennt man sie First-Principle-Modelle. Sie werden durch kompakte mathematische Gleichungen erfasst. Differentialgleichungen, Erhaltungssätze bis hin zu Zustandsmodellen der Regelungstechnik sind Beispiele hierfür.

Ein bekanntes First-Principle-Modell illustriert dies etwas näher: das Gravitationsgesetz. Die Kraft, die zwei Massen m_1 und m_2 aufeinander ausüben, ist proportional zum Produkt dieser Massen und umgekehrt proportional zum Quadrat ihrer Distanz r,

$$F \propto \frac{m_1 m_2}{r^2}. \tag{1.1}$$

Dieses Modell erlaubt uns direkt die Beziehung zwischen den Massen und ihrer Distanz zu verstehen. Es ist darüber hinaus kompakt formuliert. Gl. (1.1) sagt aus, was passieren wird, wenn wir beispielsweise die Masse m_2 verdoppeln. Sollten wir andererseits feststellen, dass die Kraft viermal kleiner wurde als vorher, können wir durch Messung von r und Kenntnis von m_1 und m_2 sagen, warum: weil sich der Radius verdoppelt hat.

Lassen Sie uns die wichtigen Merkmale von Modellen noch einmal herausstellen: a) Sie helfen uns, komplexe Zusammenhänge zu verstehen, da sie Variablen miteinander verknüpfen und b) sie sagen das Verhalten von Systemen voraus.

Datenbasierte Modelle

Da Maschinen auf naturwissenschaftlichen Prinzipien basieren, helfen uns Modelle dabei, Probleme in der industriellen Produktion aufzuspüren. Viele technische Vorgänge sind Kombinationen aus mehreren Prozessen. Oft sind dabei die einzelnen Vorgänge derart komplex, dass eine vollständige Abbildung selbst mit reduzierten Modellen nur bedingt möglich ist. Vor allem der ursprüngliche Bottom-Up-Ansatz, die Zusammenhänge aus Axiomen oder grundlegenden Gesetzen herzuleiten, ist schwierig.

An dieser Stelle kommt datenbasierte Modellierung ins Spiel. Daten existieren von vielen technischen Prozessen. Was im Prozess passiert ist, wird zumindest im Rahmen der Sensorgenauigkeit aufgezeichnet. Nehmen wir an, alle relevanten Daten sind erfasst und wir verfügen sowohl über die Einflussgrößen als auch über die Größe, die wir verstehen oder voraussagen möchten, dann ist die eigentliche Abhängigkeit in den Daten gespeichert und kann daraus extrahiert werden. Dies ist die Grundannahme der datenbasierten Modellierung.

Im Gegensatz zur Herleitung eines Modells mit dem Bottom-Up-Ansatz, beginnt die datenbasierte Modellierung mit der Beobachtung der Vorgänge. Dies ist Top-Down, da der Prozess als Startpunkt dient und die Details erst erschlossen werden. Anschließend werden statistische Tools genutzt, um einfache Modelle aufzustellen. Mit zunehmender Komplexität kommen Methoden des maschinellen Lernens zum Einsatz. Sie bilden eine eigene Untergruppe der datenbasierten Modellierung. Hierbei existieren Schwierigkeiten und offene Fragen:

- **Wahl der Variablen.** Ist die Dynamik, die wir einfangen möchten, durch die Daten überhaupt erfasst?
- **Qualität der Messung.** Sind die Sensordaten genau genug, um das Problem abzubilden?
- **Menge der Daten.** Haben wir genügend Messpunkte zur Verfügung, um das gewünschte Modell aufzustellen?

1.1.2 White-Box-, Grey-Box- und Black-Box-Modelle

Die Charakterisierung in First-Principle- und datenbasierte Modelle orientiert sich an der Entstehungsweise des Modells. Eine weitere Eigenschaft ist die Nachvollziehbarkeit eines Modells. Hier werden folgende Kategorien unterschieden:

- **White-Box-Modelle.** Jedes Modell, welches vollständig nachvollziehbar und erklärbar ist, heißt White-Box-Modell. Wir können in das Modell hineinschauen und uns erschließt sich seine Arbeitsweise. First-Principle-Modelle sind White-Box-Modelle. Auch datenbasierte Ansätze wie die lineare Regression können White-Box-Modelle sein.
- **Black-Box-Modelle.** Ist die Nachvollziehbarkeit nicht möglich und sind somit die inneren Wirkmechanismen nicht bekannt, dann spricht man von einem Black-Box-Modell. Solche Modelle können zwar Prozesse vorhersagen, sie erlauben aber keine Aussage über den Zusammenhang von Eingangs- und Ausgangsvariablen. Folgerichtig ist es schwierig, Black-Box-Modellen zu vertrauen. Vor allem Maschine-Learning-Algorithmen wird vorgeworfen zu dieser Kategorie zu gehören. Dabei ist dies nicht unbedingt richtig. Es existieren Verfahren, wie wir sie später kennenlernen werden, die uns helfen, Modelle auf ihre inneren Mechanismen hin zu untersuchen und somit vom Black-Box-Charakter zu einem realen Verstehen und Vertrauen zu gelangen.
- **Grey-Box-Modelle.** Eine dritte Variante stellen Grey-Box-Modelle dar, die partiell nachvollziehbar sind. Sie nutzen Eingangsvariablen, deren Einfluss man kennt, und zusätzliche Größen, deren Effekt sich nicht erfassen lässt. Monte-Carlo-Verfahren werden zu dieser Kategorie gezählt, weil sie einen analytischen Kern, z. B. eine Differentialgleichung enthalten, und diese mit stochastischen Variablen simulieren. Da letztere Zufallsprozesse sind, ist zumindest ein Teil der Monte-Carlo-Simulation nicht voraussagbar.

1.1.3 Kritik an der datenbasierten Modellierung

Der fehlende Bezug auf Naturgesetze ist ein Nachteil datenbasierter Modellierung. Einige Praktiker und Anwender kritisieren datenbasierte Modelle aufgrund ihrer schwierigen Nachvollziehbarkeit. Sie gehen bei ihrer Kritik von einem reinen Black-Box-Charakter aus. Auch die Akzeptanz des maschinellen Lernens war davon anfänglich beeinträchtigt. Viele dieser Kritiker gehen jedoch von falschen Annahmen aus.

Die Diversität von Modellen hat über die letzten Jahre zugenommen. Maschinell lernende Algorithmen können versteh- und erklärbar gestaltet werden. Sie gehören heutzutage zum Bereich der Grey-Box-Modelle. Die Integration von physikalischen First-Principle-Modellen als Teil von datenbasierten Modellen ist für viele Anwender unbekannt. Dabei haben diese Ansätze viele Erfolge in der Industrie vorzuweisen.

Lernverfahren lassen sich abtasten. Durch gezielte Störung der Eingangsvariablen kann man prüfen, wie sich der Algorithmus verhält. So können wir für nichtdeterministische neuronale Netze dennoch analytische Zusammenhänge identifizieren. Für die meisten Lernverfahren lässt sich mit Hilfe von Werkzeugen aus der Stochastik auch eine Grundlage für Erklärbarkeit erreichen.

1.2 Klassifikation von Daten

1.2.1 Geschichtliche Einordnung des Begriffs Data

Handgeschriebene Listen, analoge Fotos, Post-its oder Bücher bezeichnen wir als Daten – ein Begriff, der weder neu ist noch eine moderne Erfindung darstellt. Er geht mehrere hundert Jahre zurück und ist eng mit dem Begriff der Zahl und dem Konzept des Messens und Vergleichens verknüpft.

So fingen Menschen bereits früh damit an, vergleichende Maße einzuführen, um den Überblick über landwirtschaftliche Aktivitäten zu behalten. Sie konnten den Bestand eines Kornfeldes ermitteln und die daraus möglichen Ernteerträge abschätzen, was wichtig für die Nahrungsmittelproduktion war. Durch Vergleich mit den niedergeschriebenen Informationen aus den Vorjahren, konnte man feststellen, ob der Ertrag rückläufig war oder nicht.

Etwas allgemeiner formuliert, erfasst man Daten mit dem Ziel, Zustände oder Prozesse zu überwachen und diese letztlich zu beeinflussen. In Abb. 1.2 sind einige wichtige Ereignisse dargestellt, um einen Eindruck davon zu bekommen, inwieweit Daten auch wichtige Meilensteine der industriellen Entwicklung beeinflusst haben. Beachten Sie aber bitte, dass diese Zeitleiste nicht vollständig ist.

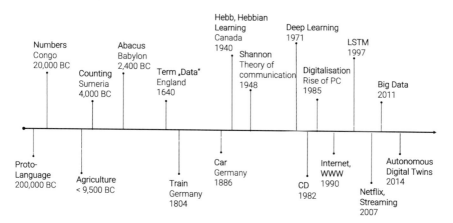

Abb. 1.2 Zeitstrahl mit einigen wichtigen Ereignissen

1.2.2 Daten in unserer heutigen Zeit

Daten begegnen uns heute überall. Sie werden absichtlich oder unwissentlich, geplant oder zufällig erzeugt. Oft entstehen viele Daten nur deshalb, weil im Vorhinein nicht überlegt wurde, welche Daten genau erhoben werden müssen – eine Vorgehensweise, von der abzuraten ist, die aber oft unumgänglich ist. Man weiß häufig schlichtweg nicht, welche Informationen später einmal wichtig werden. Deswegen werden viele Daten tatsächlich nie verwendet.

Wir wollen uns systematisch dem Thema Datenauswertung nähern. Dafür benötigen wir ein Grundverständnis, wie man Daten beschreiben, charakterisieren und strukturieren kann.

In der heutigen Zeit sind Daten allgegenwärtig, weil sie das Rückgrat vieler Alltagstechnologien sind. Wie unterschiedlich Daten sein können und dass es verschiedenste Arten von ihnen gibt, scheint allein schon durch die Betrachtung von Kurznachrichten, Webseiten, Smartphones oder medizinischen Akten ersichtlich. Überlegen Sie, welche Daten in folgenden Vorgängen relevant sind:

- Smartphones, die überall verfügbaren Zugang zum World Wide Web garantieren,
- Soziale Medien wie Facebook, die Datensammlungen ihrer Nutzer darstellen,
- Dienste zum Versenden von Nachrichten.

Für diese Beispiele werden immer heterogene Kombinationen aus unterschiedlichen Datentypen benötigt. In den nächsten Abschnitten erläutern wir daher, wie man Daten beschreibt und anordnet.

1.2.3 Strukturelle Klassifikation

Eine erste, grobe Einteilung von Daten kann aufgrund ihrer Strukturierung vorgenommen werden.

Strukturierte Daten
Jeder von uns hat schon einmal eine Tabelle benutzt. Sie haben Spaltennamen und eine definierte Zeilenstruktur. Ihre Größe ist in der Regel festgelegt und der Typ jedes Feldes ist genau definiert. Diese Art von Daten wird als strukturiert bezeichnet.

> **Beispiel: Daten von einer Personengruppe**
> Stellen Sie sich vor, Sie haben eine Gruppe von 30 Personen. Sie bitten sie, sich zu identifizieren. Dazu bitten Sie jede Person, bestimmte Informationen über sich selbst in einen Fragebogen mit festen Eingabefeldern einzutragen. Die Felder fragen z. B. Name, Geburtsdatum und Adresse ab. Jeder, der das Formular ausfüllt, wird automatisch gezwungen, sich an diese Struktur zu halten.

Strukturierte Daten zeichnen sich daher durch das Vorhandensein eines solchen vordefinierten Schemas aus, das auch als **Datenmodell** bezeichnet wird.

Weitere Beispiele für strukturierte Daten sind:

- Daten von technischen Prozessen,
- Bank-Transaktionen,
- Daten für die Suchmaschinenoptimierung.

Unstrukturierte Daten

Fehlt genau dieses Datenmodell, so sprechen wir von unstrukturierten Daten. Diese werden als Informationen definiert, die nicht durch ein festes Schema abgebildet werden können. Man weiß also nicht sicher, in welcher Form die Daten vorliegen werden. Bei dem obigen Beispiel bleibend, entspricht dies dem Fall, in dem Sie alle 30 Personen im Raum bitten, Ihnen einige persönliche Informationen zu geben. Einige werden anfangen, etwas auf Papier zu schreiben, andere werden Ihnen eine Kopie ihres Personalausweises geben und wieder andere werden einfach ein paar persönliche Fotos beisteuern. Die Daten sind unstrukturiert.

- Fotografien,
- Bücher,
- Gesundheitsakten,
- Poesiealben

sind Beispiele für unstrukturierte Daten.

Semistrukturierte Daten

Nun existiert noch eine weitere, häufig anzutreffende Art von Daten, die man als Mischung beider obigen Extremfälle ansehen kann: semistrukturierte Daten. Hierbei existiert eine vorgegebene Grundform, sozusagen ein Metamodell, nach dem man die Daten strukturiert erwartet, in dessen Unterteilen man jedoch gezielt völlig unstrukturierte Daten zulässt (Abb. 1.3).

In unserem obigen Beispiel würde die Gruppe von Personen gebeten, ein Formular mit vorgegebenen Feldern und frei zu bearbeitenden Feldern auszufüllen. So würden sie ihre Namen und Adressen angeben, aber auch noch etwas Platz haben, um beliebige weitere Informationen einzutragen. Einige geben vielleicht ihre Hobbys an, andere fügen drei Bilder hinzu und wieder andere zeichnen etwas. Ein Teil der Daten ist somit strukturiert, ein anderer Teil unstrukturiert. Diese Art von Daten wird dann als semistrukturiert bezeichnet.

Einige Beispiele hierfür sind:

- Emails,
- Webseiten,
- Tweets,
- das Gedächtnis von Digitalen Zwillingen.

Die Struktur unserer Daten bestimmt die Wahl einer geeigneten Datenbankarchitektur. So können SQL-Datenbanken besonders gut strukturierte Daten verarbeiten; sie haben jedoch Schwierigkeiten mit unstrukturierten oder semistrukturierten Daten. Dagegen gibt es verschiedene Not-Only-SQL-(NoSQL-)Datenbankkonzepte, die speziell für die Speicherung und Verwaltung von semistrukturierten Daten entwickelt wurden.

1.2.4 Quantitative Kategorisierung von Daten

Daten können weiterhin in zwei weitere Kategorien unterteilt werden: kontinuierliche und diskrete Daten.

Kontinuierliche Daten
Daten, die jeden Wert innerhalb eines bestimmten Bereichs annehmen können, werden als kontinuierliche Daten bezeichnet. Das Messen einer Länge mit einem Lineal ist ein Beispiel für (Quasi-)Kontinuität. Jede beliebige Zahl (0,1, 0,01, 0,001, ...) ist theoretisch möglich. Manchmal werden kontinuierliche Daten synonym mit dem Begriff **analoge Daten** gesehen.

Diskrete Daten
Diskrete Daten beziehen sich auf einzelne, klar voneinander zu trennende Datenpunkte, die gezählt werden können und oft durch ganze Zahlen dargestellt werden (0, 1, 2, 3, 4, 5,...). Ein Beispiel für diskrete Daten ist die Anzahl der Personen in einem Zug. Da es so etwas wie eine halbe Person nicht gibt, kann dies nur mit diskreten Zahlen beschrieben werden. **Digitale Daten sind diskret.**

1.2.5 Qualitative Kategorisierung von Daten

Wir können noch eine weitere Beschreibungsebene hinzufügen, um Daten besser zu verstehen. Diese betrachtet die Natur der Daten selbst: Handelt es sich um Buchstaben oder Zahlen, Monate oder Längen? Es können folgende qualitativen Typen unterschieden werden:

Nominale bzw. attributale Daten
Beschreibende Daten nennt man nominal – sie tragen einen Namen. Begriffe in Listen, wie z.B. Farben, Straßennamen und Beschreibungen, stellen Fälle nominaler Daten dar. In Programmiersprachen ist der häufigste Typ, der für nominale Daten verwendet wird, der **string.** Sie sind darüber hinaus schwer zu messen. Oft erfordern sie eine manuelle Eingabe. Betrachten wir wieder das Beispiel mit den 30 Personen und den Formularen, so sind die Eintragsfelder Vorname, Nachname und Adresse natürlich nominaler Natur.

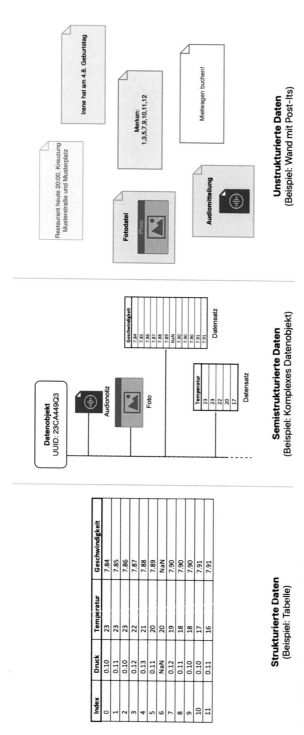

Abb. 1.3 Von links nach rechts: Strukturierte, semistrukturierte und unstrukturierte Daten

Ordinale Daten

Können wir die Daten in eine logische Reihenfolge bringen, so sind sie geordnet und wir nennen diesen Typus ordinale Daten. Naheliegende ordinale Daten sind z. B. die Namen der Monate („Januar", „Februar", ...). Bitte beachten Sie, dass auch ordinale Daten einen nominalen Anteil besitzen, wie das Beispiel mit den Monatsbezeichnungen zeigt. Die Möglichkeit der Sortierung ist damit eine zusätzliche Fähigkeit dieser Datenform.

Kardinale Daten

Kardinale Daten können wir addieren und subtrahieren, multiplizieren und dividieren. Es ist möglich, Rechenregeln auf ihnen anzuwenden. Zahlenräume sind kardinale Daten. Bei Monatsnamen (die ordinal und nicht kardinal sind) können Sie beispielsweise keine Addition vornehmen. Deshalb nutzen wir den gesonderten Begriff kardinal, (lat. *numeri cardinale,* besondere Zahlen). In Programmiersprachen bildet der Datentyp **integer** die natürlichen Zahlen ab, und der Datentyp **float** (floating point) erfasst die reellen Zahlen (Fließkommazahlen).

Binäre Daten

Binäre Entscheidungen sind „Ja"/„Nein", 0/1 oder „Wahr"/„Falsch". Die spezifische Variante mit „Wahr"/„Falsch" wird auch als **boolesche** Entscheidung bezeichnet. Der Datentyp in Programmiersprachen heißt **bool** oder **boolean.**

> **Labels und Zielgrößen**
> Eine sehr wichtige, allgemeinere Art von qualitativen Daten sind die sogenannten **Labels.** Dabei handelt es sich um einen spezifischen Satz nominaler, ordinaler, kardinaler oder binärer Informationen, die beim überwachten maschinellen Lernverfahren als Trainingsziele für den Algorithmus verwendet werden. Der Begriff des Labels wird uns in weiteren Kapiteln ständig begleiten; daher sei er an dieser Stelle bereits hervorgehoben.

1.2.6 Zeitreihen

Eine Datenreihe, bei der die einzelnen Datenpunkte indiziert und nach der Zeit geordnet sind, wird als Zeitreihe bezeichnet. Zeitreihen können als kardinale, diskrete Daten kategorisiert werden. Diese Art von Daten ist vor allem in technischen Prozessen anzutreffen. In der Physik werden die meisten dynamischen Gleichungen (das Modell) als Ableitungen nach der Zeit formuliert. Alle diese Systeme können durch die Messung von Zeitreihen überwacht werden, z. B. um die Gültigkeit des Modells zu überprüfen. Betrachtet man ein Stück Stahl, das nach dem Erhitzen und Walzen abkühlt, und nimmt man alle 5 min Messpunkte auf, so erhält man eine Zeitreihe.

Abb. 1.4 Ein einfaches
Schema, um Daten zu
beschreiben

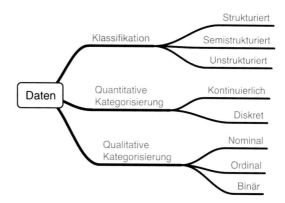

Bei der Analyse technischer Prozesse handelt es sich in der überwiegenden Mehrzahl der Fälle um Kombinationen von Zeitreihen und einzelnen nominalen Attributen. Sie stehen im Mittelpunkt des technischen Data Mining (Abb. 1.4).

Zeitreihen können auch im Frequenzbereich ausgewertet werden, was für sich wiederholende und oszillierende Prozesse gut geeignet ist. Der Umfang der Zeitreihenanalyse wird mit Blick auf das Buch von J. D. Hamilton [5] klar, in dem viele verschiedene Modellansätze rund um Zeitreihen diskutiert werden.

1.2.7 Skalen und das Skalenniveau

Die Betrachtung der obigen qualitativen und quantitativen Kategorisierung von Daten ist verwandt mit dem Begriff der Skala [4]. Eine Skala unterteilt eine Menge von Werten oder Eigenschaften in messbare Abschnitte. Sie ist ein Vergleichsmaßstab für unsere Daten. Abhängig von deren qualitativen Charakterisierung unterscheidet man z. B. Nominalskalen oder Ordinalskalen. Die Skala hängt von ihrem Datentypus ab und von der Fähigkeit, die Erfassung der Daten in messbare Abschnitte teilen zu können. Der Unterschied zwischen Nominal- und Ordinalskalen wird an folgenden Beispielen klarer:

Beispiel: Lehrer und Schüler
Stellen Sie sich vor, Sie sind Lehrer und unterrichten eine Klasse mit N Schülern. Jeder Schüler hat einen Vornamen. Wenn Sie die Vornamen notieren, nehmen Sie nominale Daten auf. Was können Sie an diesen Daten messen? Tatsächlich können Sie die Häufigkeit bestimmen, mit der ein Name vorkommt. Sie wissen letztlich, dass es vier Personen mit dem Namen Michael gibt und zwei mit Namen Julia, während die restlichen Namen genau einmal vorkommen.

Beispiel: Geburtstage von Schülern als zeitliche Ordnungsvariable
Gehen Sie nun noch einen Schritt weiter und fragen auch die Geburtstage der
Schüler ab, so erweitern Sie ihre nominale Datenerfassung durch eine ordinale
Variable, nämlich ein Datum. Nun können Sie die einzelnen Personen anhand
ihres Geburtstags in eine Reihenfolge sortieren. Sie können sogar Personen
gleichen Namens unterscheiden.

Nominale Daten können Sie also nur miteinander oder mit einer Referenz vergleichen. Für Variablen dieser Kategorie stehen ihnen lediglich die Operationen $=$ oder
$\neq$ zur Verfügung. Die ordinalen Daten besitzen dagegen zusätzlich die Operationen
$<$ und $>$.
   Folgerichtig ergibt sich für kardinale Daten eine weitere Skala, die Kardinalskala. Auf ihr werden auch mathematische Operationen $+$, $-$, $*$ und $/$ ausführbar.
Da dies den Vergleich verschiedener Intervalle erlaubt, heißt diese Skala auch Intervallskala. Führt man zusätzlich einen definierten Nullpunkt ein, so können wir nicht
nur Intervalle definieren, sondern auch Verhältnisse berechnen. Eine Kardinalskala
mit Nullpunkt wird daher Verhältnisskala genannt. Tab. 1.1 fasst die verschiedenen
Skalen und ihre Eigenschaften noch einmal kompakt zusammen.

Beispiel: Analoge und digitale Temperaturmessung
Wenn eine Wetterstation Temperaturen misst, dann ruft sie in festen Abständen
den Wert der Temperatur vom Sensor ab. Hierbei handelt es sich um diskrete,
kardinale Daten. Bei einem Flüssigkeitsthermometer ist diese Erfassung auf
der kardinalen Skala, aber analog.

Tab. 1.1 Skalenniveaus in der Übersicht

Skalenniveau	Math. Operation	Messgrößen	Stat. Größen	Beispiel
Nominalskala	$=,\neq$	Häufigkeit, Sortierung	Modus	Namen
Ordinalskala	$=,\neq,<,>$	Häufigkeit Sortierung	Median	Monate
Kardinalskala – Intervallskala	$=,\neq,<,>,$ $+,-,*,/$	Häufigkeit, Sortierung, Distanz	Arith. Mittel	Temperatur/$°$C
Kardinalskala – Verhältnisskala	$=,\neq,<,>,$ $+,-,*,/,\ 0$	Häufigkeit, Sortierung Distanz, Nullpunkt	Geo. Mittel	Temperatur/ K

Beispiel: Seismograph
Die Aufzeichnung von Schwingungen der Erdoberfläche passiert mit einem Seismographen. Er besteht aus einer Feder mit einer trägen Masse. Sobald der Boden erschüttert wird, zeichnet ein Messschreiber die relative Bewegung des Bodens zur Masse auf. Dies ist ein Beispiel für eine kontinuierliche Messung. Die Daten des Seismographen sind kontinuierliche Zeitreihen auf einer Kardinalskala.

Eine wichtige Aufgabe des maschinellen Lernens in der Praxis ist das Zusammenspiel von Daten auf ihren verschiedenen Skalen. Wir nutzen unsere Definitionen der vorangegangenen Abschnitte, um einige weitere Beispiele zu betrachten und diese einzuordnen:

Beispiel: Lotterie
Eine wöchentliche Ziehung von Lottozahlen ist eine Stichprobe aus einer N-elementigen Menge. Die so erzeugten Daten sind diskret. Es handelt sich um eine nach oben beschränkte Nominalskala von definierten Zahlen. Summation und Subtraktion sind hier nicht sinnvoll anwendbar. Auch die Reihenfolge der zu ziehenden Zahlen spielt keine Rolle – wohl jedoch die Reihenfolge, in der gezogen wird.

Beispiel: Bücher als Ansammlung von Daten
Der Text in Büchern ist eine diskrete Abfolge von nominalen Informationen – erfasst durch separate Buchstaben, die Wörter bilden und separate Wörter, die Sätze bilden.

Beachten Sie, in welchen Skalen Sie arbeiten. Auch auf Ihre Interpretation von Daten haben Skalen einen Einfluss: Eine Veränderung von 5 °C von 20 °C auf 25 °C, entspricht in der Celsiusskala (einer Intervallskala) einer Veränderung von 25 %. In der Kelvinskala (einer Verhältnisskala mit absolutem Nullpunkt) wäre die gleiche Veränderung von 293 K auf 298 K nur ein Unterschied von 1,7 %. Es kann sein, dass Ihre eigene Wahrnehmung jedoch eher der Celsiusskala entspricht – weil diese Skalierung schlichtweg besser an unserer Lebensrealität orientiert ist.

Dieser letzte Punkt wird im nächsten Kapitel noch einmal diskutiert werden, wenn wir die Normalisierung von Daten betrachten. Dann greifen wir künstlich in die Skalierung unserer Daten ein, um die Skala für ein Problem zu optimieren.

1.3   Data Mining als systematischer Prozess

1.3.1   Was ist Data Mining?

Der Begriff Data Mining basiert auf der Idee, Gestein abzubauen. Wenn man sich Daten als ein schwieriges, undurchsichtiges Material vorstellt, erscheint diese Analogie verständlich. Die entsprechenden Methoden zur Gewinnung von Informationen aus diesem Datengestein stellt man sich dann als Bergbauverfahren vor.

Die Analogie zum Bergbau ist zwar reizvoll, birgt aber eine interessante Diskrepanz zur Praxis der Datenanalyse: Sie setzt voraus, dass die Daten bereits vorhanden sind und nur noch ausgewertet werden müssen. Tatsächlich besteht aber die Aufgabe eines Data-Miners auch darin, geeignete Wege zur Beschaffung der Daten zu definieren. Unter Data Mining versteht man die Analyse eines Datensatzes mit folgenden Zielen:

- **Detektion.** Detektion bedeutet etwas bestimmtes wahrzunehmen, es zu bemerken. Im Kontext von Daten ist es oft nötig, Ausreißer, Anomalien oder andere relevante und unerwartete Verhaltensweisen zu finden, die für Probleme im technischen Prozess verantwortlich sind. Dabei ist es oft eine Herausforderung, klar zu definieren, was das normale (gewünschte) Verhalten eines Systems überhaupt ist.

> **Beispiel: Anomalie bei der Flugzeugsteuerung**
> Betrachten Sie die Steuerung eines Flugzeugs. Es verfügt über Aktuatoren wie Schub, Höhen- und Seitenruder, Leitwerk und Landeklappen. Ein Pilot kann mit diesen Parametern Einfluss auf die Bewegung des Flugzeugs nehmen. Um den Zustand des Flugzeugs und das Ergebnis möglicher Steuereingriffe zu messen, sind zusätzlich Sensoren vorhanden. Sie messen u. a. den Druck und können daraus Variablen wie Geschwindigkeit oder Höhe ableiten. Wird ein Stelleingriff vorgenommen, so können die einzelnen Sensoren verschieden reagieren.
>
> Drückt man den Steuerhebel nach vorne, so neigt sich das Flugzeug und der Druck beginnt zu steigen. Eine Situation, die normal ist. Würde man jedoch bei gleichem Stelleingriff eine Verringerung des Drucks wahrnehmen, hat man eine Anomalie. Gegebenenfalls ist der zugehörige Sensor defekt.

- **Klassifikation.** Ein wichtiges Ziel von Data Mining ist es Datenelemente in Klassen einzuordnen. Dies ist vor allem bei industriellen Problemen wichtig. Hier kommt es vor, dass man für Produkte Güteklassen erfüllen muss oder ein Produkt den Abnahmekriterien eines Kunden genügen soll.

Beispiel: Klassifikation von guten und schlechten Produkten
Bei der Produktion von Schraubköpfen stellt ein Mitarbeiter fest, dass sich die Zahl der fehlhaften Gewinde über die letzten Tage erhöht hat. Daher teilt er die Produkte in zwei Gruppen auf, gute- und schlechte Gewinde. Dies entscheidet er am Zustand des Grats am Gewinde, was ein subjektives Kriterium ist.

Das Beispiel zeigt die größte Schwierigkeit an dieser Stelle: die sinnvolle und vollständige Definition, ab wann etwas in eine Kategorie gehört.

* **Agglomeration.** Verborgene Strukturen und Cluster in den Daten aufzudecken, ist ein weiteres Ziel von Data Mining. Sie helfen ein tieferes Verständnis der zugrunde liegenden Dynamik zu entwickeln. Oft führt dies zur Optimierung von Prozessen.

Beispiel: Agglomeration von guten und schlechten Produkten
Wir erweitern das letzte Beispiel und nehmen an, dass alle schlechten Schrauben bei ähnlichen Druckwerten und ähnlichen Temperaturen hergestellt wurden. Sie häufen sich also im Datenraum zu einem sogenannten Cluster. Kennen wir diese Cluster, so können wir für zukünftige Produkte vorhersagen, ob die Herstellung gelingt oder nicht.

* **Assoziation.** Erkennt man Abhängigkeiten in den Daten, so können daraus Regeln und Vorhersagen abgeleitet werden. Man spricht dann von Assoziation.

Beispiel: Assoziation von guten und schlechten Produkten
Erneut erweitern wir das vorherige Beispiel. Wir kennen die Parameter Druck und Temperatur, die zu schlechten Produkten führen. Nun stellen wir Regeln für gute Produkte daraus auf, indem wir Grenzwerte für die kritischen Variablen definieren – wir assoziieren also die Begriffe gut und schlecht mit entsprechenden zulässigen Datenbereichen. Immer wenn die Schrauben während ihrer Herstellung zu dicht an diese Grenzwerte kommen oder diese überschreiten, wird eine tiefergehende Prüfung notwendig.

* **Regression.** Sobald man den Verlauf einer Variablen aus den anderen Variablen vorhersagen kann, sprechen wir von Regression. Sie stellt nichts anderes als ein Modell des Prozesses dar, der durch die Variable beschrieben wird.

Beispiel: Fitnessrad
Im Fitnessstudio stehen Standfahrräder. Obwohl die Räder sich selbst nicht bewegen, wird aus der Umdrehung der Pedale sowohl eine Geschwindigkeit als auch eine zurückgelegte Wegstrecke bestimmt. Hierzu wird aus den Sensordaten über Regressionsmodelle eine real zurückgelegte Strecke simuliert.

1.3.2   Schritte, um Data Mining durchzuführen

Diese Zielsetzung wird durch einen speziellen (linearen) Arbeitsablauf erreicht, der die eigentliche Definition der mit dem Data Mining verbundenen Aufgaben darstellt:

- **1. Fokussierung.** Hierbei werden die für die Analyse erforderlichen Daten ausgewählt und gesammelt. Sie werden gruppiert und falls erforderlich mit Wissen angereichert.
- **2. Säuberung.** Daten können verfälscht sein, falsche Werte oder Ausreißer enthalten. Als kritisches Element der Vorverarbeitung bezieht sich die Säuberung speziell auch auf Techniken zum Umgang mit unvollständigen Daten.
- **3. Transformation.** Häufig müssen Daten auf die eine oder andere Weise umgewandelt werden, wobei einige Umwandlungsschritte erforderlich sind:
  - Reskalierung, Rebinning oder Resampling,
  - Normalisierung,
  - Differenzierung (1. Ableitung, 2. Ableitung, ...),
  - Integration und gleitender Mittelwert,
  - Fourier-Transformierte (bzw. Mellin-, Laplace-, Lagrange-Transformierte),
  - Wavelet-Transformation,
  - Bestimmung von Wahrscheinlichkeitsdichten und Histogrammen.
- **4. Analyse.** Der spannendste Teil einer Data-Mining-Aktivität ist sicherlich die Analyse selbst. Hierbei werden entsprechende Algorithmen angewendet, um die Daten auszuwerten. Diese Algorithmen werden in späteren Kapiteln erklärt und umfassen Methoden der analytischen Interpretation, des überwachten und des unüberwachten Lernens.
- **5. Auswertung und Reflexion.** Anhand des Analyseergebnisses ist es notwendig, das Ergebnis kritisch zu hinterfragen und eine Bewertung seiner Gültigkeit im Vergleich zum tatsächlichen technischen Prozess vorzunehmen.

Die Schritte 1–3 werden gewöhnlich auch als **Vorverarbeitung** bzw. **Preprocessing** bezeichnet.

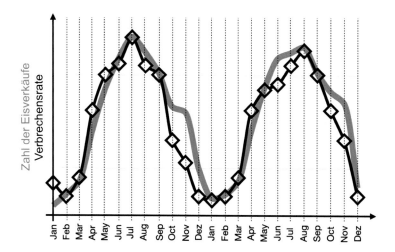

Abb. 1.5 Zwei verschiedene (normalisierte) Zeitreihen: Verkäufe von Eiscreme (grün) und Anzahl der Gewaltverbrechen (blau) in einer Stadt

1.3.3   Schlüsse aus Daten ziehen

Der letzte Schritt, die Auswertung der Ergebnisse, ist notwendig, um die Erkenntnisse kritisch zu reflektieren. In Abb. 1.5 sind der Speiseeisverbrauch und die Anzahl der Serienstraftaten dargestellt, normalisiert auf ein gemeinsames Maximum. Man beachte die hohe Korrelation dieser Daten, d. h. eine große Ähnlichkeit in der Form und Abhängigkeit beider Variablen im Jahresverlauf. Können wir aus diesen beiden Kurven bereits aussagekräftige Ergebnisse ableiten? Lassen Sie uns einige kausale Abhängigkeiten ausprobieren und formulieren, was wir aus der bloßen Betrachtung der Daten schließen könnten:

1. Eiscremekonsum führt zu Gewaltverbrechen.
2. Verbrecher essen viel Eiscreme.

Beide Aussagen sind natürlich irreführend. Auch wenn die Daten etwas anderes vermuten lassen, gibt es keine kausale Beziehung zwischen beiden Prozessen. Die Fehlinterpretation ergibt sich aus dem Unterschied zwischen Korrelation und starker Kausalität. Man kann nicht einfach aus der Feststellung einer Korrelation in den Daten eine kausale Abhängigkeit ableiten. Es könnte jedoch eine verborgene Ursache für beide Kurven geben – die kausale Quelle –, die zu der sichtbaren Korrelation führt. Im vorliegenden Fall ist die Ursache die Temperatur.

Abb. 1.6 veranschaulicht die wahre Abhängigkeit. Hohe Temperaturen führen zu hohen Kriminalitätsraten, weil sie die Aggressionstoleranz senken. Natürlich führen hohe Temperaturen auch dazu, dass der Umsatz von Speiseeis steigt, weil immer mehr Menschen sich nach einer Erfrischung sehnen. Auch in anderen technischen

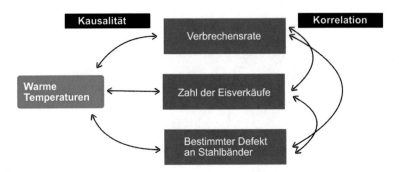

Abb. 1.6 Eine Ursache kann mehrere ähnliche Datenreihen erzeugen, ohne dass diese wiederum kausal miteinander zusammenhängen

Zusammenhängen können hohe Temperaturen zu einer geringeren Anzahl bestimmter Defekte führen.

Dieses Beispiel ist eine Assoziationsaufgabe. Ausgehend von der Identifizierung der Grundursache leiten wir eine Regel zur Vorhersage einer bestimmten Variablen ab. So ist es möglich, den Verbrauch von Speiseeis oder die Kriminalitätsrate vorherzusagen, indem man die Temperatur genau beobachtet.

1.3.4 Industrielles Data Mining und der CRISP-DM

Der branchenübergreifende Standardprozess für Data Mining (Cross-Industry Standard Process for Data Mining, CRISP-DM), wie er u. a. in [10] vorgestellt wird, ist ein einheitlicher Ansatz für die Anwendung von Data Mining in industriellen Projekten. CRISP-DM ist ein Prozessmodell. Solche Modelle helfen dabei, eine bestimmte Methodik in einem Unternehmen systematisiert zu etablieren.

- **Phase 1. Verständnis des Geschäftsmodells.** Unternehmen brauchen einen besonderen Anreiz, um neue Methoden und Techniken zu entwickeln. Sie müssen rentabel sein. Es ist daher von großem Interesse, den wirtschaftlichen Nutzen und das Geschäftsmodell hinter der Data-Mining-Aufgabe zu ermitteln. Wo schafft die Mining-Aktivität einen Mehrwert, z. B. durch Geld- oder Energieeinsparungen oder durch die Vermeidung von Fehlern oder Ausfallzeiten? S. Aggarwal und N. Manuel bewerten in [2] die Anforderungen aus dem Geschäftsmodell als maßgeblich, um langfristig erfolgreich datenbasierte Lösungen industriell zu realisieren.

  Es ist auch wichtig für das Geschäftsverständnis, den Return on Invest (ROI) zu quantifizieren. Das entscheidende Element ist hierbei die Zeit, in der sich die Anfangsinvestition auszahlt. Stellen Sie sich vor, Sie bringen Ressourcen und Materialkosten auf, um ein Data-Mining-Projekt voranzutreiben. Wenn sich diese Investition erst nach zwanzig Jahren auszahlt oder einen vernachlässigbaren

Gewinn abwirft, lohnt es sich möglicherweise nicht, sie überhaupt weiter zu verfolgen.

Das Ergebnis von Phase 1 muss eine Reihe von wichtigen **Leistungsindikatoren** (Key Performance Indicators, KPI) (KPI) sein, die die Auswirkungen der angewandten Methode messen. Die KPI werden im gesamten CRISP-DM zur Überwachung und Verbesserung der Prozesse verwendet.

- **Phase 2. Verständnis der Daten.** Ähnlich wichtig ist das Verständnis der Daten, die für die Durchführung einer bestimmten Data-Mining-Aufgabe benötigt werden. Im Betrieb von Technologieunternehmen oder Produktionsanlagen ist dies oft mit der Beantwortung der folgenden Fragen verbunden:
  - Welche Daten brauchen wir für die Aufgabe?
  - Was beschreiben diese Daten? Welche Prozesse stecken hinter diesen Daten?
  - Wie sehen die Daten aus? Hier sollten Sie die Daten manuell visualisieren und prüfen.
  - Sind die Daten bereits erfasst und wenn nicht, welche Schritte sind zur Erfassung der Daten erforderlich?
  - Sind zusätzliche Sensoren erforderlich?
  - Sind die Daten in einer Datenbank verfügbar? Benötigen die Mitarbeiter zum Data Mining spezielle Zugänge, um mit diesen Daten zu arbeiten?
  - Wie ist die Qualität der Daten? Sind sie vollständig oder müssen Sie mit fehlenden oder falschen Daten rechnen?
- **Phase 3. Datenvorverarbeitung.** Wenn Sie die Daten verstehen, können Sie sich ein Bild davon machen, wie zuverlässig die Daten sind und ob Bereinigungs- oder Auswahlverfahren notwendig sind oder nicht.
- **Phase 4. Modellierung.** Dies ist die praktische Anwendung einer Data-Mining-Modellierung, was z. B. bedeuten könnte, eine der Methoden anzuwenden, die in den späteren Kapiteln über überwachtes oder unüberwachtes maschinelles Lernen vorgestellt werden.
- **Phase 5. Evaluation.** Diese Phase entspricht weitestgehend ihrem abstrakten Analogon in Abschn. 1.3.2. Hier werden Ergebnisse der Datenanalyse kritisch hinterfragt. Ein zusätzlicher Aspekt im CRISP-DM ist dabei die Berücksichtigung von ökonomischen Randbedingungen: Wie gut erfüllt der Datenanalysevorgang die Ziele einer firmen- oder produktionsstrategischen Sicht? Die in Phase 1 bestimmten KPI werden genutzt, um den Erfolg und die Qualität des Data Minings zu erfassen.
- **Phase 6. Deployment.** In dieser Phase werden die erlernten Datenbeziehungen praktisch in den Unternehmensprozessen angewendet. In der Prozessindustrie ist dies der Online-Einsatz während der Produktion. Diese Phase bringt neue Schwierigkeiten mit sich, denn nun müssen die durch Data Mining gewonnenen Modelle genutzt werden, um einen gewissen Nutzen zu erzielen. Entweder, um fehlerhafte Produkte oder Prozesszustände zu identifizieren, oder, um die Produktionsmaschinen zu steuern, um eine bessere Qualität im Voraus zu erreichen.

Für den Einsatz ist es wichtig zu wissen, wie lange ein Modell ausgeführt wird und wie genau und präzise das Modell ist. Vor allem, wenn Automatisierungskomponenten von der Modellausgabe abhängen, umfasst die Bereitstellung all jene Aufgaben, um deren Betrieb stabil zu gestalten und eine Online-Anwendung im geschlossenen Kreislauf zu ermöglichen.

- **Phase 7. Monitoring.** Eine kritische Bewertung der Leistung von Data-Mining-Modellen ist im CRISP-DM-Ansatz als separate Phase vorgesehen. Sie ist eine Feedback-Phase für die Modellierung und ermöglicht es, den Prozess im Laufe der Zeit iterativ zu korrigieren und zu verbessern.

  Es wird jedoch nicht nur die Modellqualität überwacht. Auch die Leistung in Bezug auf die in Phase 1 ausgewählten KPIs wird berücksichtigt, um die Auswirkungen der Data-Mining-Anwendung tatsächlich zu quantifizieren (Abb. 1.7).

Der CRISP-DM Prozess modelliert die recht abstrakten Data-Mining-Aufgaben, die in einer Modellvorlage beschrieben werden, wobei die Phasen 1 und 2 für die wesentlichen Schritte der Data-Mining-Vorarbeiten zuständig sind, während Phase 3 Aktivitäten wie die Bereinigung und Umwandlung der Daten umfasst. Jede Phase enthält eine Reihe von Aufgaben, die erfüllt werden müssen, und die Ergebnisse jeder Phase dienen als Input für die nächste Phase. Das Ziel von CRISP-DM ist es, sicherzustellen, dass alle notwendigen Schritte unternommen werden, um ein qualitativ hochwertiges Data-Mining-Modell zu erstellen, und dass das Modell in geeigneter Weise verwendet wird.

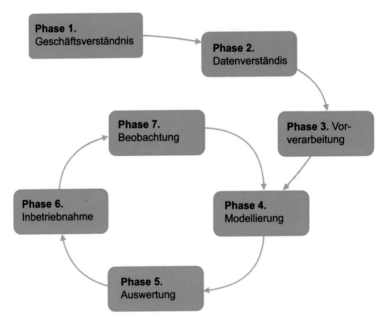

Abb. 1.7 CRISP-DM und seine verschiedenen Phasen

1.4 Praktischer Umgang mit Daten in Python

1.4.1 Programme in diesem Buch

Jupyter-Notebooks
Wir werden im Verlauf dieses Buches durchgehend mit Python arbeiten. Alle Programme werden Ihnen als sogenannte Jupyter-Notebooks zur Verfügung gestellt. Im Appendix A schlagen wir Ihnen dazu eine geeignete Python-Distribution und die dazugehörige Programmierumgebung vor. Appendix A enthält auch eine Zusammenstellung von Basiswissen in Python. Es kann Ihnen helfen, sich mit der Sprache zurechtzufinden, und soll einen Einstieg für diejenigen anbieten, denen Python völlig fremd ist. Dennoch setzen wir gewisse Grundkenntnisse in Programmiersprachen und Informatik für dieses Buch voraus.

Warum Python?
Es gibt viele Programmiersprachen, mit denen Machine Learning umgesetzt werden kann. Lua, C#, C++, Java, Matlab und Julia sind nur einige Beispiele. Für Anwendungen im technischen Umfeld ist es besonders wichtig, dass eine Sprache den Einstieg für Nichtinformatiker erlaubt. Python hat hier viele Vorteile:

Zum einen ist Python leicht zu lernen. Getragen von einer großen Gemeinschaft im Netz, gilt es als eine der besten Sprachen für Programmieranfänger. Es verfügt darüber hinaus über eine große syntaktische Breite. Code kann funktional oder objektorientiert geschrieben werden, je nach Anforderungen eines Projekts.

Python ist eine Interpretersprache. Das bedeutet, wir können sie direkt ausführen, ohne eine Kompilation durchzuführen. Mit Hilfe von Jupyter-Notebooks können wir Änderungen am Code direkt auf ihre Wirkung überprüfen, was das Testen und schlichtweg auch das Spielen mit dem Code fördert.

Wenn Sie eigene Lernverfahren in der Industrie einsetzen möchten, dann ist es einfach, in Python entwickelte Lösungen in bestehende Infrastrukturen einzubinden. Nahezu jedes Datenmanagementsystem von größeren Unternehmen, Fertigungsbetrieben oder auch Behörden bietet Schnittstellen zu dieser Programmiersprache. Sie läuft sowohl auf großen Computerzentren als auch auf Kleinstcomputern wie dem Raspberry Pi.

1.4.2 Bibliotheken für Python

Setzt man Algorithmen rein in Python, so sind diese oft sehr langsam, können aber dafür aber gut verständlich formuliert werden. Dort, wo es auf Geschwindigkeit ankommt, nutzt Python daher spezielle, in C++ Code geschriebene Bibliotheken.

Bibliotheken sind also der Bestandteil, der Python leistungsfähig macht. Es gibt eine Fülle von wissenschaftlichen Werkzeugen, die getestet, bewährt und einsatzbereit sind. Diese Bibliotheken sind kostenlos und können von jedem verwendet werden.

Folgende Auflistung ist nicht vollständig, spiegelt aber die Werkzeuge wider, die wir in diesem Buch häufiger verwenden werden:

- **Numpy.** Numpy [6] ist ein Framework, das uns verschiedene mathematische Operationen wie Vektoren, Matrizen, die Fourier-Transformation und eine Reihe von Hilfsmitteln zur Transformation von Daten zur Verfügung stellt.
- **Matplotlib.** Die Matplotlib [7] ist goldener Standard für die Erstellung akademischer Diagramme und Visualisierungen in Python. Wir verwenden diese Bibliothek für das Plotten.
- **Pandas.** Pandas [11] ist eine Bibliothek, die sich der Handhabung von Datensätzen, der Manipulation von Datensätzen und dem einfachen Speichern und Laden von Daten widmet. Sie bietet uns eine einfache Möglichkeit, um Daten zu laden, zu speichern und mit Ihnen zu arbeiten. Auch mit Pandas sind äußerst schnelle Vektor- und Matrixoperationen möglich [8]. Wir schränken unsere Nutzung von Pandas jedoch etwas ein und versuchen, wo möglich, mit den Strukturen von Numpy auszukommen.
- **Scikit-Learn.** Die Bibliothek Scikit-Learn [9] ist ein vielfältiges, einfach zu benutzendes Toolkit für die Anwendung nahezu aller Methoden, die wir in diesem Buch vorstellen.
- **Tensorflow.** Tensorflow [1] ist eine Bibliothek von Google zum Rechnen mit Tensoren, wie sie z. B. zum Aufbau neuronaler Netze benötigt wird.
- **Keras.** Keras [3] bietet eine einfache Schnittstelle für den Aufbau und die Arbeit mit neuronalen Netzen, die direkt auf Tensorflow aufsetzt. Sie vereinfacht die Erstellung von Netzwerken und ermöglicht es Ihnen, schnell Lösungen zu erstellen.

1.4.3 Erklärbare Daten in Python

Der Begriff der Erklärbarkeit steht im Vordergrund vieler Arbeiten, die Algorithmen in der Praxis einsetzen. Mit diesem Begriff erfassen wir die Fähigkeit, ein Modell oder einen Zusammenhang nachvollziehen zu können. Wie kam ein Algorithmus zu seinem Ergebnis? Warum hat ein Computerprogramm eine bestimmte Entscheidung getroffen? Wenn wir die Entscheidungsfindung verständlich erklären können, steigt das Vertrauen in unser Modell. Speziell im Kontext von Lernverfahren wird diese Überlegung später wichtig. Sind wir überhaupt in der Lage, einem solchen Verfahren zu vertrauen? Wir werden daher Ansätze kennenlernen, die es uns erlauben, tiefer in Lernverfahren hineinzuschauen und besser zu verstehen, wie sie arbeiten.

Zur Erklärbarkeit gehört ein grundlegendes Verständnis der Eingangsvariablen sowie ihrer maßgeblichen Eigenschaften und Randbedingungen. In vielen realen Datenbanksystemen fehlt diese Ebene der Variablenbeschreibung. Mitunter ist die wahre Bedeutung der erfassten Ordner gar nicht digital erfasst, schlimmstenfalls nur im Kopf eines Mitarbeiters. Dies birgt enorme Risiken und erschwert die praktische Arbeit sehr.

Maßeinheiten

Ein erster klarer Schritt in Richtung Erklärbarkeit stellt die konsequente Berücksichtigung von Maßeinheiten dar. Sie definieren die Skalen auf denen wir messen. Gemessene Variablen sind ein Produkt aus ihrem Wert $\{x\}$ und ihrer Einheit $[x]$,

$$x = \{x\}[x]. \tag{1.2}$$

Ohne Kenntnis der Maßeinheit sind die Daten praktisch wertlos. Beim Umgang mit technischen Daten und Prozessvariablen ist es daher entscheidend, die Einheiten genau im Auge zu behalten. In manchen Situationen können sich die Einheiten von Variablen auch über die Zeit ändern. Denken Sie hierbei nur an eine Waage, die zunächst in Gramm misst und dann automatisch für ihren Messbereich auf Kilogramm umschaltet, wenn etwas Schwereres als 1 kg darauf liegt. Folglich müssen wir die Einheiten auch immer in unsere Datenbehandlung einbeziehen. Eine Möglichkeit dies zu tun, zeigt Listing 1.1. Sie sehen hier zwei `arrays` für t und x sowie ein `dictionary`.

Listing 1.1 Einheiten mitführen

```
t = [0,1,2,3] # array for indices
x = [1.0,2.0,3.0,4.0] # array for measurement
myDictionary = {'Time':t, 'Position':x, '
    Position_Unit':'m', 'Time_Unit':'s'}
```

Hier erfassen wir zusätzliche Informationen neben den eigentlichen Daten in den `arrays`, indem sie in die Datenstruktur `myDictionary` aufgenommen und als zusätzliche Felder gespeichert werden. Oft reicht es, eine Beschreibung in Form eines `strings` mit in das `dictionary` zu integrieren.

> Einheiten sind Grundvoraussetzung für die **Erklärbarkeit** einer Variablen.

In überraschend vielen realen Prozessdatenbanken fehlen leider Einheiten vollständig oder sind höchstens über sekundäre Tabellen ersichtlich. Eine automatische Überprüfung der Einheiten ist dann schwierig.

Während einer Datenerfassung sollten Einheitenwechsel dabei unbedingt vermieden werden. Sie steigern die Komplexität der Vorverarbeitung, ohne dadurch Mehrwert zu generieren. Warum werden überhaupt Einheitensprünge in Datensätzen beobachtet? Der Hauptgrund liegt in der Anzeige der Zahlen. Digitale Messgeräte versuchen ihre Werte immer in einer optimalen Skala anzuzeigen. Die für eine Anzeige optimierte Datenangabe ist aber nicht immer optimal für die Datenspeicherung. Vereinbaren Sie Konstanz in der Einheit, sparen Sie sich Zeit und Mühe in Ihrer späteren Auswertung. Sie eliminieren damit ebenso eine bekannte Quelle für Fehler.

Unsicherheiten berücksichtigen

Bei gemessenen Größen hilft uns die Einbeziehung von Unsicherheiten, um unser Verständnis einer Variablen noch weiter zu erhöhen. Sie gibt uns eine quantitative Möglichkeit, unser Vertrauen in die jeweilige Größe zu beschreiben. Die absolute Unsicherheit u_x für eine beliebige Größe x, würde den gemessenen Wert x_m auf folgende Weise beschreiben,

$$x_m = x \pm u_x. \tag{1.3}$$

Die absolute Unsicherheit ist mit einer relativen Unsicherheit verbunden durch

$$\varepsilon_x = \frac{u_x}{x_m}. \tag{1.4}$$

Diese beiden Unsicherheiten können in unserem Dictionary zur Beschreibung der Daten verwendet werden, wie in der folgenden Erweiterung unseres Codebeispiels gezeigt wird:

Listing 1.2 Beispiel für das Hinzufägen von stochastischen Eigenschaften der Variablen

```
t = [0,1,2,3] # array for indices
x = [1,2,3,4] # array for measurement
myDictionary = {'Time':t, 'Position':x, '
    Position_Unit':'m', 'Time_Unit':'s', '
    Position_Absolute_Uncertainty':0.05, '
    Time_Absolute_Uncertainty':0.01}
```

Unsicherheiten zu kennen, sie dem Nutzer mitzuteilen und letztlich sie im größeren Kontext stets mit zu berücksichtigen, ist ein erster Schritt, um Vertrauen in einen Algorithmus aufzubauen.

> Die fundierte Angabe von Unsicherheiten erhöht das **Vertrauen** in Daten. Einigen Sie sich auf eine Form diese Unsicherheiten anzugeben, absolut oder relativ, und halten sie diese Form stringent für ihre Datenerfassung ein.

Zusammenfassung

In diesem ersten Kapitel haben wir uns mit Daten beschäftigt. Unser Ziel ist es, über Machine Learning aus Daten Modelle zu erstellen. Mit diesen Modellen können wir technische Prozesse analysieren und verbessern. Dazu mussten wir zunächst Wege aufzeigen, wie wir Daten beschreiben, charakterisieren und strukturieren können. Wir haben gesehen, dass es neben vollständig strukturierten und unstrukturierten Daten auch eine semistrukturierte Art gibt.

Des Weiteren wurden erste, einfache Schritte in Python vorgestellt. Hier haben wir gesehen, dass die systematische Berücksichtigung von Einheiten und die Behandlung von Unsicherheiten eine große Rolle für Datenauswertungen spielt. Ohne Kenntnis ihrer Einheit ist eine physikalische Größe unverständlich. Ohne Kenntnis der Unsicherheit wissen wir nicht, wie weit wir dem Datenwert vertrauen können.

Aufgaben

1.1 Charakterisieren sie folgende Datensammlungen!

- Telefonbuch
- Kalendereinträge
- Adressbuch für Kontakte
- Stromverbrauch

1.2 Warum ist die Fokussierung beim Data Mining wichtig? Können Sie Gründe anführen, warum nicht immer alle möglichen Daten betrachtet werden?

1.3 Welche Art Skala liegt bei folgenden Datensätzen vor?

- Maßstab zur Längenmessung
- Ruderbewegung beim Flugzeug
- Druckmessung in hPa
- Sammlung von Fischnamen
- Holzfarben
- Kamerabilder

1.4 Nehmen wir an, Sie haben in einem Aluminiumwerk Walzkräfte gemessen. Welche zusätzlichen Angaben benötigen Sie, damit Sie aus den Daten Schlüsse auf die Qualität ziehen können?

1.5 Sie arbeiten in einem Sägewerk und Ihre Sägen verschleißen mit der Zeit. a) Welche Variablen würden Sie aufnehmen, um der Ursache auf die Spur zu kommen? b) Wie würden Sie die Variablen messen? c) Um welche Datentypen und Skalen handelt es sich bei Ihren Daten?

Literatur

1. M. Abadi, A. Agarwal, P. Barham, E. Brevdo, Z. Chen, C. Citro, G. S. Corrado, A. Davis, J. Dean, M. Devin, S. Ghemawat, I. Goodfellow, A. Harp, G. Irving, M. Isard, Y. Jia, R. Jozefowicz, L. Kaiser, M. Kudlur, J. Levenberg, D. Mané, R. Monga, S. Moore, D. Murray, C. Olah, M. Schuster, J. Shlens, B. Steiner, I. Sutskever, K. Talwar, P. Tucker, V. Vanhoucke, V. Vasudevan, F. Viégas, O. Vinyals, P. Warden, M. Wattenberg, M. Wicke, Y. Yu, and X. Zheng. TensorFlow: Large-scale machine learning on heterogeneous systems, 2015. https://www.tensorflow.org/. Software available from tensorflow.org.

2. S. Aggarwal and N. Manuel. Big data analytics should be driven by business needs, not technology. *McKinsey & Co.*, June 2016.
3. F. Chollet et al. Keras, 2015. https://github.com/fchollet/keras.
4. L. Fahrmeir, R. Künstler, I. Pigeot, and G. Tutz. *Statistik*. Springer, 1997.
5. J. Hamilton. *Time Series Analysis*. 1992.
6. C. R. Harris, K. J. Millman, S. J. van der Walt, R. Gommers, P. Virtanen, D. Cournapeau, E. Wieser, J. Taylor, S. Berg, N. J. Smith, R. Kern, M. Picus, S. Hoyer, M. H. van Kerkwijk, M. Brett, A. Haldane, J. F. del Río, M. Wiebe, P. Peterson, P. Gérard-Marchant, K. Sheppard, T. Reddy, W. Weckesser, H. Abbasi, C. Gohlke, and T. E. Oliphant. Array programming with NumPy. *Nature*, 585(7825): 357–362, Sept. 2020. https://doi.org/10.1038/s41586-020-2649-2.
7. J. D. Hunter. Matplotlib: A 2d graphics environment. *Computing in Science & Engineering*, 9(3): 90–95, 2007. https://doi.org/10.1109/MCSE.2007.55.
8. T. pandas development team. pandas-dev/pandas: Pandas, Feb. 2020. https://doi.org/10.5281/zenodo.3509134.
9. F. Pedregosa, G. Varoquaux, A. Gramfort, V. Michel, B. Thirion, O. Grisel, M. Blondel, P. Prettenhofer, R. Weiss, V. Dubourg, J. Vanderplas, A. Passos, D. Cournapeau, M. Brucher, M. Perrot, and E. Duchesnay. Scikit-learn: Machine learning in Python. *Journal of Machine Learning Research*, 12: 2825–2830, 2011.
10. C. Shearer. The crisp-dm model: The new blueprint for data mining. *Journal of Data Warehousing*, 5(4), 2000.
11. Wes McKinney. Data Structures for Statistical Computing in Python. In Stéfan van der Walt and Jarrod Millman, editors, *Proceedings of the 9th Python in Science Conference*, pages 56–61, 2010. https://doi.org/10.25080/Majora-92bf1922-00a.

Kapitel 2
Mathematische Beschreibung von Daten

Schlüsselwörter Stochastik · Statistik · Verteilungsfunktionen · Bayes'sche Statistik · Modellierung von Unsicherheit

Zum Verständnis vieler Machine-Learning-Methoden sind Kenntnisse der Statistik nötig. Da die Behandlung von Unsicherheiten in Daten ein zentrales Element des Buches darstellt, wird eine Einführung in die Stochastik vorangestellt. Der Leser wird über eine Wiederholung der Mengentheorie hin zur Definition von Wahrscheinlichkeit und bedingter Wahrscheinlichkeit geführt. Relevante Werkzeuge aus der Statistik, wie die Berechnung von Erwartungswert, Varianz, Kovarianz, Korrelation und Verteilungen, werden erläutert.

Die mathematische Disziplin der Stochastik beschäftigt sich mit dem Konzept der Wahrscheinlichkeit. Sie ist in der Lage Prozesse zu modellieren, die vollständig oder teilweise vom Zufall beeinflusst werden. Wir werden im Laufe dieses Kapitels für uns wichtige Aspekte der Stochastik wiederholen und mit ihrer Hilfe Daten als stochastische Prozesse auffassen. Danach werden wir Werkzeuge der Statistik nutzen, um Informationen aus den Daten zu extrahieren.

Warum spielt dies eine Rolle für das maschinelle Lernen? Wir haben in Abb. 2.1 eine Übersicht angeführt, die Ihnen zeigt, für welche Konzepte das Verständnis dieses Kapitels relevant ist. In erster Linie haben wir das Ziel, robuste, erklärbare Algorithmen aufzubauen. Diese Algorithmen müssen den Einfluss des Zufalls in Daten berücksichtigen und ihn mitunter auch modellieren können. Maschinelles Lernen und statistische Analyse haben eine thematische Überdeckung. Sie gehen fließend ineinander über. Für Ansätze des physikalisch-informierten Lernens nutzt man statistische Eigenschaften von Datenreihen, analytische Modellgleichungen und semantische Zusammenhänge, um Lernverfahren zusätzliche Informationen zur Verfügung zu stellen. Die Kenntnis über Unsicherheiten und ihre statistische Verteilung kann eine solche, zusätzliche Information sein. Statistische Konzentrationsmaße und Entropie werden von Lernverfahren zur Unterscheidung von Dateneinflüssen verwendet. Sie

M. J. Neuer, *Maschinelles Lernen für die Ingenieurwissenschaften*, https://doi.org/10.1007/978-3-662-68216-6_2

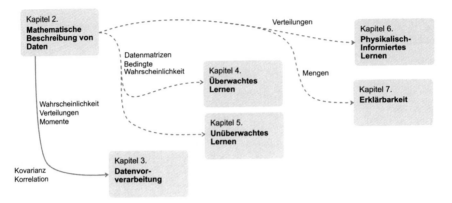

Abb. 2.1 Übersicht, wie dieses Kapitel die weiteren Kapitel beeinflusst

ermitteln, wie wichtig die Information in einer Variablen ist und wie viel Einfluss
sie auf ein Ergebnis haben kann.

Nach den Grundlagen der Stochastik wenden wir uns statistischen Werkzeugen
zu. Wir werden diese jedoch nicht vollständig diskutieren. Vielmehr beschränken
wir uns auf Konzepte, die wir für das maschinelle Lernen häufig benötigen, und auf
mathematische Zusammenhänge, deren Verständnis für die Lernvorgänge zwingend
notwendig ist.

Im Bereich der mathematischen Beschreibung gibt es vollständigere, geschlosse-
ne Betrachtungen. Hier empfehlen wir das Buch von Van Kampen [17] für eine um-
fängliche Darstellung von Stochastischen Prozessen sowie die Bücher von Fahrmeir
et al. [2] und Toutenburg et al. [15] für die detaillierte Behandlung von statistischen
Hilfsmitteln. Wenn es didaktisch sinnvoll ist, weichen wir leicht, aber gezielt, von
der üblichen Nomenklatur in der statistischen Literatur ab.

2.1 Grundlagen der Stochastik

2.1.1 Wahrscheinlichkeit

Wahrscheinlichkeit ist das Verhältnis von der Zahl günstiger Ereignisse zu der Gesamtzahl aller Ereignisse. Dieser wichtige Zusammenhang ist die Wahrscheinlich-
keitsdefinition von Laplace. Dabei handelt es sich um ein Konzept, das intuitiv mit
unserem täglichen Leben verbunden ist, und dort oft eine Anwendung findet. Viele
Methoden, wie z. B. Bayes'sche Netze und Entscheidungsbäume, beruhen auf dieser
stochastischen Perspektive.

Beispiel: Parkplatzsuche
Das Verhältnis von freien Parkplätzen zur Gesamtzahl aller Parkplätze gibt uns an, wie wahrscheinlich wir einen freien Platz finden werden. Auch wenn wir diese Rechnung nicht bewusst durchführen, findet sie doch unbewusst und unmittelbar statt, immer wenn wir nach Parkplätzen suchen.

2.1.2 Mengen

Die Mengenlehre ist ein grundlegendes Gebiet der Mathematik. Sie wird in vielen Büchern behandelt, stellvertretend sei für eine ausführlichere Diskussion auf das Buch von H.-D. Ebbinghaus [1] verwiesen. Für uns stellt sie einen Ausgangspunkt dar. Das Verständnis von Mengen hilft uns bei der Formalisierung von Zusammenhängen wie „ist Teil von" oder „gehört zu der Gruppe" und bietet daher eine sehr natürliche Möglichkeit der semantischen Modellierung.

Beispiel: Fußballmannschaft
Stellen Sie sich vor, Sie sind Teil einer Fußballmannschaft T und werden durch einen Namen x identifiziert, dann formalisieren wir dies mathematisch als $x \in T$ und sagen, x ist ein **Element** der **Menge** T. Nehmen wir weiter an, Sie hören gerne eine berühmte Band und gehören deshalb zu deren Fanclub Q, dann ist auch $x \in Q$ wahr.

Da Sie zu beiden Gruppen gehören, besteht eine Beziehung zwischen diesen beiden Mengen. Sie haben mindestens ein gemeinsames Element – Sie – und wir können sagen, dass T und Q eine Überlappung haben, die wir wie folgt schreiben,

$$C = T \cap Q. \tag{2.1}$$

Sie wird als **Schnittmenge** oder **Konjunktion** von T und Q bezeichnet. Es kann noch weitere $x \in (T \cap Q)$ geben und alle diese Elemente bilden eine neue Menge, für deren Elemente

$$x \in (T \cap Q) \Leftrightarrow x \in T \wedge x \in Q \tag{2.2}$$

gelten muss. Bitte bedenken Sie, dass nicht jedes $x \in T$ automatisch auch in Q ist und umgekehrt. Vielmehr ist die Bedingung, dass jedes Element von $x \in (T \cap Q)$ notwendigerweise in beiden sein muss – dargestellt durch das mathematische „und"-Symbol ($\wedge$) in (2.2).

Im Gegensatz dazu können wir die **gemeinsame Menge** oder **Vereinigungsmenge** bilden, indem wir alle Elemente beider Mengen T und Q zusammenführen,

$$S = T \cup Q. \tag{2.3}$$

Dann bedeutet $x \in T \cup Q$, dass x entweder Mitglied von T oder ein Mitglied von Q oder von beiden sein kann – was das mathematische „oder" $\vee$ aussagt,

$$x \in (T \cup Q) \Leftrightarrow x \in T \vee x \in Q. \tag{2.4}$$

Wir sagen auch, dass diese gemeinsame Menge S eine **Obermenge** von T und Q ist, während T und Q **Untermengen** von S sind. Natürlich ist ein genaues Verständnis einer Menge und ihrer Elemente für jede nachfolgende analytische Behandlung unerlässlich.

Ein letzter relevanter Begriff aus der Mengenlehre beschreibt Mengen, die sich keinerlei Elemente teilen. Wir sagen dann die Mengen sind **disjunkt** und es gilt

$$x \in T \Leftrightarrow x \notin Q \text{ und } y \in Q \Leftrightarrow y \notin T \tag{2.5}$$

sowie

$$T \cap Q = \emptyset. \tag{2.6}$$

Die leere Menge $\emptyset$ ist im Übrigen disjunkt mit allen Mengen.

Oft müssen wir wissen, wie viele Elemente eine Menge hat. Die **Mächtigkeit** M einer Menge Q gibt diese Anzahl ihrer Elemente an und wird abgekürzt mit $M = |Q|$.

2.1.3 Wahrscheinlichkeitsdefinition nach Laplace

Lassen Sie uns diesen Abschnitt mit einem Beispiel beginnen, welches wie kein weiteres synonym für den Begriff der Wahrscheinlichkeit steht.

Beispiel: Würfel
Stellen Sie sich einen normalen Spielwürfel mit sechs Seiten vor. Intuitiv nehmen Sie an, dass die Wahrscheinlichkeit, eine 4 zu werfen, $1/6$ ist, da Sie sechs mögliche Ergebnisse haben und nur ein Fall, nämlich 4, zu Ihren Gunsten ist. Die Wahrscheinlichkeit, nur ungerade Zahlen zu erhalten, hier 1, 3, 5, ist in ähnlicher Weise durch $3/6 = 1/2$ gegeben. In der Mengenschreibweise wären alle möglichen Seiten in einer Menge $\Omega = \{1, 2, 3, 4, 5, 6\}$ erfasst, mit der Mächtigkeit $|\Omega| = 6$. Die Menge $A = \{1, 3, 5\}$ hat die Mächtigkeit $|A| = 3$.

Diese Form, die Wahrscheinlichkeit zu berechnen, wurde von Laplace entwickelt und ist eines der Fundamente der Stochastik. Die allgemeine Definition der Wahrscheinlichkeit lautet:

> **Wahrscheinlichkeit nach Laplace** Sei A eine Menge mit Ereignissen und Ω eine Menge, die A enthält, $\Omega \supset A$. Die Größe $P(A)$, gegeben als
>
> $$P(A) = \frac{|A|}{|\Omega|} = \frac{\text{\# alle relevanten Ereignisse}}{\text{\# allemöglichen Ereignisse}}, \qquad (2.7)$$
>
> gibt dann die Wahrscheinlichkeit für das Eintreten von A an.

Diese Aussage setzt voraus, dass wir verstehen, was ein Ereignis überhaupt ist. Wie können wir in Mengen zählen, die Ereignisse enthalten? Wie können wir die Festlegung eines Wahrscheinlichkeitsmaßes formalisieren, das durch (2.7) gegeben ist?

2.1.4 Ereignis-, Ergebnis- und Wahrscheinlichkeitsräume

In der Definition (2.7) von $P(A)$ benötigen wir zwei spezielle Mengen. Sie helfen uns, Ereignisse und Ergebnisse zu beschreiben. Die Ergebnismenge Ω enthält dabei alle möglichen (erlaubten) Ergebnisse. Im Fall des Würfels in Beispiel 3 ist dies

$$\Omega = \{1, 2, 3, 4, 5, 6\} \qquad (2.8)$$

Ein Ereignis A ist eine Teilmenge von $\Omega \supset A$, z.B. die ungeraden Zahlen des Würfels

$$A = \{1, 3, 5\}, \qquad (2.9)$$

die hier drei günstige Ergebnisse enthält. Tatsächlich sagen wir, ein Ereignis ist eingetreten, wenn auch nur ein günstiges Element des Ereignis A gewürfelt wurde. Beachten Sie bitte den Unterschied zwischen den Elementen von A und A selbst. Im vorliegenden Fall hat A gemäß (2.7) die Wahrscheinlichkeit $P(A) = 3/6 = 1/2$ einzutreten.

Alle möglichen Ereignisse A_i fassen wir im Ereignisraum $\Sigma = \{A_1, A_2, ...\}$ zusammen. Der Ereignisraum Σ ist somit die Menge aller Teilmengen von Ω. Jedes A_i liegt in Σ. Das Beispiel mit den ungeraden Zahlen zeigt auch, dass es Ereignisse gibt, die mehrere Ergebniselemente enthalten. Enthält ein Ereignis A^* nur ein einziges Ergebnis, z.B. $A^* = \{3\}$, so nennt man A^* ein **Elementarereignis.**

Es gibt zwei wichtige, spezielle Ereignisse, die wir herausstellen möchten. Zunächst ist die gesamte Ergebnismenge Ω auch eine Ereignismenge – sie spiegelt das **sichere** Ereignis wider. Beim Würfelbeispiel wird das Ergebnis immer eine Zahl zwischen 1 und 6 sein. Dagegen beschreibt das (abstrakte) **unmögliche** Ereignis einen Fall, der niemals eintreten kann. So ist die leere Menge $A = \emptyset$ ein unmögliches Ergebnis.

Mit dem Ergebnisraum Ω und dem Ereignisraum Σ stellen wir einen weiteren Raum auf, den sogenannten Wahrscheinlichkeitsraum Π:

> **Wahrscheinlichkeitsraum** Wir nennen $\Pi = (\Omega, \Sigma, P)$ einen Wahrscheinlichkeitsraum mit dem Ergebnisraum Ω und dem Ereignisraum Σ, wenn es eine Abbildungsvorschrift gibt, die jedem Ereigniselement $A \in \Sigma$ ein Maß $P(A)$ zuordnet, dass die Wahrscheinlichkeit für das Eintreten von A quantifiziert.

In der Mathematik ist dieser Vorgang nicht trivial. Schließlich müssen sie algebraisch sicherstellen, dass die Zuweisung von den zwei Mengen Ω und Σ auf einen solches Maß $P(A)$ überhaupt möglich ist.

2.1.5 Axiome von Kolmogorov

Um mit Wahrscheinlichkeiten umgehen zu können, benötigt man einen Satz von Regeln. Diese Regeln sind durch die Axiome von Kolmogorov [9] gegeben. Sie unterstützen uns dabei, $P(A)$ zu bestimmen und damit zu rechnen.

> **Erstes Axiom von Kolmogorov** Die Wahrscheinlichkeit $P(A)$ ist eine Zahl zwischen 0 und 1,
>
> $$0 \leq P(A) \leq 1. \tag{2.10}$$

Dieses Axiom schränkt die Werte von $P(A)$ ein. Eine Wahrscheinlichkeit darf, gemäß dieser Konvention, also nie größer 1 oder kleiner 0 werden. Sie wären natürlich frei darin, sich eine eigene Skala für $P(A)$ auszudenken, eine Skale, die andere Grenzen setzt. Sie wären aber immer gezwungen, eine Vereinbarung für die zwei Grenzfälle des sicheren Ereignisses und des unmöglichen Ereignis festzulegen. Wenn wir erneut diese speziellen Ereignisse aus Abschn. 2.1.4 betrachten, führt das erste Axiom mit seiner Wahl der Beschränkung von $P(A)$ direkt dazu, diesen Ereignissen konkrete Zahlenwerte zuordnen zu können:

Zweites Axiom von Kolmogorov Das sichere Ereignis hat eine Wahrscheinlichkeit von 1, $P(\Omega) = 1$ und das unmögliche Ereignis hat die Wahrscheinlichkeit 0, $P(\emptyset) = 0$.

Die Definition im ersten Axiom und die Wahl der Grenzen 0 und 1 ist also sinnvoll. Letztlich benötigen wir eine Rechenvorschrift für Wahrscheinlichkeiten und diese wird durch das dritte Axiom zur Verfügung gestellt:

Drittes Axiom von Kolmogorov Sind zwei Ereignismengen disjunkt, $A \cap B = 0$, so gilt

$$P(A \cup B) = P(A) + P(B). \tag{2.11}$$

Aus den Axiomen können wir einige Folgerungen herleiten, die den Umgang mit Wahrscheinlichkeiten ungemein vereinfachen. Zunächst einmal stellen Elementarereignisse den idealen Fall disjunkter Ereignisse dar. Sie sind somit immer vom dritten Axiom abgedeckt. Das Umkehrereignis $\neg A$ bezeichnet alle Ereignisse, die nicht A sind, $\neg A = \Omega \setminus A$. Wegen des zweiten Axioms gilt:

$$P(A \cup \neg A) = 1 \quad \Leftrightarrow \quad P(\neg A) = 1 - P(A), \tag{2.12}$$

Diese Aussage ist eine Konsequenz der Axiome, die wir häufig für die Berechnung von Wahrscheinlichkeiten nutzen.

Beispiel: Würfeln der Umkehrmenge
Die Wahrscheinlichkeit, eine 3 zu würfeln, ist $P(3) = 1/6$. Wegen (2.12) ist $P(\neg 3) = 5/6$.

Das dritte Axiom in (2.11) kann auf beliebige Ereignismengen erweitert werden. Dazu betrachten wir Abb. 2.2. Die Wahrscheinlichkeiten können hier nicht beliebig addiert werden, da A und B eine gemeinsame Schnittmenge haben. Diese Schnittmenge würde bei der Bestimmung der Wahrscheinlichkeit schlicht doppelt gezählt. Die Ereignisse von $A \cap B$ werden in $P(A)$ und in $P(B)$ berücksichtigt. Wenn man sich dessen bewusst ist, dann kann man diese Teilwahrscheinlichkeit auch direkt wieder abziehen. Auf diesem Wege erreichen wir den Additionssatz für Wahrscheinlichkeiten:

Additionssatz für Wahrscheinlichkeiten Für zwei beliebige Ereignismengen gilt:

$$P(A \cup B) = P(A) + P(B) - P(A \cap B). \tag{2.13}$$

Abb. 2.2 Illustration von
überlappenden
Ereignismengen

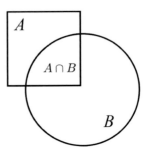

Während uns die letzte Gleichung hilft, Wahrscheinlichkeiten zu addieren, können Wahrscheinlichkeiten auch multipliziert werden. Wird zunächst ein Ereignis A erwartet, so besitzt dieses die Eintrittswahrscheinlichkeit $P(A)$. Soll danach Ereignis B eintreten und ist dieses Ereignis in keinem Fall von A beeinflusst, also statistisch unabhängig von A, so können die Wahrscheinlichkeiten von A und B multipliziert werden, um die Verbundwahrscheinlichkeit für das Eintreten beider Ereignisse zu berechnen:

Multiplikation von Wahrscheinlichkeiten Für statistisch unabhängige Ereignismengen A und B gilt

$$P(A \cap B) = P(A)P(B).$$ (2.14)

2.1.6 Bedingte Wahrscheinlichkeit und der Satz von Bayes

Nachdem wir ein hinreichend gutes Verständnis des Begriffs der Wahrscheinlichkeit haben, ist es interessant sich etwas tiefer mit den Abhängigkeiten von Wahrscheinlichkeiten zu beschäftigen. Wir stellen also die Frage, wie wahrscheinlich ist das Eintreten von Ereignis A, wenn bereits das Ereignis B eingetreten ist.

Bedingte Wahrscheinlichkeit Wenn A und B zwei Ereignismengen sind, dann beschreibt $P(A|B)$ die Wahrscheinlichkeit für das Ereignis von A wenn das Ereignis B bereits eingetreten ist. Man nennt $P(A|B)$ eine bedingte Wahrscheinlichkeit und es gilt,

$$P(A|B) = \frac{P(A \cap B)}{P(B)}$$ (2.15)

Abb. 2.3 Mehrere Ereignismengen mit ihren Teilwahrscheinlichkeiten (grün)

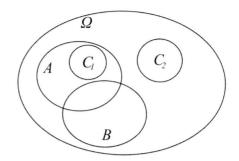

In Abb. 2.3 ist ein Ergebnisraum skizziert, der mehrere Ereignismengen A, B, C_1 und C_2 enthält. Anhand dieser Zeichnung können wir uns die abstrakte Definition der bedingten Wahrscheinlichkeit leichter überlegen. Man sieht sofort, dass C_1 eine Teilmenge von A ist. Hier muss zwangsläufig $P(A|C_1) = 1$ gelten, da bei jedem Element von C_1, welches eintritt, sofort auch die gesamte Ereignismenge A eingetreten ist. Erinnern Sie sich, dass der Begriff des Eintretens einer Ereignismenge meint, dass nur ein einzelnes Element tatsächlich wahr wird. Auch $P(A|C_2)$ ist einfach zu bestimmen. Kein Element von C_2 überschneidet sich mit A. Folglich kann A nicht unter der Bedingung eintreten, dass C_2 bereits eingetreten ist: $P(A|C_2) = 0$.

Der interessanteste Fall in Abb. 2.3 ist jedoch B. Hier liegt ein Teil in A und ein anderer Teil außerhalb von A. Die bedingten Wahrscheinlichkeiten für $P(A|B)$ und $P(B|A)$, hängen im Sinne von Definition 2.1.6 voneinander ab

$$P(A|B)\,P(B) = P(A \cap B) = P(B|A)\,P(A), \qquad (2.16)$$

was die Grundlage für den Satz von Bayes darstellt:

Satz von Bayes Für die bedingten Wahrscheinlichkeiten $P(A|B)$ und $P(B|A)$ gilt

$$P(A|B) = \frac{P(B|A)P(A)}{P(B)}. \qquad (2.17)$$

Die Bedeutung der bedingten Wahrscheinlichkeit lässt sich durch folgende Beispiele veranschaulichen:

Beispiel: Umfrage eines Nachrichtensenders als bedingte Wahrscheinlichkeit
Auf einem Nachrichtensender findet eine Umfrage statt. Zuschauer sollen abstimmen, wie ihre Meinung zu einem bestimmten Thema ist. Sie können zwischen Antwort A und Antwort B wählen. Als Ergebnis erhält der Zuschauer

Verteilungswerte, welcher Anteil für A und welcher Anteil für B gestimmt hat. Was Sie hier abgebildet bekommen, ist jedoch nur der Teil von Zuschauern, der i) diesen Sender zum Zeitpunkt der Umfragen schauen konnte und ii) auch die Initiative ergreift, zu dem Thema anzurufen.

Beispiel: Nachbarschaft von zwei Punkten
Die Nachbarschaft zweier Datenpunkte kann über bedingte Wahrscheinlichkeiten modelliert werden. Wenn zwei Punkte nah aneinander liegen, so soll diese Wahrscheinlichkeit hoch sein. Bei größeren Distanzen soll sie niedrig sein. Ein einfaches Modell dafür ist

$$p(i|j) \propto \exp\left(\frac{-(x_i - x_j)^2}{2\sigma^2}\right).$$

(2.18)

Beispiel: Bedingte Ereignisse
Zwei diskrete Vektoren $a = [0, 0, 1, 1, 0, 1, 0, 1, 1, 0]$ und $b = [0, 0, 0, 1, 0, 1, 0, 0, 1, 0]$ repräsentieren jeweils 10 zeitgleiche Ereignisse. Auf den ersten Eintrag in a trifft der erste Eintrag von b usw. Die bedingte Wahrscheinlichkeit für $b = 1$ unter der Bedingung, das bereits $a = 1$ ist, ist gegeben durch $p(b = 1|a = 1) = 3/5$, weil in 5 möglichen Fällen $a = 1$ ist, und in 3 günstigen Fällen zeitgleich $b = 1$ ist.

2.1.7 Stochastischer Prozess

Mit den bisherigen Begriffen Ereignis- und Ergebnismenge sowie dem Konzept der Wahrscheinlichkeit P werden wir als nächstes Datenvariablen, die vom Zufall beeinflusst sein können, als sogenannte stochastische Prozesse (oder Zufallsvariablen) beschreiben. In seinem Buch über stochastische Prozesse [17] zeigt Van Kampen ausführlich mehrere Beispiele aus der Physik und der Chemie sowie das mathematische Fundament, um mit dem Zufall in der Natur umgehen zu können. Wir beginnen an dieser Stelle mit einer diskreten Zufallsvariablen wie sie z. B. beim Würfel gegeben ist.

Eine Variable x heißt stochastischer Prozess, wenn ihre Werte von einem Zufallsvorgang im Ereignisraum Σ abhängen, der über $P(A)$ mit $A \in \Sigma$ festgelegt ist. Eine Realisierung $x_r \in \mathbb{R}$ tritt ein, wenn die Zufallsvariable den konkreten Wert $X = x$

hat, dessen Eintreten durch die Wahrscheinlichkeit $P(x = x_r)$ erfasst ist. Lassen Sie uns diskrete Zufallsvariablen an einigen Beispielen veranschaulichen:

Beispiel: Münzwurf
Die Variable x ist das Ergebnis eines Münzwurfs. Wir legen fest, dass $x = 0$, wenn Kopf geworfen wird und $X = 1$, wenn Zahl oben liegt. Die Wahrscheinlichkeit für $x = 0$, also $P(x = 0) = 0.5$, beschreibt also auch das Verhalten der Variablen. Hier sind $x_{r,1} = 0$ und $x_{r,2} = 1$ die Realisierungen von x, wie es in der Definition beschrieben wurde.

Wenn wir Ereignissen A_i im Wahrscheinlichkeitsraum Werte $P(A)$ zuordnen, stellt sich die Frage, wie sich Wahrscheinlichkeiten über einen stetigen Ereignisraum anordnen lassen. Mit dieser Kenntnis würden wir auf einen Blick sehen, ob es besonders wahrscheinliche Ereignisse gibt und wo diese liegen. Während die Zuweisung einer Wahrscheinlichkeit im diskreten Fall sehr direkt geschehen kann, müssen wir bei stetigen Funktionen ein Intervall betrachten. Die Wahrscheinlichkeit verläuft nun nicht mehr in Stufen, sondern als stetige Funktion:

Wahrscheinlichkeitsdichte Die Wahrscheinlichkeit $P(\alpha \leq x \leq \beta)$ eines stetigen stochastischen Prozesses ist gegeben durch

$$P(\alpha \leq x \leq \beta) = \int_\alpha^\beta p(x)dx \qquad (2.19)$$

und $p(x)$ heißt Wahrscheinlichkeitsdichte von x.

Für das Verständnis von stochastischen Prozessen ist der Begriff der Wahrscheinlichkeitsdichte sehr wichtig. Sie erfasst als Funktion die Beschaffenheit der Wahrscheinlichkeit und gibt uns ein Werkzeug an die Hand, um beliebige Zufallsprozesse selbst zu erzeugen.

Da wir im ersten Axiom von Kolmogorov fordern, dass die Wahrscheinlichkeit zwischen 0 und 1 liegen soll, muss die Wahrscheinlichkeitsdichte $p(x)$ entsprechend normiert sein. Ihre gesamte Fläche muss das sichere Ereignis widerspiegeln,

$$P(\Omega) = \int_{-\infty}^{\infty} p(x)dx \overset{!}{=} 1. \qquad (2.20)$$

Dies bedeutet nicht, dass $p(x)$ an jeder Stelle kleiner als 1 ist. $p(x)$ darf jeden Wert annehmen, solange die Normierung strikt gilt. Aus diesem Grund sollten Sie Wahrscheinlichkeitsdichten nicht mit Wahrscheinlichkeiten verwechseln.

Wenn sich eine Variable aus einem deterministischen und einem stochastischen Anteil zusammensetzt, so schreiben wir

$$x = x_D + u_x \qquad (2.21)$$

und beschreiben mit x_D den deterministischen Anteil und mit u_x den stochastischen Prozess.

Beispiel: Temperaturschwankung um 5 °C
Die Variable T sei ein stochastischer Prozess. Ihre Werte schwanken $\pm 5°C$ um einen Wert von 20 °C. Schreibt man $T = \tilde{T} + u_T$, so trennt man den deterministischen Teil vom stochastischen Prozess. In diesem Fall ist $\tilde{T} = 20\,°C$.

Wir werden die Wahrscheinlichkeitsdichte $p(x)$ auch Wahrscheinlichkeitsverteilung oder kurz Verteilung nennen. Hingegen bezeichnen wir eine Funktion F, für die gilt

$$F(x') = \int_0^{x'} p(x)dx, \qquad (2.22)$$

als **kumulierte Verteilungsfunktion** der Wahrscheinlichkeitsverteilung $p(x)$.

2.1.8 Berücksichtigung der Wahrscheinlichkeitsdichte in den Daten

Wir haben in Kap. 1 bereits gesehen, wie wir Einheiten und Unsicherheiten in unserer Arbeit mit Python einbinden können. Doch nicht nur die Unsicherheit spielt eine Rolle für die Beschreibung einer Datenreihe. Auch die Wahrscheinlichkeitsverteilung, aus der die Datenreihe stammt, enthält wertvolle Angaben.

Listing 2.1 Fortführung des vorangegangenen Beispielcodes, ergänzt um eine semantische Beschreibung der Wahrscheinlichkeitsdichte

```
myDictionary = {'Time':t, 'Position':x, 'Position_Unit':'m', '
    Time_Unit':'s', 'Position_Absolute_Uncertainty':0.05, '
    Time_Absolute_Uncertainty':0.01,
    Position_Probability_Density':'Pearson_IV'}
```

Listing 2.1 fügt dies `string`-basiert hinzu, indem es als Wahrscheinlichkeitsverteilung eine Pearson-IV-Funktion angibt. Natürlich ist es auch möglich, hier eine Python-Funktion zu hinterlegen, die Sie entsprechend definiert haben. Dann ergäbe sich für den Eintrag im Dictionary z. B. ein Stück Code, der im String eingelagert ist:

Listing 2.2 Analytische Wahrscheinlichkeitsdichte

```
# [... siehe oben ...]
'Position_Probability_Density':'A*exp(-(x-mu)**2/2/Sigma**2',
    ...
```

Diese Form der Datenablage stellt eine pythonbasierte Art dar, den Vorgaben des digitalen Systems von Einheiten (D-SI) gerecht zu werden, wie es in [7] spezifiziert wird. Aktuelle Arbeiten, wie die von B. D. Hall und M. Kuster [3], legen nahe, dass ebenso die Berücksichtigung der Skala wichtig ist, was wir kurz im nächsten Listing praktisch ausführen.

Listing 2.3 Integration der Skala in die Beschreibung der Daten

```
# [... siehe oben ...]
'Scale':'Cardinal',
'RangeMax':0.4, 'RangeMin':0.1,...
```

2.2 Stochastik von Daten

Wie hängen Zufall, Unsicherheit und Wahrscheinlichkeit mit unseren Daten zusammen? Im vorigen Kapitel hatten wir bereits kurz erläutert, wie Messunsicherheiten formal in einen Datenansatz integriert werden. Mit den Begriffen der Stochastik können wir den eigentlichen Prozess der Datenerfassung formal beschreiben. Darauf wollen wir im Folgenden näher eingehen.

2.2.1 Stochastik des Abtastprozesses

Jede abstrakte kontinuierliche Datenreihe $\xi(t)$ kann digital abgetastet werden, indem zu bestimmten Zeitpunkten τ_i eine Messung durchgeführt wird. i nummeriert diese Messungen durch und wird durch eine natürliche Zahl $i \in \mathbb{N}_0$ dargestellt. Im Rahmen dieses Buchs verwenden wir immer die natürlichen Zahlen mit Null, $\mathbb{N}_0 = (0, 1, 2, 3, 4, ...)$. Die nullbasierte Indizierung ist in der Programmierung üblich und dient dem besseren Verständnis von Algorithmen.

Sampling Die Datenpunkte x_i einer Datenreihe sind bestimmt durch Messungen

$$x_i = \xi\left[\tau_i + \delta t\right)] + u_x \tag{2.23}$$

zu definierten Zeitpunkten τ_i, wobei die $\tau_i \leq \tau_{i+1}$ als **Abtastzeitpunkte** bezeichnet werden.

Wenn alle Intervalle τ_i den gleichen Abstand Δt haben, sagen wir, die Datenpunkte sind **äquidistant** in der Zeit mit $\tau_i = i\,\Delta t$. Das abgetastete Signal x_i ist dann bestimmt durch

$$x_i = \xi\left[i\,\Delta t + \delta t\right] + u_x, \tag{2.24}$$

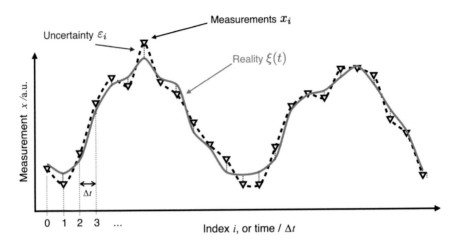

Abb. 2.4 Reale Werte einer Prozessvariablen (grün), gemessene Datenpunkte (schwarze Dreiecke) und ein Beispiel für die Messunsicherheit (rot)

wobei die Zeit Δt als die **Samplezeit** und $\nu = \Delta t^{-1}$ als die **Abtastfrequenz** bezeichnet wird.

In dieser Definition gibt i den Index eines Datenpunkts an und u_x ist die Unsicherheit der Messung x_i von $\xi(i\,\Delta t)$. Wir nehmen an, dass ξ eine Art Grundwahrheit ist oder mit anderen Worten: ξ ist der Prozess selbst. Wir werden ξ nie genau kennen, weil unser Messverfahren immer mit der **absoluten Unsicherheit** u_x behaftet ist. Diese Unsicherheit ist eine Zufallszahl, die jede Messung beeinflusst, da Sensoren und Messungen nur eine begrenzte Genauigkeit haben. Die absolute Unsicherheit u_x kann auch als **relative Unsicherheit** $\varepsilon_x = u_x/x$ angegeben werden.

Ein weiterer stochastischer Einfluss, der in (2.24) auch explizit dargestellt ist, ist die Unsicherheit unserer Uhr. Sie ist durch einen Jitter δt auf $\Delta t = \Delta t_0 + \delta t$ beschrieben. Dies soll hier nur der Vollständigkeit halber erwähnt werden, denn er wird in unseren späteren Betrachtungen keine Rolle mehr spielen. In Abb. 2.4 stellen wir den Unterschied zwischen dem realen Prozess $\xi(t)$ (grün), den Messpunkten x_i (schwarz) und der Messunsicherheit ε (rot) dar. Weil u_x und δt stochastische Prozesse sind, ist x_i ein stochastischer Prozess.

2.2.2 Das Nyquist-Theorem

Ein wichtiges Qualitätsmerkmal unserer Abtastung ist die Häufigkeit, mit der wir den Prozess betrachten und messen, die im Wesentlichen durch Δt bestimmt wird, was die **Abtastfrequenz** oder **Abtastrate** ergibt.

$$\nu_S = \frac{1}{\Delta t} \qquad (2.25)$$

der Datenpunkte x_i. Es ist offensichtlich, dass die Anzahl der Datenpunkte, die für die Abtastung des Verhaltens einer Variablen verwendet werden, wichtig ist, um die gesamte Informationsmenge zu erfassen. Dies wird deutlich, wenn man ein prägnantes Beispiel betrachtet, wie die Bewegung eines Pendels: Wenn Sie nur messen, wann immer das Pendel seinen Nullpunkt durchquert, werden Sie feststellen, dass es laut Ihren Daten überhaupt keine Bewegung gibt. In diesem Sinne wurde die Dynamik des Systems durch die Messung nicht erfasst, einfach weil die Häufigkeit der Abtastung schlecht eingestellt war.

In der Signaltheorie kennt man das Nyquist-Shannon-Theorem [14]. Will man die Dynamik eines Systems vollständig erfassen, muss man mindestens doppelt so schnell abtasten wie die höchste Frequenz, die man im System beobachtet,

$$\nu_S \geq 2\nu_{max}. \qquad (2.26)$$

Umgekehrt erhält man die höchste noch auflösbare Frequenz durch die Abtastfrequenz. Diese höchste Frequenz ist definiert als die **Nyquist-Frequenz.**

Ein digitales Signal, welches mit ν_S abgetastet wird, kann maximal dynamische Anteile mit

$$\nu_{Nyquist} = \frac{1}{2}\nu_S, \qquad (2.27)$$

auflösen. Diese Frequenz heißt **Nyquist-Frequenz.**

In der Praxis ist es jedoch besser, die Dynamik des gemessenen Systems im Detail zu kennen und eine geeignete Schätzung für ν_S vorzunehmen. Betrachten wir zum Beispiel einen Erhitzungsprozess eines Stahlstücks in einem Ofen, der mehrere Stunden dauert. In diesem Fall ist die Temperaturänderung nur auf einer Skala von Minuten interessant – nicht von Sekunden. Bei einem schnellen Prozess, wie dem Walzen von Flachstahl, sind Abtastzeiten im Subsekundenbereich üblich.

Neuere Arbeiten zur Informationstheorie, wie die Arbeit von Vetterli et al. [18], erklären das Nyquist-Theorem im Zusammenhang mit der sogenannten **Innovationsrate** (engl. *finite rate of innovation*). Sie fanden heraus, dass der Grad an Unbekanntheit eines Signals die entscheidende Rolle spielt und nicht unbedingt nur die Frequenz. Man kann sich dies sehr einfach an folgendem Beispiel verdeutlichen: Tastet man einen Sinus ab und hat im Vorhinein Informationen über seine ungefähre Frequenz bekommen, so genügen nur wenige Samplepunkte zum Abtasten. Sind also gewisse Informationen über das Signal der Messgröße im Voraus bekannt (engl. *prior knowledge*), so reichen auch niedrigere Abtastfrequenzen aus, um die Informationen vollständig zu erfassen.

2.2.3 Unterscheidung von Unsicherheiten

Aleatorische Unsicherheit

> **Beispiel: Lotto als aleatorische Unsicherheit**
> Nehmen wir an, Sie spielen regelmäßig Lotto. Wenn Sie gefragt werden, ob
> Sie am nächsten Tag in ihrer Lotterie gewinnen, dann können Sie dazu keine
> verlässliche Aussage treffen. Sie wissen es nicht, weil es vom Zufall abhängt.
> Sie kennen allenfalls die Wahrscheinlichkeit für einen Gewinn.

Sie können den Eintritt dieses Ereignis nicht vorhersagen. Diese Form inhärenter
Zufälligkeit nennt man **aleatorische Unsicherheit** (lat. *alea,* der Würfel). Egal, wie
oft Sie spielen, sie wird nie verschwinden. Beispiele hierfür sind:

- Wetterphänomene wie Wind oder Regen,
- Erdbeben und Vulkanausbrüche,
- Bewegung des Saturnmonds Hyperion (die tatsächlich nicht deterministisch ist),
- Münzwurf,
- radioaktiver Zerfall.

Für viele dieser Vorgänge existieren Modelle, welche die stochastischen Anteile
enthalten. Nicht immer dominiert der zufällige Anteil. Tatsächlich gibt es viele Situationen, in denen wir die Zufälligkeit des Prozesses als reine Störung beschreiben
können. Das Modell enthält dann einen deterministischen Teil und einen stochastischen Teil. In Monte-Carlo Simulationen können derartige Modelle schließlich
simuliert und über statistische Hilfsmittel ausgewertet werden.

Auch in anderen Bereichen ist dieser Begriff bekannt. In der Musik wird z. B. der
Einsatz von überraschenden Motiven und Elementen als aleatorische Komposition
bezeichnet.

Epistemische Unsicherheit
Auch durch zu wenige Daten entsteht Unsicherheit. Mittelwerte und Varianzen haben eine geringe Aussagekraft, wenn sie auf sehr kleinen Datenreihen berechnet
werden. Auch die Rechengenauigkeit eines Prozessors und die mathematische Tiefe
des Modells sind solche Unsicherheiten. Theoretisch können alle diese Faktoren jedoch vermieden werden, entweder durch mehr Rechenleistung, mehr Datenpunkte,
bessere Modellierung oder Ausschluss weiterer systematischer Abweichungen. Eine solche Unsicherheit heißt epistemisch. Sie steht im Gegensatz zur aleatorischen
Unsicherheit.

Relevanz von aleatorischer und epistemischer Unsicherheit in technischen Anwendungen
S. Maskell zeigt in [10], wie wichtig die Berücksichtigung verschiedener Unsicherheiten für die Informationsauswertung ist. Gerade wenn man in Konfliktfällen zwi-

schen mehreren Datenquellen entscheiden will, muss man die Verlässlichkeit der Quellen kennen. Derartige Überlegungen liegen auch den Data- und Sensor-Fusion-Ansätzen zugrunde, vgl. S. J. Julier et al. [8] und C. Henke et al. [4].

In einer Arbeit über mobile Sensorik, zeigen I. Yadav und H. G. Tanner eine Regelungskonzept mit stochastischen Differentialgleichungen. Für Fusionsplasmen ermöglichen stochastische Konzepte die Vorhersage des Teilchentransports, wie es z. B. E. Vanden-Eijnden in [16] zeigt.

Die stochastische Perspektive hilft auch beim Umgang mit Gefahrenstoffen. S. Hora betrachtet in [5] Wahrscheinlichkeitsaussagen zu Gefahrgütern mit Hinblick auf die Frage, welchen Einfluss aleatorische und epistemische Unsicherheiten in diesem Bereich haben. Grundlegender gehen Hüllermeier und Waegeman in [6] auf die Berücksichtigung von Unsicherheit in maschinellen Lernverfahren ein.

2.3 Statistische Werkzeuge zum Umgang mit Daten

2.3.1 Vektorielle Darstellung einer einzelnen Datenreihe

Oft ist es hilfreich, Daten als Vektor darzustellen. Dazu gehen wir der Einfachheit halber davon aus, dass wir eine Zeitreihe der Variablen x betrachten. Sie besteht aus M Messungen der Variablen x_i, mit dem Index i durchnummeriert von 0 bis $M - 1$. Die x_i werden letztlich zum Vektor x

$$x = (x_0, x_1, x_2, ..., x_{M-1}) \tag{2.28}$$

zusammengefasst. Unsere Notation verwendet wieder Indizes, die bei 0 beginnen, was bei der Übertragung in eine Programmiersprache hilft (wo auch 0-basierte Indizierung üblich ist). Auch wenn hier explizit die Rede von einer Zeitreihe ist, können Sie jede beliebige Art von Daten in obiger Vektorform darstellen. Als Kennzeichnung eines Vektors nutzen wir dick gedruckte Buchstaben.

Jede einzelne Messung x_i ist, wie weiter oben bereits angedeutet, ein stochastischer Prozess und somit auch der Vektor x.

2.3.2 Erwartungswert

Ein wesentlicher Teil der Datenauswertung besteht darin, diejenigen Aspekte der Informationen zu extrahieren, die für uns relevant sind. Statistische Schlüsselmerkmale sind daher von großer Bedeutung für das Verständnis von Datenreihen. Die elementarste Eigenschaft einer Gruppe von Daten ist ihr Erwartungswert.

Der **Erwartungswert** der Datenreihe x mit einer Wahrscheinlichkeitsverteilung $p(x)$ ist definiert als

$$\mu = \langle x \rangle_P = E(x) = \sum_{i=0}^{M-1} x_i \, p(x_i). \tag{2.29}$$

Aus dieser allgemeinen Definition des Erwartungswerts kann man auch einfach zum **arithmetischen Mittelwert** gelangen,

$$\mu = \langle x \rangle_{P=1/M} = \frac{1}{M} \sum_{i=0}^{M-1} x_i, \tag{2.30}$$

sobald man für p eine Gleichverteilung mit $p = 1/M$ annimmt.

Des Weiteren verwenden wir die Notation $\langle . \rangle_P$ für den Erwartungswert. In der Physik wird diese häufig Bra-Ket-Schreibweise genannt. Warum ist diese Schreibweise hilfreich? Machen Sie sich bitte noch einmal den Unterschied zwischen dem Erwartungswert (2.29) und dem arithmetischen Mittelwert (2.30) bewusst. In (2.29) wird von einer beliebigen Wahrscheinlichkeitsverteilung ausgegangen. Sie sind also noch frei diese zu wählen. Für verschiedene Verteilungen P erhalten wir verschiedene Erwartungswerte. Das arithmetische Mittel (2.30) ist eine konkrete Realisierung des Erwartungswerts für die Annahme der Gleichverteilung. Wir haben dies formal durch eine Kennzeichnung $\langle . \rangle_{P=1/M}$ in (2.30) angedeutet. In Fällen, wo der Bezug zur Verteilung P bereits klar ist, werden wir die Bezeichnung P an der Klammer $\langle . \rangle_P$ weglassen.

Die oben vorgestellte diskrete Form des Erwartungswerts wird bei digitalen Daten angewendet. An dieser Stelle sei aber auch die kontinuierliche Form des Erwartungswertes vorgestellt:

Für kontinuierliche Daten ist der Erwartungswert von x gegeben durch

$$\mu = \langle x \rangle = E(x) = \int_{-\infty}^{\infty} x \, p(x) dx, \tag{2.31}$$

wobei $p(x)$ die Wahrscheinlichkeitsdichte des stochastischen Prozesses x ist.

2.3.3 Varianz

Wenden wir uns nun der Varianz zu. Sie beschreibt die Schwankung der Daten um ihren Durchschnittswert. Somit ist sie ein Maß, um die Volatilität einer Variablen x zu quantifizieren und kann wie folgt berechnet werden:

> Der Erwartungswert für die quadratische Abweichung eines gemessenen Wertes x von seinem Erwartungswert heißt **Varianz** und wird formal definiert als
>
> $$\text{Var}(x) = \sigma^2 = \langle (x - \langle x \rangle)^2 \rangle. \tag{2.32}$$

Wir quadrieren also die Distanzen zwischen jedem Datenpunkt in x und dem Durchschnittswert $\langle x \rangle$, danach summieren wir die Quadrate auf. In Abb. 2.5 ist dies bildlich dargestellt. Wenn die Quadrate klein sind, gibt es keine großen Schwankungen in den Daten und der Wert bleibt in der Nähe des Durchschnittswertes. Im Gegensatz dazu entsprechen große Quadrate höheren Fluktuationen und häufigeren Abweichungen vom Mittelwert.

Gleich zweimal geht bei der Varianz die Wahrscheinlichkeit p ein, da auch zwei Erwartungswerte berechnet werden. Schreibt man (2.32) weiter aus,

$$\sigma^2 = \langle (x - \langle x \rangle)^2 \rangle = \sum_{i=0}^{M-1} (x_i - \mu)^2 p[(x_i - \mu)^2], \tag{2.33}$$

findet man, ähnlich wie im vorherigen Abschnitt, die bekannte Formel für die Varianz bei gleichverteilten Wahrscheinlichkeiten $p = 1/M$,

$$\sigma^2 = \frac{1}{M} \sum_{i=0}^{M-1} (x_i - \mu)^2. \tag{2.34}$$

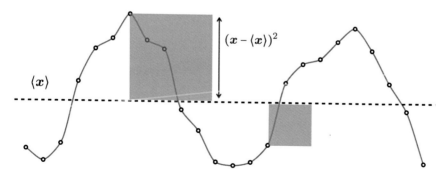

Abb. 2.5 Illustration der Varianz

Beachten Sie bitte, dass die Varianz aufgrund des Quadrats in (2.34) immer positiv ist. Die einzige Möglichkeit, wie hier eine negative Zahl zustande kommen könnte, wäre durch die Verwendung von komplexen Zahlen zur Beschreibung von Daten, was jedoch nur äußerst selten vorkommt. Für diese Fälle (z. B. in der Signal- und Filtertheorie, aber auch in der Elektrodynamik) gibt es dann dedizierte Ansätze, um die Varianz zu bestimmen.

2.3.4 Empirische Varianz

Die Wahrscheinlichkeitsverteilung unserer Daten ist oftmals aber gar nicht bekannt. Eine genaue Berechnung von (2.33) ist dann im strengen Sinne gar nicht möglich. Wiederholt man eine Messung in m Vorgängen, so liegen für eine Variable x ja m verschiedene mögliche Realisierungen vor. Die empirische Varianz ist in einer solchen Situation definiert als

$$\sigma_{\text{Empirisch}}^2 = \frac{1}{m-1} \sum_{i=0}^{m-1} (x_i - \mu)^2. \tag{2.35}$$

Im Rahmen von Messauswertungen, Studien und statistischen Analysen wird häufig die empirische Varianz verwendet.

2.3.5 Momente einer Wahrscheinlichkeitsverteilung

In den letzten beiden Abschnitten haben wir den Erwartungswert und die Varianz diskutiert. Beide Größen sind charakteristisch für die zugrunde liegende Wahrscheinlichkeitsverteilung der Daten. Allgemein definiert man das sogenannte i-te Moment einer Verteilung $p(x)$ als

$$m_i = \int_{-\infty}^{\infty} x^i p(x) dx. \tag{2.36}$$

Von den Momenten einer Verteilung leiten wir die sogenannten zentralen Momente ab, indem wir sie über $x \mapsto x - \langle x \rangle$ auf den Erwartungswert beziehen,

$$\widetilde{m}_i = \langle (x - \langle x \rangle)^i \rangle = \int_{-\infty}^{\infty} (x - \langle x \rangle)^i p(x) dx. \tag{2.37}$$

Die zentralen Momente identifizieren Eigenschaften der Verteilung, die für uns interessant sind. Das erste zentrale Moment ist $\widetilde{m}_1 = \langle x - \langle x \rangle \rangle = \langle x \rangle - \langle x \rangle = 0$. Man sieht durch Vergleich von (2.37) für $i = 2$ mit (2.32), dass das zweite zentrale Moment die Varianz ist.

Das dritte Moment,

$$\nu(x) = \langle (x - \langle x \rangle)^3 \rangle, \qquad (2.38)$$

wird als Schiefe oder Schiefheit (engl. *skewness*) bezeichnet. Es gibt an, wie stark die Verteilung zu einer Seite geneigt ist. Das vierte Moment heißt Wölbung (engl. *kurtosis*)

$$\kappa(x) = \langle (x - \langle x \rangle)^4 \rangle \qquad (2.39)$$

und gibt anschaulich an, ob die Verteilung eine Abflachung am Maximum besitzt oder spitz zuläuft. Es gibt Verteilungen, deren höhere Momente helfen, asymmetrische Verhaltensweisen zu beschreiben. Um 1900 beschäftigte sich Karl Pearson in [11], [12] und [13] ausgiebig mit solchen Verteilungen. In der Literatur ist es üblich, sowohl das dritte als auch das vierte zentrale Moment mit der Varianz zu normieren.

2.3.6 Ausgesuchte Wahrscheinlichkeitsverteilungen

Einige häufig vorkommende Verteilungen finden sich in der Literatur. Wir gehen hier an dieser Stelle auf einige interessante Funktionen ein, die für technische Anwendungen wichtig sind.

Wenn wir für Datenvariablen eine Wahrscheinlichkeitsverteilung ermitteln können, dann können wir a) die Momente nutzen, um Aussagen über die Daten zu treffen, b) wir können einzelne Datenpunkte als normal oder exotisch identifizieren und c) wir können ggf. die Momente nutzen, um die Dimension zu reduzieren. Dazu ist es nötig, einige ausgesuchte Verteilungen kurz näher zu erläutern.

Gauß-Verteilung, Normalverteilung
Die wohl bekannteste Verteilungsfunktion ist sicherlich die Gauß-Verteilung (engl. *gaussian*). Dies liegt vor allem daran, dass sich die Streuung der Messwerte in technischen Prozessen gut durch eine derartige Verteilung beschreiben lassen. Sie ist gegeben durch

$$p_G(x; \mu, \sigma) = \frac{1}{\sqrt{2\pi\sigma^2}} \exp\left[-\frac{(x - \mu)^2}{2\sigma^2} \right] \qquad (2.40)$$

und wird durch die Parameter μ und σ beschrieben. μ gibt die Position des Maximums der Verteilung an und σ die Breite. Eine hilfreiche Angabe für die Gauß-Funktion ist neben der Varianz auch die Halbwertsbreite (engl. *full width at half maximum, FWHM*),

$$\mathrm{FWHM}(\sigma) = 2\sigma\sqrt{2\log 2}, \qquad (2.41)$$

wobei wir mit der Abkürzung „log" den natürlichen Logarithmus bezeichnen. Die Schiefe der Gauß-Verteilung ist $\nu = 0$ und die Wölbung ist $\kappa = 3$, d. h., beide höheren Momente sind explizit nicht von den Verteilungsparametern abhängig. Sie können dies leicht überprüfen, indem Sie die Funktion in die Definition der Momente einsetzen.

Poisson-Verteilung

Wenn Ereignisse selten auftreten, wie z. B. der radioaktive Zerfall, beschreibt man diesen Vorgang gerne mit einer Poisson-Verteilung. Dabei kann man sich die Verteilung als Häufungskurve einer zeitlichen Distanz vorstellen. Erfolgt ein Ereignis zum Zeitpunkt $t = 0$, dann ist ein sofortiges Folgeereignis nicht sehr wahrscheinlich, die Dichte ist also nah bei null niedrig. Die Wahrscheinlichkeit steigt jedoch mit der zunehmenden Zeit und fällt nach einem Maximum auch wieder ab. Die Poisson-Verteilung ist diskret und definiert als

$$p_P(x; \lambda) = \frac{\lambda^x}{x!} \exp(-\lambda). \qquad (2.42)$$

Ihr Erwartungswert und ihre Varianz sind gleich, $\langle x \rangle = \lambda = \langle (x - \langle x \rangle)^2 \rangle$ und beide durch λ eindeutig festgelegt. Ihre Schiefe ist $v = 1/\sqrt{\lambda}$ und ihre Wölbung ist $\kappa = 3 - \frac{1}{\lambda}$.

Pearson-IV-Verteilung

Die Pearson-IV Verteilung ist ein Beispiel der Funktionenfamilie von K. Pearson [11]. Sie ermöglicht die Einstellung von vier Lageparametern μ, σ, v und κ, die letztlich die Symmetrie, Schiefe und Wölbung anpassen,

$$p_{\text{Pearson-IV}}(x) = \left[1 + \left(\frac{x - \mu}{\sqrt{2\sigma^2}} \right)^2 \right]^{-v} \exp \left\{ -\kappa \tan^{-1} \left(\frac{x - \mu}{\sqrt{2\sigma^2}} \right) \right\}. \qquad (2.43)$$

Diese spezielle Pearson-Verteilung wird in der Beschreibung von Wellenphänomenen angewendet, bei der Sammlung von Ladung in Kondensatoren, aber auch bei asymmetrischen Prozesskorridoren (wie wir sie später in Kap. 6, Abschn. 6.5 noch näher diskutieren werden) mit ausgeprägtem Tailing zu einer Seite.

Weibull-Verteilung / Rosin-Rammler-Verteilung

Unser letztes Beispiel einer Wahrscheinlichkeitsdichte ist die Weibull-Verteilung. Sie stellt eine ganze Familie von Kurven dar und kann links- und rechts-schiefe sowie symmetrische Verteilungen modellieren. Ihre Dichte ist durch

$$p_W(x; \lambda, k) = \begin{cases} \lambda k (\lambda x)^{k-1} \exp\left[-(\lambda x)^k\right] & \text{für } x \geq 0 \\ 0 & \text{sonst,} \end{cases} \qquad (2.44)$$

gegeben. Besonders für den Ausfall von technischen Komponenten ist die Weibull-Verteilung von großer Bedeutung. Sie hilft uns, Qualitätsdaten wie die mittlere Zeit bis zum Ausfall (engl. *mean time to failure*, MTF) oder die mittlere Zeit zwischen Ausfällen (engl. *mean time between failures*, MTBF) statistisch auszudrücken. Ihr

Erwartungswert ist

$$\langle x \rangle = \frac{1}{\lambda} \Gamma \left(\frac{k+1}{k} \right) \tag{2.45}$$

und ihre Varianz

$$\langle (x - \langle x \rangle)^2 \rangle = \frac{1}{\lambda^2} \left[\Gamma \left(\frac{k+2}{k} \right) + \Gamma^2 \left(\frac{k+1}{k} + \right) \right]. \tag{2.46}$$

Hierbei haben wir abkürzend die Gamma-Funktion benutzt, für die

$$\Gamma(n+1) = \int_0^\infty x^n e^{-x} dx \tag{2.47}$$

gilt.

2.3.7 Matrixdarstellung mehrerer Messreihen

In vielen Fällen wird es mehrere Instanzen $j \in \mathbb{N}$ von Messungen geben, die zu einer Menge von $N \in \mathbb{N}$ verschiedenen Vektoren x_j führen, die in einer Matrix angeordnet werden können,

$$X = \begin{pmatrix} x_{0,0} & x_{0,1} & \cdots & x_{0,M-1} \\ x_{1,0} & x_{1,1} & \cdots & x_{1,M-1} \\ \cdots & \cdots & \cdots & \cdots \\ x_{N-1,0} & x_{N-1,1} & \cdots & x_{N-1,M-1} \end{pmatrix}. \tag{2.48}$$

Zusammengefasst stellen diese Matrizen N Messungen der (gleichen) Variable x dar, mit M Datenpunkten für jede Messung. Manchmal wird diese Matrix X auch als **Datenmatrix** bezeichnet. Insbesondere für das Training von überwachten und unüberwachten maschinellen Lernalgorithmen sind Daten in Form einer solchen Matrix X zur Darstellung von **Trainings**- und **Testdatensätzen** unerlässlich.

Ein praktischer Schritt besteht oft darin, die Matrix X zu transponieren, um die geeignete Form für die weitere Verarbeitung zu erhalten. Dies kann in Python auf verschiedene Arten geschehen, wobei wir nur zwei gängige Wege kurz vorstellen:

Listing 2.4 Matrixbeispiel in Python

```
import numpy as np
X=[[1,2,3],[4,5,6,],[7,8,9]]
print(X)
print(np.transpose(X))
```

Listing 2.4 zeigt die Transposition einer Matrix in Python unter Verwendung von Numpy. Ähnlich funktioniert die Transposition bei der Bibliothek Pandas, wie es in Listing 2.5 demonstriert wird.

Listing 2.5 Matrixdarstellung in Pandas

```
1  import pandas as pd
2  X=[[1,2,3],[4,5,6,],[7,8,9]]
3
4  X=pd.DataFrame(X)
5  print(X)
6  print(X.T)
```

2.3.8 Kovarianz und Kovarianzmatrix

Während sich die bisherigen Eigenschaften, Erwartungswert und Varianz, lediglich auf eine einzige Datenreihe x beziehen, wollen wir nun Werkzeuge zum Vergleichen von Daten entwickeln. Der einfachste Weg zwei Funktionen zu vergleichen, ist die Multiplikation. Wenn beide Funktionen gleichermaßen zu- oder abnehmen, ist das Produkt positiv. Sind beide Funktionen gegenläufig, ist das Produkt negativ.

> Für zwei Vektoren mit Daten x und y definieren wir die **Kovarianz** als
>
> $$\mathrm{Cov}(x, y) = \langle (x - \langle x \rangle)(y - \langle y \rangle) \rangle. \tag{2.49}$$
>
> Die Kovarianz ist ein Maß für die Ähnlichkeit zweier Datenverläufe.

Wir führen hier eine Multiplikation zwischen beiden Signalen durch, um zu sehen, wo sich die Signale stark überschneiden und ob sie sich ähnlich sind. Für eine Messmatrix X können wir somit auch eine Kovarianzmatrix aufstellen,

$$C = \mathrm{Cov}(X) = \begin{pmatrix} \mathrm{Var}(x_0) & \mathrm{Cov}(x_0, x_1) & \dots & \mathrm{Cov}(x_0, x_{N-1}) \\ \mathrm{Cov}(x_1, x_0) & \mathrm{Var}(x_1) & \dots & \mathrm{Cov}(x_1, x_{N-1}) \\ \dots & \dots & \dots & \dots \\ \mathrm{Cov}(x_{N-1}, x_0) & \mathrm{Cov}(x_{N-1}, x_1) & \dots & \mathrm{Var}(x_{N-1}) \end{pmatrix},$$

wobei die Varianzen die Hauptdiagonale darstellen und die nachfolgenden Kovarianzen symmetrisch in den oberen rechten und unteren linken Matrixecken angeordnet sind. Bitte beachten Sie, dass die Kovarianz mit zunehmender Übereinstimmung von x und y steigt. Sie ist also ein Hilfsmittel, um herauszufinden, wie gut zwei Datenreihen miteinander übereinstimmen. Verlaufen x und y gleichförmig, so ist sie positiv. Sie wird negativ, wenn y dem Verlauf von x entgegen gerichtet ist und letztlich 0, wenn keinerlei Zusammenhang besteht.

Die Toolbox Pandas ermöglicht es uns, die statistischen Schlüsselmerkmale unserer Daten schnell zu bewerten. Listing 2.6 zeigt die Anwendung des Befehls „describe". Er wird auf die transponierte Variante der Matrix X angewandt,

Listing 2.6 Statistische Information mit Pandas bestimmen

```
import pandas as pd

pdf = pd.DataFrame(X)
pdf.T.describe()
```

welches schließlich eine Tabelle mit Eigenschaften zurückgibt:

Listing 2.7 Ergebnis von Listing 2.6

```
count 50.000000 50.000000 50.000000 ...
mean 326.016998 314.661663 328.752005 ...
std 236.253411 256.087978 240.108021 ...
min 73.663312 51.154939 88.234382 ...
25% 147.841750 111.452276 135.089759 ...
50% 241.469434 223.321377 247.337707 ...
75% 451.525597 451.451403 458.632592 ...
max 880.165305 984.095894 920.493881 ...
```

2.3.9 Korrelation und Korrelationsmatrix

Untersuchung auf Ähnlichkeit

Die Kovarianz ist nicht standardisiert. Sie hängt von den Amplituden der Variablen x und y ab, und das kann den Blick auf die darunterliegenden Zusammenhänge verfälschen. Man geht daher zu einer Größe über, die standardisiert ist: Normieren wir die Kovarianz mit der jeweiligen Standardabweichung der Datenreihe, so gelangen wir zur Korrelation:

Die **Korrelation** von zwei Datenvektoren x und y ist definiert als

$$\mathrm{Cor}(x, y) = \frac{\mathrm{Cov}(x, y)}{\sigma_x \sigma_y} = \frac{\mathrm{Cov}(x, y)}{\sqrt{\mathrm{Var}(x)\mathrm{Var}(y)}}$$

und gibt an, wie sehr sich die Richtungsverläufe beider Vektoren ähneln.

Die Korrelation hängt nicht mehr von den Amplituden ab, nur vom Verlauf von x und y. Somit wird nur der Zusammenhang beider Datenreihen erfasst. Ähnlich wie bei der Kovarianzmatrix ist die Korrelationsmatrix gegeben durch,

$$\mathrm{Cor}(X) = \begin{pmatrix} 1 & \mathrm{Cor}(x_0, x_1) & \dots & \mathrm{Cor}(x_0, x_{N-1}) \\ \mathrm{Cor}(x_1, x_0) & 1 & \dots & \mathrm{Cor}(x_1, x_{N-1}) \\ \dots & \dots & \dots & \dots \\ \mathrm{Cor}(x_{N-1}, x_0) & \mathrm{Cor}(x_{N-1}, x_1) & \dots & 1 \end{pmatrix}.$$

Sie spiegelt auch wider, dass jede Datenreihe mit sich selbst vollständig korreliert ist. Daher steht auf der Hauptdiagonalen dieser Matrix jeweils eine 1.

Implementation der Korrelationsmatrix
Um dies an einem Beispiel zu erläutern, haben wir in Listing 2.8 vier verschiedene Funktionen erzeugt und diese miteinander korreliert. Wir erwarten dabei, dass die Funktionen x1 und x3 antikorreliert sind. Eine grundlegend positive Korrelation erwarten wir zwischen x4 und x3.

Listing 2.8 Berechnung einer Korrelationsmatrix mit Numpy

```
import numpy as np

t = np.arange(0,4*np.pi, 0.1)
x1 = np.sin(t)
x2 = np.cos(t)
x3 = -np.sin(t)
x4 = t**2
C = np.corrcoef([x1, x2, x3,x4])
```

Nutzen Sie gerne die Gelegenheit, sich C aus diesem Listing auszugeben. Wir möchten an dieser Stelle die Korrelationsmatrix visuell darstellen und nutzen dafür Listing 2.9.

Listing 2.9 Darstellung der Korrelationsmatrix mit matplotlib

```
import matplotlib.pyplot as plt

plt.imshow(C, aspect='auto')
plt.xlabel('Index')
plt.xticks(range(0,4), ['x1','x2', 'x3', 'x4'])
plt.yticks(range(0,4), ['x1','x2', 'x3', 'x4'])
plt.colorbar()
```

Abb. 2.6 zeigt die Korrelationsmatrix C für unser Beispiel.

Korrelationsanalyse als exploratives Werkzeug
Die Korrelationsmatrix stellt ein vielseitiges Werkzeug der explorativen Analyse dar. Die Darstellung in Abb. 2.6 sorgt für einen guten ersten Überblick über die die Zusammenhänge. Wie in Kap. 1 erwähnt, deutet eine hohe Korrelation zwar

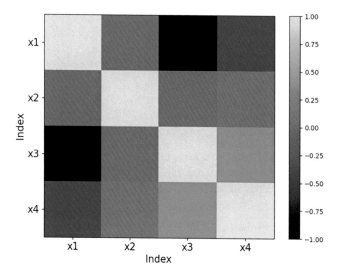

Abb. 2.6 Korrelationsmatrix aus dem Beispielcode 2.8

darauf hin, dass die Variablen miteinander in Verbindung stehen können, aber nicht zwangsläufig in einem kausalen Zusammenhang miteinander stehen.

Zusammenfassung

Wir haben in diesem Kapitel Grundlagen aus Mengenlehre, Stochastik und Statistik wiederholt. Diese Disziplinen stellen uns Werkzeuge zur Verfügung, die für das Verständnis von Machine Learning unerlässlich sind. So stellt die Aufteilung der Daten in eine Trainingsmenge und eine Testmenge einen wichtigen Schritt für das Lernen von Modellen dar.

Die bedingte Wahrscheinlichkeit dient allgemein als Grundlage von Entscheidungsprozessen und wird später als elementares Hilfsmittel zur Erstellung von Entscheidungsbäumen relevant. Weiterführende Verfahren wie die Mixture-Density-Netze verwenden Wahrscheinlichkeitsverteilungen in der inneren Struktur des Netzes selbst und erlauben durch diesen Schritt die Vorhersage ihrer eigenen Unsicherheit.

Die statistischen Eigenschaften der Daten, allen voran ihre Momente, sind geeignet, um Informationen auf wenige Datenpunkte zu reduzieren. In vielen Fällen der physikalisch-informierten Verfahren sind sie eine zusätzliche Schlüsselinformation, die den Lernverfahren hinzugefügt wird.

Die Begriffe Kovarianz und Korrelation werden uns kontinuierlich begleiten. So spielt die Verringerung der geometrischen Kovarianz von Clusterpunkten eine zentrale Rolle beim K-Means-Verfahren. Als Mittel einer explorativen Analyse ist die Korrelation in der Lage, uns wertvolle Vorabinformationen über unsere Daten zu liefern. In realen, praktischen Arbeitssituationen empfiehlt es sich immer mit einer solchen Korrelationsanalyse zu beginnen, um einen ersten Eindruck der Daten zu gewinnen.

Aufgaben

2.1 Bestimmen Sie die Momente der Poisson-Verteilung, indem Sie mit Gleichung (2.36) beginnen.

2.2 Bestimmen Sie die akkumulierte Wahrscheinlichkeitsverteilung F für den Würfelprozess und stellen Sie diese graphisch dar.

2.3 Gegeben seien die synchronen Ereignislisten $L_1 = [1, 1, 0, 1, 0, 1]$ und $L_2 = [1, 0, 0, 1, 0, 0]$, wobei synchron meint, dass das erste Element von L_1 und das erste Element von L_2 zeitgleich auftreten usw. Bestimmen Sie $P(L_1 = 1|L_2 = 1)$ und $P(L_2 = 1|L_1 = 1)$.

2.4 Betrachten Sie die Listen $L_1 = [0.9, 0.5, 0, 0.7, 0, 0.4]$ und $L_2 = [0.9, 0, 0, 0.8, 0, 0]$ und wiederholen Sie ihre Berechnung von $P(L_1 = 1|L_2 = 1)$ und $P(L_2 = 1|L_1 = 1)$. Was hat sich verändert?

2.5 Zeigen Sie, dass die Gauß-Verteilung die Schiefe $\nu = 0$ und die Wölbung $\kappa = 3$ aufweist. Beginnen Sie bei der Definition dieser Momente in (2.36).

2.6 Stellen Sie die Weibull-Verteilung für $\lambda = 1$ und $k = 2$ mit Hilfe der Matplotlib in Python dar.

Literatur

1. H.-D. Ebbinghaus, *Einführung in die Mengenlehre*. Springer Spektrum Berlin, Heidelberg, 2021.
2. L. Fahrmeir, R. Künstler, I. Pigeot, and G. Tutz, *Statistik*. Springer, 1997.
3. B. Hall and M. Kuster, „Representing quantities and units in digital systems," *Measurement: Sensors*, vol. 23, p. 100387, 2022. [Online]. Available: https://www.sciencedirect.com/science/article/pii/S2665917422000216
4. C. Henke, E. Jacobs, N. Teofilov, P. Henke, and M. J. Neuer, „Sensor fusion of spectroscopic data and gyroscopic accelerations for a direction indication in handheld radiation detection instruments," in *Proceedings of the IEEE Nuclear Science Symposium and Medical Imaging Conference, Strasbourg*, 2016.
5. S. C. Hora, „Aleatory and epistemic uncertainty in probability elicitation with an example from hazardous waste management," *Reliability Engineering and System Safety 54(2-3), 217-223*, 2010.
6. E. Hüllermeier and W. Waegeman, „Aleatoric and epistemic uncertainty in machine learning: an introduction to concepts and methods," *Machine Learning 110, 457-506*, 2021.
7. D. e. a. Hutzschenreuter, „SmartCom Digital System of Units (D-SI) Guide for the use of the metadata-format used in metrology for the easy-to-use, safe, harmonised and unambiguous digital transfer of metrological data," Nov. 2019, The development of the uniform metadata format for the exchange of measurement data in ICT applications is part of the research project EMPIR 17IND02 (Title: SmartCom). This brochure is the result of Deliverable 1. The project was funded by the EMPIR programme co-financed by the participating countries and by the European Union's Horizon 2020 research and innovation programme. [Online]. Available: https://doi.org/10.5281/zenodo.3522631

8. S. J. Julier, T. Bailey, and J. K. Uhlmann, „Using exponential mixture models for suboptimal distributed data fusion," *IEEE Nonlinear Statistical Signal Processing Workshop*, pp. 160–163, 2006.

9. A. Kolmogorov, „Interpolation and extrapolation of stationary random sequences," *Izvestiya AN SSSR*, vol. 5, p. 314, 1941.

10. S. Maskell, „A bayesian approach to fusing uncertain, imprecise and conflicting information," *Information Fusion*, vol. 9, no. 2, pp. 259–277, 4 2008.

11. K. Pearson, „Contributions to the mathematical theorie of evolution," *Proc. Roy. Soc. London*, vol. 54, pp. 329–333, 1893.

12. K. Pearson, „Contributions to the mathematical theorie of evolution. ii. skew variation in homogeneous material," *Phil. Trans. R. Soc. Lond.*, vol. A, no. 186, pp. 343–414, 1895.

13. K. Pearson, „Mathematical contributions to the theory of evolution. x. supplement to a memoir on skew variation," *Phil. Trans. R. Soc. Lond.*, vol. 197, pp. 443–459, 1901.

14. C. E. Shannon, „A mathematical theory of communication," *The Bell System Technical Journal*, vol. 27, pp. 379–423, 623–656, 7 1948.

15. H. Toutenburg, M. Schomaker, and C. Heumann, *Induktive Statistik*, ser. Springer-Lehrbuch. Springer, 2008. [Online]. Available: https://books.google.de/books?id=Gof0oZmxy2kC

16. E. Vanden-Eijnden and R. Balescu, „Statistical description and transport in stochastic magnetic fields," *Phys. Plasmas*, vol. 3, p. 874, 1996.

17. N. VanKampen, „Stochastic processes in physics and chemistry," *Phys. Fluids*, vol. 19, p. 11, 1996.

18. M. Vetterli, P. Marziliano, and T. Blu, „Sampling signals with finite rate of innovation," *IEEE Trans. Sign. Proc.*, vol. 50, no. 6, pp. 1417–1428, 2002.

Kapitel 3
Datenvorverarbeitung

Schlüsselwörter Explorative Datenanalyse · Filtern von Daten · Transformationen für Daten · Prozesskenngrößen

Die Datenvorverarbeitung stellt ein wichtiges Element in der Prozesskette von Machine-Learning-Verfahren dar. In diesem Kapitel diskutieren wir verschiedene Methoden, um eine optimale Vorbereitung für individuelle Problemfälle zu erreichen. Dabei werden Normalisierung, Triggerung, Filterung und auch mathematische Transformationen wie die Fast Fourier Transformation (FFT) oder die kontinuierliche Wavelet-Transformation besprochen. Das Kapitel zeigt auch, wie man Wahrscheinlichkeitsverteilungen aus Daten extrahieren und nutzen kann.

Abb. 3.1 zeigt Ihnen, wie die Inhalte von Kap. 3 die nachfolgenden Kapitel beeinflussen. Für alle Lernverfahren ist die Vorverarbeitung bedeutsam. Ein wichtiger Aspekt ist die Rückkopplung aus Kap. 6. Hier kann das physikalisch-informierte Verfahren spezialisierte Vorverarbeitungsschritte anfordern. Aus diesem Grund konzentrieren wir unsere Auswahl an Themen für Kap. 3 auf Schritte, die ein gewisses Vorwissen benötigen. Die Fourier-Transformation und die Extraktion von charakteristischen Größen sind Beispiele hierfür. Selbstverständlich können auch die in Kap. 4 und 5 vorgestellten Lernverfahren in größerem Kontext als Vorverarbeitung genutzt werden.

Welche Schritte Daten in einer Datenverarbeitungskette durchlaufen haben, ist schließlich auch für die Erklärbarkeit relevant. So ist es wichtig erklären zu können, warum man eine bestimmte Art der Vorverarbeitung gewählt hat. Zwar gibt es Lernverfahren die ohne Weiteres jedweder Transformation erlernen könnten, dann würde uns jedoch genau die Nachvollziehbarkeit verloren gehen, die wir für erklärbare Methoden erzielen möchten. Die Verknüpfung zwischen Vorverarbeitung, Lernverfahren und letztlich einer digitalen Erfassung der Bedeutung dieser Schritte ist letztlich ein zentrales Element, um Erklärbarkeit des Algorithmus zu erreichen.

© Der/die Autor(en), exklusiv lizenziert an Springer-Verlag GmbH, DE, ein Teil von Springer Nature 2024
M. J. Neuer, *Maschinelles Lernen für die Ingenieurwissenschaften*,
https://doi.org/10.1007/978-3-662-68216-6_3

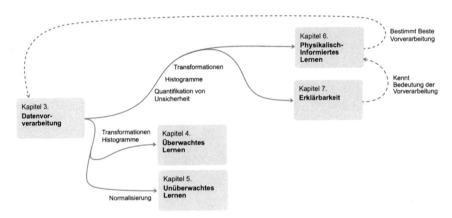

Abb. 3.1 Übersicht über den Zusammenhang von Kap. 3 mit den folgenden Kapiteln

3.1 Ziele der Vorverarbeitung

Die Datenvorverarbeitung fasst alle nötigen Schritte zusammen, die aus einem Satz an Rohdaten einen sinnvoll zu verarbeitenden Datensatz erzeugen. Sinnvoll sind dabei alle Vorgänge, welche die Interpretierbarkeit der Daten erhalten und wenn möglich erhöhen.

Zur Datenvorverarbeitung gehören folgende Schritte, die wir im Verlauf dieses Kapitels näher diskutieren wollen:

- **Datenbereinigung.** Hier wird der Datensatz auf Probleme hin untersucht und aufbereitet. In der Praxis treten diese Probleme häufiger auf und dieser Schritt ist oft arbeitsintensiv. Folgende Unterpunkte können wir unterscheiden:
  - Not-a-Number-Einträge (NaNs) finden und ersetzen,
  - fehlende Daten finden und ersetzen, ggf. mit Interpolation ergänzen,
  - Duplikate aufspüren und ggf. entfernen,
  - Längen von Zeitreihen überprüfen und korrigieren.
- **Normalisierung.** Eine Normalisierung reskaliert die Daten auf einen anderen Zahlenbereich. Sie definiert die Skala auf der wir arbeiten wollen. Gerade wenn man Variablen vergleichen möchte, ist dieser Eingriff hilfreich. Für maschinelle Lernverfahren spielt es mitunter eine große Rolle, ob die Daten in der richtigen Skalierung übergeben werden oder nicht.
- **Filter.** In der Signaltheorie spielen Filter eine wichtige Rolle. Maschinelle Lernverfahren können ebenso von diesem Filter profitieren, denn sie helfen Daten zu glätten (Gleitender Mittelwert) oder bestimmte Eigenschaften von Daten zu verstärken (z. B. durch die erste und zweite Ableitung).
- **Triggerung.** Gerade bei langen Zeitreihen mit wiederkehrenden Signalverläufe ist oft eine Triggerung nötig. Man schneidet dann den repetitiven Anteil aus, kann diesen Überlagern und auf Ausreißer untersuchen.

- **Anwendung einer Funktion.** Manchmal kann es hilfreich sein, die Datenvariablen über eine Funktion zu transformieren. Hier existieren viele Varianten; die Bildung des Logarithmus, um aus exponentiellen Abhängigkeiten besser die Dynamik in Exponenten zu erkennen, ist ein Beispiel dafür.
- **Transformation.** Transformationen sind vergleichbar mit der Normalisierung, ändern jedoch auch den qualitativen Verlauf der Variablen bzw. überführen sie in eine Perspektive, die einen besseren, vielleicht sogar niedrigdimensionalen, Blick eröffnet. Ziel jeder Transformation ist es, die spätere Auswertbarkeit zu verbessern.
- **Statistische- und prozessbedingte Kenngrößen.** Hier ermitteln wir wichtige Punkt im Verlauf von Daten. Dies können Extrema, Mittelwerte oder andere statistische Größen sein, aber auch aus dem Prozessverständnis heraus motivierte Positionen, die aus einem technischen Grund wichtig sind. Beispiele sind Durchbruchpunkte bei Luftfiltern, Sättigungspunkte, das Erreichen von Halbwertszeiten oder Wendepunkte in Bewegungsabläufen.
- **Anwendung weiterer Algorithmen.** Prinzipiell ist der Unterschied von Auswerteverfahren und Vorverarbeitung so fließend, dass wir nahezu jeden beliebigen Algorithmus als Datenvorverarbeitung ansehen können, solange er sinnvoll eingesetzt werden kann. Speziell die unüberwachten Lernverfahren, von denen wir die Hauptkomponentenanalyse, K-Means-Clusterverfahren und den Autoencoder kennenlernen werden, eignen sich hervorragend zur Datenpräparation.

3.2 Datenbereinigung

3.2.1 Entfernen von fehlerhaften Datenpunkten

Eine typische Aufgabe der Datenvorverarbeitung ist die Datenbereinigung. Analysealgorithmen können bei beschädigten oder unvollständigen Daten nicht richtig funktionieren. Ein Beispiel dafür ist das Auftreten von Not-a-Number-Einträgen (NaNs). Es gibt mehrere Gründe, warum die Daten NaNs enthalten: entweder weil schlechte Signale bereits vom Sensor erzeugt wurden oder einfach weil die Signale in irgendeinem Stadium der Verarbeitung ein Problem aufwiesen.

In vielen Rohdaten findet man solche fehlerhaften Werte, fehlenden Werte oder falsche Skalierungen. Wo kommen diese Problemstellen her? Der Weg, den ein Eintrag in einer Datenbank oder in einem File nimmt, kann komplex sein. Fehler können bei der Messung vorkommen, wenn z. B. der Messwert den vorgeschriebenen Bereich verlässt. Sie können beim Speichern der Daten vorkommen, wenn die Schreiboperation falsch war. Wenn man mit Datenbanken arbeitet, kann es sein, dass die Query nicht stimmt oder beim Transfer der Daten über das Netzwerk ein Fehler zustande kam.

Bereinigung immer erst an der Ursache
Wenn Sie mit Datenfehlern konfrontiert sind, sollten Sie herausfinden, woher diese
stammen. Welcher Prozess war für die Fehler verantwortlich? Oft deuten Datenfehlern auf ein anderes, tiefer liegendes Problem. Sobald Sie diesen Vorgang identifiziert
haben, prüfen Sie, ob man das Schreiben von NaNs oder den ursächlichen Fehler im
Allgemeinen verhindern kann.

Beispiel: Wetterstation
Eine Wetterstation in Ihrem Garten schreibt die Luftfeuchte und den Luftdruck.
Sie wird von einer Solarzelle betrieben. Die Daten werden mit Bluetooth an
einen Rechner übertragen. Der Rechner schreibt immer im selben Takt, z. B.
$1/s$ und er schreibt NaNs, sobald der Sender keinen Wert schickt. Immer
wenn die Spannung der Solarzelle nicht mehr ausreicht, setzt die Übertragung
aus. Sie erhalten also eine Datenreihe mit NaNs, in denen immer, wenn die
Spannung ausreichte, ein sinnvoller Wert für ihre Messgrößen vorkommt. Hier
wäre es hilfreich, zunächst die Spannung der Messvorrichtung zu verbessern
und die Kette der Übertragung so weit wie möglich zu optimieren.

Beispiel: QR-Scanner
Durch einen Schmutzfleck auf einem QR Scanner (Kamera) wird der QR-
Code von Produkten nicht mehr richtig gelesen. Ab einem gewissen Zeitpunkt
sind fehlerhafte Daten in Ihrer Datenbank. Auch hier ist es sinnvoll durch eine
physische Reinigung der Kamera für Abhilfe zu sorgen.

Diese Beispiele sollen Ihnen zeigen, wie wichtig die Qualität der Messkette für die
Qualität der Daten ist. Versuchen Sie nicht, mit einer Reparatur digitaler Daten, Fehler
einer Messkette zu korrigieren. Damit würden Sie dem Fehler an der falschen Stelle
begegnen. In Industrieunternehmen kann auch die Vereinbarung fester Wartungs-
und Reinigungsmaßnahmen helfen, die Datenqualität zu erhöhen.

Bereinigung der Rohdaten
Die Korrektur von Problemstellen direkt an der Datenquelle ist also, unseren vorherigen Überlegungen nach, immer der beste Weg, um die Datenqualität sicherzustellen.
Dennoch finden wir uns in der Praxis oft mit historischen Datensätzen konfrontiert,
deren rein sensorische Information wir im Nachhinein nicht mehr verbessern können.
Oder wir haben technisch keinen wirklichen Zugang die Messkette zu reparieren,
z. B. wenn Sensoren unzugänglich verbaut sind. Letztlich, und dies ist meistens das
wichtigste Argument, kann die nötige Korrektur des Sensors oder der Messkette
schlichtweg unwirtschaftlich sein. In solchen Fällen müssen wir eine adäquate Bereinigung der Daten auf unserer Seite durchführen.

In Listing 3.1 wird eine Tabelle erstellt und dann mit Pandas neu indiziert, damit sie mehr Zeilen enthält als Daten vorhanden sind. Der einzige Grund für diese Neuindizierung ist die Erzeugung von Zeilen mit NaNs.

Listing 3.1 Beispiel für die Ersetzung von NaNs

```
import numpy as np
import pandas as pd

frame=pd.DataFrame(np.random.randn(4,3),
                   index=[1,2,4,7],columns=['A','B','C'])

# create NaNs "artificially" by expanding the number of
# rows of the data frame
frameWithNaNs = frame.reindex([1,2,3,4,5,6,7])
replacedNaNs = frameWithNaNs.replace({NaN:0.0})

print(frameWithNaNs)
print(replacedNaNs)
```

Führt man den obigen Code aus Listing 3.1 aus, so erhält man die Ausgabe 3.2. Zeilen 1 bis 8 enthalten die ursprüngliche Matrix mit NaN Werten. Zeilen 9 bis 16 zeigen die gleiche Matrix, aber mit der Ersetzung NaN = 0.0.

Listing 3.2 Ausgabe von Listing 3.1

```
          A         B         C
1  1.015877 -0.194974 -0.777067
2  0.199423 -1.477063  0.679932
3       NaN       NaN       NaN
4  2.039111  0.908888  0.695052
5       NaN       NaN       NaN
6       NaN       NaN       NaN
7 -1.253851  0.255705 -0.569040
          A         B         C
1  1.015877 -0.194974 -0.777067
2  0.199423 -1.477063  0.679932
3  0.000000  0.000000  0.000000
4  2.039111  0.908888  0.695052
5  0.000000  0.000000  0.000000
6  0.000000  0.000000  0.000000
7 -1.253851  0.255705 -0.569040
```

Derartige Ersetzungen sind natürlich nicht nur mit der Toolbox Pandas möglich. Sie wird hier nur als illustratives Beispiel genutzt. Sie sollten auch sehr bewusst mit der Ersetzung von Daten umgehen. Der obige Code erhöht die Zahl der Vorkommen von 0.0. Sollte diese Zahl relevant für ihre Auswertung sein, z. B. wenn sie eine statistische Auswertung durchführen, dann kann eine solche Ersetzung auch zu Fehlern führen.

Die Wahl der richtigen Ersetzung hängt von der konkreten Situation ab. Oft möchte man eine numerische Markierung in den Daten einsetzen, um nachzuvollziehen, wo die NaNs vorkamen. Dafür bieten sich Zahlenwerte an, die nicht im regulären Wertebereich des jeweiligen Sensors vorkommen. Bei einem Temperatursensor, der zwischen $-50\,°C$ und $100\,°C$ misst, wäre $-1000\,°C$ eine geeignete Markierung.

3.2.2 Fehlende Daten

Sollten Daten unvollständig sein, z. B. weil an einer Indexposition ein falscher Wert steht oder eine NaN-Ersetzung vorgenommen wurde, so kann der Datensatz durch direkte Interpolation vervollständigt werden. Nehmen wir an, die defekte Datenposition ist bei x_i. Sollten sowohl x_{i-1} als auch x_{i+1} vertrauenswürdige Werte beinhalten, können wir über

$$x_i = \frac{x_{i-1} + x_{i+1}}{2} \qquad (3.1)$$

eine manuelle Interpolation einsetzen. Der Mittelwert stellt den wahrscheinlichsten Wert an genau dieser Stelle dar.

3.2.3 Aufspüren und Eliminieren von Duplikaten

Mit dem folgenden, einfachen Listing können wir effektiv nach Duplikaten in unserem Datenrahmen suchen. Um dies zu üben, haben wir einen sehr einfachen Satz von Vektoren (ohne jegliche Bedeutung) erstellt, um zu sehen, wie Pandas die Überprüfung auf Duplikate ermöglicht. Das Listing 3.3 zeigt ein Beispiel für die Suche nach Duplikaten.

Listing 3.3 Suche nach Duplikaten in Pandas

```
import numpy as np
import pandas as pd

x0 = [1,2,3,4,5,6,7,8,9]
x1 = [1,3,1,4,4,1,2,5,1]
x2 = [1,3,1,4,4,3,2,5,5]
x3 = [1,3,3,3,1,2,4,5,1]

frame = pd.DataFrame([x0,x1,x2,x1,x3])
frame.duplicated()
```

Als Ergebnis der Suche im Pandas DataFrame erhalten wir in Listing 3.4 einen Vektor mit True/False-Einträgen, der uns anzeigt, ob und wo das Duplikat zu finden ist.

Listing 3.4 Ergebnis von Listing 3.3

```
1  0      False
2  1      False
3  2      False
4  3       True
5  4      False
6  dtype: bool
```

Aufgrund des konstruierten Beispiels ergibt sich, dass der Vektor x1 genau zweimal vorkommt und das Duplikat an der vorletzten Stelle steht. Tatsächlich haben wir x_1 zweimal in den Datenrahmen eingefügt, an Position $i = 1$ und an Position $i = 3$.

3.3 Normalisierung

3.3.1 Gründe für die Normalisierung von Daten

In Kap. 1 haben wir Skalen und Skalenniveaus diskutiert. Sie helfen uns die Natur einer Datenreihe zu verstehen. Der Datentyp bestimmt auch die möglichen mathematischen Operationen, die wir mit ihm ausführen können. An dem Beispiel der verschiedenen relativen Temperaturunterschiede in der Celsius- und der Kelvinskala aus 1.2.7 konnten wir bereits sehen, wie wichtig der Messbereich für unsere eigene Wahrnehmung ist. Dieser Effekt hängt an der Skalierung unserer Daten und diese können wir mit Hilfe geeigneter Umskalierung beeinflussen.

Beispiel: Luftdruck
Nehmen wir wieder ein Beispiel zur Hand, welches uns hilft dies klarer zu erläutern. Je nach Höhe variiert der Luftdruck zwischen 1070 hPa und 800 hPa (auf hohen Bergen). Wir würden also bei 800 hPa von sehr niedrigen Drücken und bei 1070 hPa von sehr hohen Drücken sprechen. Beziehen sich unsere Daten auf Reifendrücke, die eher im Bereich 200 kPa liegen, haben wir einem Einheitensprung von hPa auf kPa. Unsere bisherige Einschätzung von niedrig und hoch wäre obsolet.

3.3.2 Typen von Normalisierungen

Häufig muss die Skalierung unserer Daten zwischen verschiedenen Datensätzen angeglichen werden. Daten werden normalisiert, um vergleichbar zu werden. Die folgenden Normalisierungen helfen dabei:

- **Normalisierung auf das Maximum des Datenvektors.** Die Daten werden durch ihr Maximum geteilt,

$$\tilde{x} = \frac{x}{\max(|x_i|)},$$ (3.2)

  was zu einer Skalierung der einzelnen Datenpunkte innerhalb des Intervalls $[-1, 1]$ führt.
- **Normalisierung auf die Summe des Datenvektors.** Die Daten werden durch ihre Gesamtsumme (Betrag des Datenvektors) geteilt,

$$\tilde{x} = \frac{x}{\sum_i x_i},$$ (3.3)

  was dazu führt, dass jeder Datenvektor nach der Normalisierung dieselbe Fläche besitzt.
- **Min-Max-Normalisierung.** Manchmal ist es notwendig, nur positive Datenpunkte für eine Auswertung zu berücksichtigen. Dann können unsere Daten auf die Werte $[0,1]$ abgebildet werden, indem zunächst der Minimalwert subtrahiert und dann auf den größten Abstand skaliert wird,

$$\tilde{x} = \frac{x - \mathbf{1}\min(x)}{\max(x) - \min(x)}.$$ (3.4)

- **Subtraktion des Mittelwerts.** Eine andere Form der Normalisierung stellt sicher, dass unsere resultierenden Daten einen neuen Durchschnitt von $\langle \tilde{x} \rangle = 0$ haben. Hierbei wird zunächst der Mittelwert subtrahiert und anschließend durch die Distanz von Maximum und Minimum dividiert,

$$\tilde{x} = \frac{x - \mathbf{1}\langle x \rangle}{\max(x) - \min(x)}.$$ (3.5)

Normalisierung ist eine häufige Fehlerursache und sollte daher mit Bedacht durchgeführt werden. Man kann unabsichtlich die Bedeutung von Daten verändern und im schlimmsten Fall den Informationsgehalt von Variablen reduzieren oder verlieren. Für das spätere Themenfeld physikalisch-informiertes maschinelles Lernen ist die Normalisierung jedoch notwendig. Sie hilft den Blick auf relevante Aspekte der Daten zu fokussieren. Wichtige Bereiche von Messungen werden gezielt hervorgehoben.

3.3.3 Anwendung der Normalisierung

Um die Wichtigkeit der Normalisierung zu betonen, möchten wir ein einfaches Beispiel betrachten, welches uns noch durch den Rest des Buches begleiten wird.

Beispiel: Motorstromanomalie

Sie betrachten einen Verbund aus Motoren. Die Motoren sind baugleich und liefern Ihnen Stromkennlinien. Diese Kennlinien beinhalten eine Information, ob der Prozess korrekt lief oder nicht. Letzteres ist vergleichbar mit einem drohenden Defekt eines Motors oder mit Problemen ihrer Anwendung. Bei der Aufzeichnung der Daten ist jedoch ein Fehler unterlaufen und die automatische Erkennung des Messbereichs hat in einigen Fällen den Strom in Milliampere und in anderen Fällen in A gemessen.

Wir laden zunächst die Daten und betrachten sie, wie wir es in Listing 3.5 angeführt haben.

Listing 3.5 Motorstrombeispiel laden und anzeigen

```
import matplotlib.pyplot as plt
import numpy as np
import pickle

data = pickle.load(open('EX03EngineExt.pickle', 'rb'))
for i in range(0,500):
    plt.plot(data['X'][i], color='k', alpha=0.25)

plt.xlabel('t', fontsize=18)
plt.ylabel('X', fontsize=18)
plt.tick_params(labelsize=18)
```

Das Ergebnis ist in Abb. 3.2 gezeigt: einige Stromverläufe sind klar zu sehen, während eine andere Gruppe als horizontaler Strich im Diagramm auftaucht. Letzteres sind genau die Daten, die im Amperebereich gemessen wurden, sie haben daher viel kleinere Werte als die Messungen in mA. Wir haben an der Achse auch noch keine Einheit notiert, da wir hier nur rein explorativ arbeiten und zunächst nur die Daten betrachten.

Wir wollen die Daten so normieren, dass alle Kennlinien dieselbe Größenordnung haben. Daher ändern wir unseren bestehenden Code, indem wir ab Zeile 5 das Listing 3.6 einsetzen. Dies zeigt eine äußerst simple, aber effektive, manuelle Triggerung – einen Vorverarbeitungsschritt, den wir noch einmal in Abschn. 3.5 aufgreifen werden. Wann immer das Maximum einer Kurve groß genug ist, so lassen wir sie gelten, in allen anderen Fällen skalieren wir die Kurve noch mit dem Faktor 1000, um von der A- in die mA-Skala zu wechseln.

Listing 3.6 Erweiterung mit einfacher Triggerung

```
data = pickle.load(open('EX03EngineExt.pickle', 'rb'))
newData = []
for i in range(0,500):
    if np.max(data['X'][i]) > 1000:
        newData.append(data['X'][i])
```

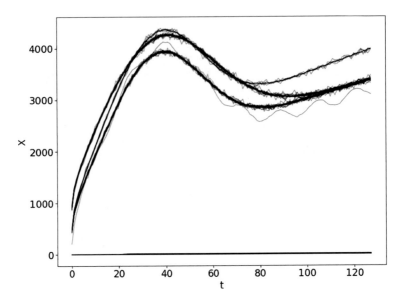

Abb. 3.2 Ergebnis von Listing 3.5

```
10      else:
11          newData.append(1000*data['X'][i])
12
13      plt.plot(newData[-1], alpha=0.2)
```

Das Beispiel soll Ihnen zeigen, wie einfach es sein kann den Fehler der Messbereiche zu beheben. Es ist aber nicht immer klar, dass ein solcher Fehler vorliegt. Wir wollen die anderen Normierungsvarianten kurz darstellen.

Listing 3.7 zeigt die Vorgehensweise, um auf die Summe des Datenvektors zu normieren. Hierbei durchlaufen wir die gleiche for-Schleife wie bei der Korrektur der Einheiten.

Listing 3.7 Summen-Normalisierung
```
5   sumNormalizedData = []
6   for i in range(0,500):
7       normalised = newData[i] / np.sum(newData[i])
8       sumNormalizedData.append(normalised)
9       plt.plot(sumNormalizedData[-1], alpha=0.2)
```

Ist es wichtig auf das Maximum zu normieren, so zeigt Listing 3.8, wie mit minimalen Änderungen der Bezug auf das Maximum pro Datenvektor berechnet wird.

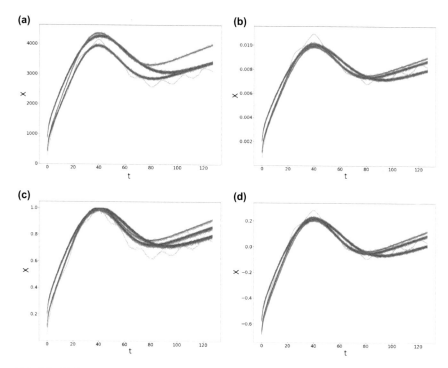

Abb. 3.3 Einfluss verschiedener Normalisierungen auf den Motorstromdatensatz. (a) Keine zusätzliche Normalisierung, (b) Normalisierung auf die Summe (3.3), (c) Normalisierung auf das Maximum (3.2) und (d) Abzug des Mittelwerts und Normierung auf das Maximum

Listing 3.8 Maximum-Normalisierung

```
maxNormalizedData = []
for i in range(0,500):
    normalised = newData[i] / np.max(newData[i])
    maxNormalizedData.append(normalised)
    plt.plot(maxNormalizedData[-1], alpha=0.2)
```

Letztlich bleibt eine Normierung, wo wir zunächst den Mittelwert abziehen und danach auf das Maximum normieren. Dies ist in Listing 3.9 gezeigt. Lassen Sie uns diese Variante aber nicht verwechseln mit einer Normierung auf das resultierende Maximum nach der Subtraktion.

Listing 3.9 Mittelwert-Subtraktion und Normalisierung

```
meanMaxNormalizedData = []
for i in range(0,500):
    normalised = (newData[i] - np.mean(newData[i])) / np.max(
        newData[i])
    meanMaxNormalizedData.append(normalised)
    plt.plot(meanMaxNormalizedData[-1], alpha=0.2)
```

In Abb. 3.3 sind die hier gezeigten Normierungsvarianten dargestellt. Jede Normierung wirkt sich unterschiedlich aus. Mit einigen Normierungen können sie Effekte verstärken oder abschwächen. Ob dies sinnvoll ist oder ob Sie die Normierung nachteilig für ihre Datenanalyse ist, hängt vom konkreten Beispiel ab.

3.4 Filterung von Daten

3.4.1 Gleitender Mittelwert

Einer der wichtigsten Transformationsschritte bei der Datenverarbeitung und Datenaufbereitung ist die Glättung. Zu stark verrauschte Daten müssen geglättet werden, damit die nachfolgenden Analysealgorithmen das inhärente Rauschen nicht mit dem tatsächlichen Informationsgehalt verwechseln. Der klassische Filter, um ein Signal zu entrauschen, ist der gleitende Mittelwert. In Listing 3.10 ist eine Beispielimplementation dieses Filters aufgeführt. Wir untersuchen darin die Wirkung dieses Filters an einem einfachen Beispiel:

Listing 3.10 Gleitender Mittelwert im Fenster

```
import numpy as np

x = 3+0.5*np.random.randn(500)
filtered_x = []
window = 15

for i in range(0,len(x)-window):
    filtered_x.append(np.mean(x[i:i+window]))
```

Die Variable x ist eine Kombination aus 3.0 und Zufallszahl zwischen -0.5 und 0.5. x soll in die gefilterte Variable filtered_x transformiert werden. Dazu nutzen wir die for-Schleife in den Zeilen 7 und 8. Hier wird zunächst der Mittelwert über np.mean(x[i:i+15]) gebildet und schließlich dieser Wert in filtered_x abgelegt.

Diese spezielle Implementation berechnet den Mittelwert stets nach vorne. Die for-Schleife muss dem Rechnung tragen und stoppt daher in diesem Fall 15 Werte vor dem Ende. Mit dem Code in Listing 3.11 kann der Effekt des Filters betrachtet werden. Abb. 3.4 zeigt auf der linken Seite das verrauschte Signal in schwarz und den gleitenden Filterwert in grün. Das Rauschen wird effektiv geglättet.

Der Filter wird durch einen Parameter beschrieben und dies ist die Fenstergröße, in Listing 3.10 durch die Variable window benannt. Je größer das Fenster, desto stärker ist die Wirkung der Glättung, da über eine größere Anzahl von Punkten gemittelt wird.

Listing 3.11 Graphische Ausgabe des gleitenden Mittelwertfilters

```
import matplotlib.pyplot as plt
plt.plot(x, 'k', linewidth=2.0)
plt.plot(filtered_x,'-',color=[0.1,0.65,0.6],linewidth=3.0,
    alpha=0.9)
plt.xticks(fontsize=18)
plt.yticks(fontsize=18)
plt.xlabel('t', fontsize=20)
plt.ylabel('x', fontsize=20)
```

3.4.2 Faltung

Der hier gezeigte gleitende Mittelwertfilter kann einfacher implementiert werden, und zwar indem man die Faltungsoperation benutzt. Im Programmbeispiel 3.12 ist dies exemplarisch ausgeführt, mit einem Glättungsfenster der Beispiellänge 15. Dazu setzen wir die Funktion np.ones(N) ein, die uns ein Array mit N-Einsen erzeugt. Diese formgebende Funktion, in unserem Fall eine Reihe von Einsen, nennt man auch Faltungskern.

Listing 3.12 Moving window with averaging using convolution operator

```
x = 3+0.5*np.random.randn(500)
window=15
filtered_x = np.convolve(x,
        np.array(np.ones(window)/window,
        mode='valid')
```

Lassen Sie uns diese Eigenschaft für den Moment näher betrachten. Die Faltung hilft uns nämlich auch andere Verarbeitungsstufen unserer Daten schnell durchzuführen.

Faltung Formal ist die Faltungsoperation ∘ für zwei stetige Funktionen $x(t)$ und $y(t)$ definiert durch

$$(x \circ y)(\tau) = \int x(t)y(\tau - t)dt. \tag{3.6}$$

Im Falle zweier Datenvektoren x und y ist die diskrete Faltungsoperation definiert als

$$(x \circ y)_i = \sum_k x_k y_{i-k}. \tag{3.7}$$

Der Filter des gleitenden Mittelwerts, wie er im vorangegangenen Abschnitt behandelt wurde, kann äußerst kompakt mittels

$$MA(x) = f \circ [1, 1, 1, ..., 1]/N, \tag{3.8}$$

ausgedrückt werden, was derart auch im Codebeispiel 3.12 ausgeführt wurde.

3.4.3 Der Median Filter

Der Median $m(x)$ eines Vektors x mit Stichprobendatenpunkten ist definiert als der Wert x, der die Stichprobe so trennt, dass 50% aller Punkte unter x liegen und die anderen 50% aller Punkte über x liegen. Formal kann man den Median schreiben als

$$m(x) = \begin{cases} x_{(n+1)/2}, & \text{wenn } n \text{ ungerade ist,} \\ \frac{x_{n/2} + x_{(n/2)+1}}{2} & \text{wenn } n \text{ gerade ist,} \end{cases} \tag{3.9}$$

wobei n die Länge des Vektors x ist. Eine seiner wichtigsten Eigenschaften ist es, extreme Ausreißer aus Datensätzen zu entfernen. Betrachten wir das folgende Beispiel,

$$\mu([1, 1, 5, 1, 1]) = 2.6,$$
$$m([1, 1, 5, 1, 1]) = 1.0.$$

Angesichts des eigenartigen Vektors $x = [1, 1, 5, 1, 1]$ vernachlässigt der Median m offenbar den Einfluss der höchsten Zahl 5 vollständig.

Wir können auch den in 3.4.3 dargestellten Median zum Filtern der Datenreihen verwenden, indem wir ihn in gleicher Weise wie zuvor den Mittelwert innerhalb eines Fensters auf den Daten anwenden.

Listing 3.13 Gleitender Median-Filter

```
%pylab
import matplotlib
import numpy as np

x = 3+0.2*np.random.randn(500)
x[100]=6
x[200]=5
x[300]=1
x[400]=4
filtered_x = []

for i in range(0,len(x)-5):
    filtered_x.append(np.median(x[i:i+5]))
```

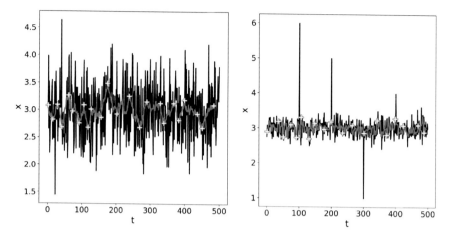

Abb. 3.4 Effekt des gleitenden Mittelwerts (links) und Wirkung des gleitenden Median-Filters (rechts). Die schwarze Linie zeigt die Rohdaten, die grüne (graue) Linie mit weißen Kreuzen zeigt die geglätteten Daten

Mit dem Code in 3.11 kann auch das Ergebnis von Listing 3.13 angezeigt werden. In Abb. 3.4 ist auf der rechten Seite die Wirkung des gleitenden Median-Filters dargestellt.

3.5 Triggerung

3.5.1 Zeitreihen und repetitive Daten

Es gibt technische Prozesse, die ihre Daten in langen Zeitreihen aufzeichnen. Oft ist der eigentlich interessante Zeitbereich dann jedoch nur ein lokalisiertes Phänomen. Große Bereiche der Datenreihe sind damit gar nicht relevant. In solchen Situationen möchte man die relevanten Verläufe ausschneiden und gezielt betrachten. Diesen Vorgang nennt man Triggerung. Ein Trigger ist ein Schalter, der unter einer gewissen Bedingung greift und die Daten mitschneidet.

In Abb. 3.5 ist ein Beispiel solcher Daten gezeigt. Die Daten für das Beispiel wurden synthetisch hergestellt, orientieren sich jedoch stark an realen Situationen wie dem Walzprozess, dem Ein- und Ausschalten von Stromkreisen oder auch Laseraktivierungen.

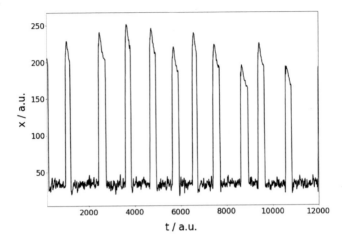

Abb. 3.5 Zeitreihe mit repetitivem Prozessverhalten

3.5.2 Implementation des Triggers

In Listing 3.14 haben wir einen Trigger exemplarisch implementiert. Getestet wird der Trigger auf dem Datensatz `EXAMPLE02.pickle`. Oft bieten Tools zur Datenaufzeichnung bereits Triggerfunktionalität mit an. Das hier gezeigte Verfahren dient dem Verständnis. Die Funktion bekommt eine Zeitreihe x übergeben. Zusätzlich sind die Parameter `threshold`, also ein Grenzwert für x, und `windowLength`, die Länge des getriggerten Bereichs zu übergeben. Immer wenn x den Grenzwert überschreitet, wird ein entsprechendes Fenster ausgeschnitten. Diese allgemeine Form des Triggers können Sie auf beliebige Auslösefaktoren oder Bedingungen umschreiben. Er ist damit äußerst leicht an andere Probleme zu adaptieren.

Listing 3.14 Trigger für ein kontinuierliches Signal

```
x = pickle.load(open('EXAMPLE02.pickle','rb'))

def trigger(x, threshold, windowLength):
    triggerBuffer = []
    newTriggeredSection = []
    triggerStart = False
    isTriggerOn = False
    q=0
    for i in range(0,len(x)):

        if x[i]>=1*threshold:
            isTriggerOn = True
            q=0

        if isTriggerOn:
```

```
17      # -->
18      #if len(newTriggeredSection) < windowLength:
19       # newTriggeredSection.append(x[i-50])
20
21      # -->
22       newTriggeredSection.append(x[i-50])
23
24      q+=1
25
26    if q>= windowLength+50:
27       q = 0
28       isTriggerOn = False
29       newTriggeredSection = []
30       triggerBuffer.append(newTriggeredSection)
31
32   return triggerBuffer
33
34 data = trigger(x, threshold=70, windowLength=350)
```

Sie können die Implementation auch leicht verbessern. Es ist mitunter nicht nötig durch die gesamte Datenreihe *x* zu iterieren. Immer wenn der Trigger auf True schaltet, könnten sie direkt ans Ende der Fensterlänge springen und von da aus weiter iterieren. Je nachdem, wie das konkrete Problem aussieht, gibt es also wesentlich effizientere Triggeransätze.

Das Ergebnis der Triggerung ist in der Abb. 3.6 abgebildet. Hier wurde zusätzlich auf das Maximum normiert, um die Kurven besser überlagern zu können. Sie können bereits an dieser Darstellungsart sehen, ob einzelne Kurve unterschiedliches

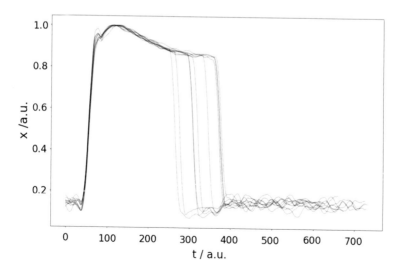

Abb. 3.6 Getriggerte Daten, jeder repetitive Prozessschritt ist durch eine Kurve repräsentiert

Verhalten zeigen. Eine leichte Änderung des Codes in 3.14, gekennzeichnet durch
die Pfeile im Kommentar, führt dazu, dass die Fenster alle gleich lang sind.

3.6 Transformationen

3.6.1 Differentiation der Daten

Die Ableitung $f'(x)$ einer Funktion $f(x)$ gibt bekanntlich die Steigung im Punkt
x an. Wenn eine Funktion in x konstant ist, so ist die Ableitung 0. Bei Daten hilft
die Ableitung also konstante Anteile zu eliminieren und Anstiege, Abstiege, jede
Form von Variation zu verstärken. Die zweite Ableitung ist eine weitere Stufe dieses
Vorgehens.

Mit Hilfe der in (3.7) eingeführten Faltung kann die erste Ableitung über

$$\frac{df}{dx} = f \circ [-1, 1] \tag{3.10}$$

berechnet werden. Wendet man den Faltungskern $[-1, 1]$ ein weiteres Mal an, so
ergibt sich die zweite Ableitung,

$$\frac{df}{dx} = f \circ [1, -2, 1]. \tag{3.11}$$

Wenn Sie mit besonders verrauschten Daten konfrontiert sind, empfiehlt es sich,
die Ableitung mit einem glättenden Mittelwert zu kombinieren. Da Ableiten die
Steigungen ermittelt und verrauschte Daten praktisch gesehen aus vielen Steigungen
bestehen, würde man sonst das Rauschen verstärken. Die Kombination aus Glättung
und Ableitung ist

$$\text{Filter}(x) = f \circ [-1, -1, -1, -1, 1, 1, 1, 1]/4, \tag{3.12}$$

wobei wir hier die Glättungslänge 4 frei gewählt haben. Sie muss an das jeweilige
Problem angepasst werden. Souza et al. zeigen in [2] und wie man die Anwendung
einer solchen Vorverarbeitung systematisch in den Prozess des Data Minings integrieren kann. Gerade die Differentiation wird in [5] genutzt, um für maschinelle
Lernverfahren die Sichtbarkeit von Effekten hervorzuheben.

Den Effekt, den eine einfache Differentiation auf einen Datenvektor hat, zeigen
wir in Abb. 3.7. Das zugehörige Listing 3.15 zeigt, wie dieses Beispiel aufgebaut
wurde. Wir verwenden hier die Funktion diff(y,n) für die Differentiation, wobei
y die Eingangsdaten darstellt und n den Grad der Differentiation.

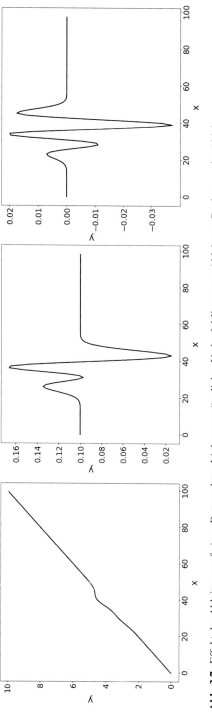

Abb. 3.7 Effekt der Ableitung auf einen Datenvektor. Links: ursprünglicher Verlauf. Mitte: erste Ableitung. Rechts: zweite Ableitung

Listing 3.15 Ableitungen mit Numpy

```
1  import matplotlib.pyplot as plt
2  import numpy as np
3
4  x = np.arange(0,100)
5  y1 = 0.5* np.exp(-(x-40)**2/25)
6  y2 = 0.2* np.exp(-(x-30)**2/25)
7  y3 = y1+y2+0.1*x
8
9  fig, (ax1, ax2, ax3) = plt.subplots(1,3,figsize=(16,9))
10 ax1.plot(x,y3,'k', linewidth=2.5)
11 ax2.plot(np.diff(y3),'k', linewidth=2.5)
12 ax3.plot(np.diff(y3,2),'k', linewidth=2.5)
```

Im linken Diagramm von Abb. 3.7 können Sie die beiden Maxima der Gauß-Funktion nur schwer erkennen. Es dominiert der lineare Verlauf der Kurve. Durch die erste Ableitung wird dieser Verlauf reduziert. Im gegebenen Beispiel war die Steigung 0.1 und das Diagramm in der Mitte der Abbildung zeigt die Ableitung, deren konstante Anteile auf 0.1 aufsetzen. Eine zweite Ableitung überführt dies in einen Verlauf um 0, weil der konstante Anteil durch die weitere Ableitung eliminiert wird. Wären diese Daten mit einem technischen Prozess assoziiert, würden Sie den hier gezeigten Effekt am besten mit Ableitungen hervorheben.

3.6.2 Funktionale Transformation

Natürlich können Sie beliebige Funktionen auf einen Datenvektor anwenden. Dies ist immer dann sinnvoll, wenn Sie bereits einen bestimmten Verlauf vermuten,

$$x \mapsto \tilde{x} = \mathcal{F}(x; \pi), \tag{3.13}$$

wobei x für ihre originale Datenreihe steht, $\mathcal{F}$ eine beliebige Transformationsfunktion sein kann und π die Parameter dieser Funktion erfasst. Hierbei ist die Exponentialfunktion ein gutes Beispiel. Wenn Sie exponentielle Verläufe in Ihren Daten vorfinden, bietet sich offensichtlich der Logarithmus als Transformation an. So überführen Sie, wie beim Auftragen auf logarithmisch skaliertes Papier, Ihre Daten in eine quasilineare Darstellung. In diesem Falle wären keine Parameter notwendig.

Für die später diskutierten physikalische-informierten Lernverfahren und für Diskussion von Sensitivitätsanalysen ist das Anwenden einer funktionalen Transformation wichtig. Das physikalisch-informierte Lernen nutzt derartige Transformationen, um von einer Eingangsvariablen zu einer alternativen Variablen zu gelangen. Die Sensitivitätsanalyse kann über diese Form der Transformation in trainierten Netzen prüfen, wie die analytische Abhängigkeit zwischen Ergebnis eines Lernverfahrens und seinen Eingangsvariablen ist.

Folgende Anmerkungen sind aus praktischer Sicht wichtig für die Anwendung einer direkten Funktion auf ihre Daten:

- Erhöhen Sie nicht die Komplexität. Erzeugen Sie beispielsweise nicht aus dem konstanten Verlauf ihrer Variablen künstlich eine Oszillation oder einen anderen komplexen Verlauf. Dies würde dem Sinn der Vorverarbeitung entgegenlaufen und vor allem ihre weiteren Verarbeitungsschritte nur unnötig erschweren.
- Verzichten Sie auf viele Parameter. Jeder Parameter, den Sie hier einführen, wirkt sich in den Lernverfahren als weitere Stellschraube aus. Und da Lernverfahren bereits selbst viele Parameter mit sich bringen, erhöht dies die Variationstiefe ungemein.
- Wenn Sie eine solche Transformation probieren, hüten Sie sich vor neuen defekten Daten nach dem Anwenden der Funktion. Wenn Ihr Datensatz viele Nullen enthält, können Divisionen zu NaNs führen, weil bekanntlich nicht durch Null geteilt werden darf. Wurzeln von negativen Werten führen zu komplexen Ergebnissen, die nicht von jedem nachgeschalteten Verfahren genutzt werden können.

3.6.3 Fourier-Transformation

Oftmals finden wir in Daten wiederkehrende Muster, z. B. Schwingungen. Sie sind charakteristisch für den Signalverlauf. Um diese Muster deutlicher zu erkennen, können wir durch mathematische Vorverarbeitung spezielle Aspekte aus dem Signal hervorheben.

Die Fourier-Transformation berechnet die Frequenzen und Amplituden dieser Signalanteile – sie transformiert vom Raum der zeitlichen Verläufe in den Frequenzraum (auch Fourier-Raum genannt). Für die Ingenieurwissenschaften bzw. für die Naturwissenschaft im Allgemeinen ist sie ein bekanntes Hilfsmittel, um oszillatorische Phänomene zu beschreiben und schnell zwischen Zeit- und Frequenzräumen zu wechseln (Abb. 3.8).

Die **Fourier-Transformierte** $\mathcal{F}[x(t)](\nu)$ einer Funktion $x(t)$ lautet im kontinuierlichen Fall

$$\mathcal{F}[x(t)](\nu) = \frac{1}{\sqrt{2\pi}} \int_{-\infty}^{\infty} x(t) \exp(-i2\pi \nu t) dt \tag{3.14}$$

und im diskreten Fall, mit diskreten Zeitschritten Δt,

$$\mathcal{F}(\nu) = \frac{1}{\sqrt{2\pi}} \sum_{k=0}^{N-1} x(k\Delta t) \exp(-i2\pi \nu k\Delta t). \tag{3.15}$$

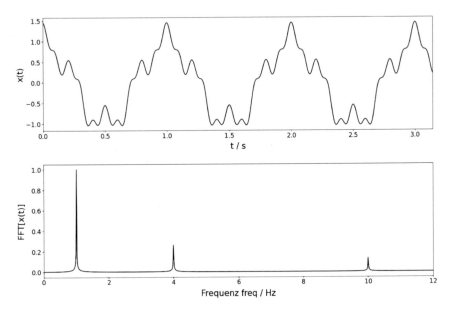

Abb. 3.8 Fourier-Transformierte aus unseren Codebeispiel mit selbst erzeugten Daten

Sie entwickelt den ursprünglichen Verlauf der Daten in eine Reihe von Schwingungen $\exp(-i2\pi vk\Delta t)$. Hier steht i für die imaginären Zahlen und ist über $i^2 = -1$ definiert. Jede Schwingung ist eindeutig durch ihre Frequenz v gekennzeichnet: Sie sind im Fourier-Raum lokalisiert, also genau einem Punkt auf der Frequenzachse zugeordnet.

Da die Berechnung der Fourier-Transformation im Computer zeitaufwendig ist – der Algorithmus hierzu wäre von der Ordnung (n^2) –, wurde ein Verfahren entwickelt, welches die Zahl der Rechenschritte zur Bestimmung von 3.15 klein hält. Dieses Verfahren heißt Fast Fourier Transform (FFT). Sie teilt die ursprüngliche Zeitreihe mit Hilfe der einzelnen Zeitschritte in zwei neue, kleinere Reihen auf: die ungeraden Zeitschritte kommen in eine, die geraden Zeitschritte in die zweite neue Reihe. Beide neu entstandenen Zeitreihen sind kürzer als die ursprüngliche und können einzeln transformiert werden. Natürlich wiederholt sich dabei der Aufteilungsvorgang rekursiv. Die so entstandene Prozedur wird Cooley-Tukey-Algorithmus genannt und stellt derzeit die am häufigsten verwendete Variante der FFT dar.

Für unsere Betrachtungen sind die Details der FFT tatsächlich nicht entscheidend. Sie sollen hier lediglich zur Information dienen. Die eigentliche Ausführung eines derartigen Algorithmus ist in den Paketfunktionen in Python bereits enthalten und kann von uns sehr einfach und schnell angewendet werden.

Listing 3.16 Berechnung der Fourier-Transformation mit Hilfe des Fast-Fourier-Transform-Algorithmus von Numpy

```python
import matplotlib.pyplot as plt
import numpy as np

# Definition der Frequenzen in Hz
nu1 = 1
nu2 = 4
nu3 = 10

A1 = 1
A2 = 0.3
A3 = 0.15

# Beispieldaten mit diesen Frequenzen
final_t = 20*np.pi
dt = final_t/2**14
t = np.arange(0,final_t,dt)  # in s
x = A1*np.exp(1j*2*np.pi*nu1*t) \
    + A2*np.exp(1j*2*np.pi*nu2*t)\
    + A3*np.exp(1j*2*np.pi*nu3*t)\

# Berechnung der FFT
fft = np.fft.fft(x)
freq = np.fft.fftfreq(x.size, d=dt)

# Normalisierung
fft = np.abs(fft)
fft /= np.max(fft)

# Darstellung
fig, (ax1,ax2) = plt.subplots(2,1,figsize=(16,9))

ax1.plot(t, np.real(x),'k', linewidth=2.0)
ax1.set_xlabel('t / s', fontsize=20)
ax1.set_ylabel('x(t)', fontsize=20)
ax1.set_xlim([0,np.pi])
ax1.tick_params('both',labelsize=18)
ax1.tick_params('both',labelsize=18)

ax2.plot(freq[0:8191], fft[0:8191],'k', linewidth=2)

ax2.set_xlim([0,12])
ax2.set_xlabel('Frequenz freq / Hz', fontsize=20)
ax2.set_ylabel('FFT[x(t)]', fontsize=20)
ax2.tick_params('both',labelsize=18)
ax2.tick_params('both',labelsize=18)
```

In Listing 3.16 finden Sie ein Anwendungsbeispiel der Fourier-Transformation auf eine einfache kombinierte Schwingung. Wir haben hier auch den Code angefügt, der die Transformation darstellt. Sie können mit diesem Beispiel selbst recht schnell Transformierte von verschiedenen Eingangsdaten untersuchen. In vielen Fällen kann

die Fourier-Transformation eine neue Perspektive zur Verfügung stellen, die den
Blick auf die Daten verbessert. Dies ist selbst dann der Fall, wenn keine offensicht-
lichen, sauberen Schwingungen in den Daten vorhanden sind. Oftmals sind es dann
anderweitig wiederkehrende Muster, die sich gut im Frequenzraum erkennen lassen.

Listing 3.17 zeigt schließlich die Applikation der Fourier-Transformation auf
unser Motorbeispiel. Dazu nutzen wir den in Listing 3.17 erreichten Zwischenstand
(die Variable `newData`) und berechnen für jeden Datenvektor eine FFT.

Listing 3.17 Fourier-Transformation beim Motorstrombeispiel

```
for i in range(0,500):
    fft = np.fft.fft( (newData[i]-np.mean(newData[i]))/np.sum(
        newData[i]))
    fft = np.abs(fft)
    fft /= np.sum(fft)
    if fft[8]>0.015:
        myColor = 'r'
    else:
        myColor = 'k'
    plt.plot(fft, color=myColor, alpha=0.2)
```

Da die FFT tatsächlich komplex rechnet, sind alle Ergebnisse von `np.fft.fft(x)`
komplexwertig: sie enthalten einen Realteil und einen Imaginärteil. Aus diesem
Grund haben wir oben auch die komplexe Schreibweise ganz bewusst gewählt. Sie
könnten die einzelnen Komponenten einer komplexen Zahl x über `np.real(x)` oder
`np.imag(x)` entnehmen oder über `np.abs(x)` ihren (reellen) Betrag bestimmen.
Wir haben im Beispiel Letzteres genutzt.

Die Ergebnisse dieses kurzen Codes sind in Abb. 3.9 illustriert und zeigen, dass
eine spezielle Frequenz hervorsticht. Wir haben diese Frequenz, nennen wir sie ν^*,

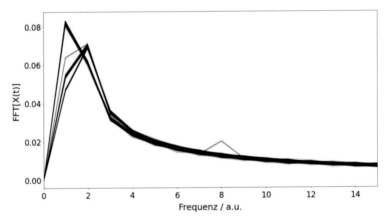

Abb. 3.9 Fourier-Transformierte unseres Motorstrombeispiels. Eine Kurve zeigt eine Erhöhung
bei der einheitenlosen Frequenz 8

absichtlich in der Vorverarbeitung mit rot markiert. Alle Transformationen, bei denen wir stärker ausgeprägte Werte für v^* sehen, entsprechen den originalen Daten mit der leicht zu erkennenden Schwingung. Wir haben somit ein leicht zu verifizierendes Kriterium, ob eine Schwingung vorliegt oder nicht.

Dieses Beispiel eines explorativen Sichtens der Daten, Erproben einer Transformation und letztlich Auffinden von geeigneten Kriterien, um eine Störung zu finden, sind häufig wiederkehrende Schritte bei der Arbeit mit Prozess- und Maschinendaten.

3.6.4 Wavelet-Transformation

In manchen Situationen tritt ein Schwingungsverhalten nur in einem Zeitfenster auf. Es ist also zeitlich lokal. Die FFT repräsentiert unsere Daten jedoch durch oszillierende Funktionen und diese sind zeitlich kontinuierlich. Eine bessere Alternative ist die Wahl einer Projektion, die diese zeitliche Begrenztheit widerspiegeln kann. Genau hier kommen die sogenannten Wavelets ins Spiel.

Wavelets sind zeitlich begrenzte Wellenmuster mit einer Breite a und einer zeitlichen Position b. Ein einfaches und anschaulich leicht verständliches Beispiel ist das Ricker-Wavelet. Es ist die zweite Ableitung der Gauß-Funktion,

$$\psi\left(\frac{t-b}{a}\right) = \frac{d^2}{dt^2} \frac{1}{\sqrt{\pi a^2}} \exp\left(-\frac{(t-b)^2}{a^2}\right). \tag{3.16}$$

Die kontinuierliche Wavelet-Transformation $CWT[x(t)]$ nutzt diese Wavelet-Grundform ψ, um eine breiten- und positionsabhängige Projektion der Funktion $x(t)$ zu erhalten.

> Die **kontinuierliche Wavelet-Transformation** einer Funktion $x(t)$ bezüglich eines Wavelets $\psi(\frac{t-b}{a})$ ist gegeben durch
>
> $$CWT[x(t)](a, b) = \frac{1}{|a|^{\frac{1}{2}}} \int_{-\infty}^{\infty} x(t)\psi\left(\frac{t-b}{a}\right) dt. \tag{3.17}$$

Beachten Sie die Form des Ergebnisses, welches von b und a abhängt. Im Gegensatz zur FFT, die im Ergebnis die Amplitude als Funktion der Frequenz enthält, liefert die Wavelet-Transformation eine Amplitude als Funktion von b und a, also ein 2-dimensionales Ergebnis. In dieser Form erhöht die CWT also die Dimension der Eingangsdaten. In Listing 3.18 ist zunächst die Erstellung von künstlichen Beispieldaten demonstriert, um die Wirkung der CWT zu verstehen.

Listing 3.18 Beispieldaten für die Wavelet Analyse

```
import numpy as np
import scipy.signal as sp

final_t = 5*np.pi
dt = final_t/2**14
t = np.array(np.arange(0,final_t,dt))
x = np.cos(2*np.pi*1.*t) + 3*np.exp(- 1*(t-1))
```

Eine beispielhafte Anwendung finden Sie letztlich in Listing 3.19, wo wir auch die
2D-Darstellung der Wavelet-Transformation anführen.

Listing 3.19 Anwendung einer CWT auf die Beispieldaten

```
%matplotlib widget
widths = 1*np.arange(10,200,2)
cwtmatr = sp.cwt(x, sp.ricker, widths)

plt.imshow(np.real(cwtmatr), cmap='nipy_spectral', vmin=0,
           vmax=np.max(np.real(cwtmatr)),
           aspect='auto')
```

Wir wollen uns jetzt das Beispiel mit den Motorströmen in der Wavelet-Perspektive
anschauen. Dazu nehmen wir das vorherige Codebeispiel und ergänzen es in Listing
3.20, sodass wir anhand der Fourier-Transformierten gute und schlechte Fälle unterscheiden. Dies dient im vorliegenden Fall der Anschauung und ist ein gutes Beispiel,
wie die Verfahren in Kombination genutzt werden können.

Listing 3.20 Motorstromdaten für Wavelet Analyse in Gut- und Schlechtfälle aufteilen

```
Bad = []
Good = []
for i in range(0,500):
    fft = np.fft.fft( (newData[i]-np.mean(newData[i]))/np.sum(
        newData[i]))
    fft = np.abs(fft)
    fft /= np.sum(fft)
    if fft[8]>0.015:
        myColor = 'r'
        Bad.append(newData[i])
    else:
        myColor = 'k'
        Good.append(newData[i])
    plt.plot(fft, color=myColor, alpha=0.2)
```

Wir verfügen jetzt über klar abgegrenzte Mengen für Gut- und Schlechtfälle. Dies
ist ein Zustand, den wir speziell für Klassifikationsaufgaben immer wieder herbeiführen müssen. Wenn wir Zugriff auf eine so aufgeteilte Datenmenge haben, ist
oft die nachfolgende Anwendung eines Klassifikationsalgorithmus einfach und oh-

ne Probleme möglich. Voraussetzung ist natürlich, dass wirklich ein Kriterium zur Unterscheidung gefunden werden kann.

Wir nutzen beide Mengen Good und Bad in Listing 3.21, um die Transformierten für einzelne Fälle dieser Mengen zu bestimmen. Die Ergebnisse dieses Codes sind in Abb. 3.10 zusammengefasst. Ein Kriterium für die Erkennung des Schlechtfalls kann auch im CWT-Ergebnis gefunden werden.

Listing 3.21 Kontinuierliche Wavelet-Analyse des Motorstrombeispiels

```
import scipy.signal as sp
widths = 0.1*np.arange(1,100,.1)

goodCwtmatr = sp.cwt(Good[2], sp.ricker, widths)
badCwtmatr = sp.cwt(Bad[2], sp.ricker, widths)

fig, (ax1,ax2,ax3,ax4) = plt.subplots(4,1)
ax1.imshow(np.real(goodCwtmatr), cmap='nipy_spectral', vmin
    =0.0,
            vmax=0.01,
            aspect='auto')
ax2.plot(np.real(goodCwtmatr[300,50:90]),'k')
ax3.imshow(np.real(badCwtmatr), cmap='nipy_spectral', vmin
    =0.0,
            vmax=0.01,
            aspect='auto')
ax4.plot(np.real(badCwtmatr[300,50:90]),'r')
```

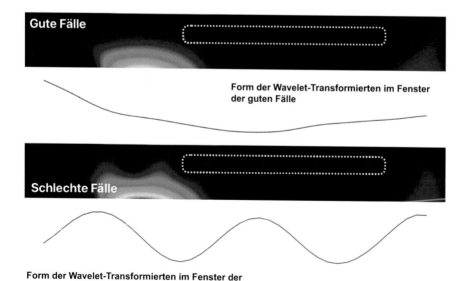

Abb. 3.10 Wavelet-Transformation eines Falls der Gut-Menge (oben) und eines Falls der Schlecht-Menge (unten). Durch Ausschneiden eines geeigneten Bereichs in den Transformierten kann man ein Kriterium für die Menge ableiten

```
16  ax1.axis(False)
17  ax2.axis(False)
18  ax3.axis(False)
19  ax4.axis(False)
```

Allerdings ist die Erkennung schwieriger als bei der Fourier-Analyse. Es erscheint sogar von Nachteil zu sein, die CWT zu benutzen, da die Dimensionalität der Auswertung ansteigt. Tatsächlich steht der Nutzen von Transformation zur Erkennbarkeit einer trennenden Eigenschaft im Zentrum nahezu jeder explorativen Arbeit.

3.7 Quantifikation der stochastischen Eigenschaften

3.7.1 Histogramme

Wir kennen einige ausgesuchte Verteilungen aus dem vorangegangenen Kapitel, aber wie können wir diese Verteilung aus unseren Daten extrahieren? Unser Ziel ist nicht nur ein möglichst gutes Verständnis des Prozesses. Vielmehr möchten wir weitere Charakteristika aus den Daten bestimmen, mit denen wir die Dimension der Daten reduzieren können oder die einem maschinellen Lernverfahren helfen können, um Modelle aus den Daten abzuleiten.

Dabei ist die Kenntnis der Verteilung ein wichtiges Hilfsmittel. Über die analytisch berechenbaren Parameter der Verteilungen können wir Grenzwerte definieren, die Richtigkeit von Vorgängen kontrollieren und die Güte von Produkten unterscheiden. Daher sind wir daran interessiert, die Wahrscheinlichkeitsverteilung aus den Daten extrahieren zu können und dies geschieht am einfachsten über Histogramme.

Wir ermitteln durch ein Histogramm, wie häufig ein spezieller Wert einer Variablen vorkommt. Sinnvollerweise wählen wir für die Häufigkeiten aneinandergereihte Bereiche I_k, Intervalle, die einen bestimmten Wertebereich der Variablen abdecken. Um ein Histogramm zu erstellen, zählen wir, wie oft unsere Variable Werte durch die verschiedenen Bereiche I_k durchläuft.

> Wir sagen x_i liegt im Intervall $I_k =]x_{k,\min}, x_{k,\max}], x_i \in I_k$, wenn $x_i \leq x_{k,\max} \wedge x_i > x_{k,\min}$ erfüllt ist. Wir interpretieren I_k als Menge. Als **Histogramm** bezeichnen wir die diskrete Darstellung von x_k gegen die Mächtigkeit der aller Mengen $|I_k(x_k)|$.

In Listing 3.22 zeigen wir, wie man selbst ein Histogramm erstellen kann. Dies ist zur Illustration gedacht. Unsere Tools in Python bieten hier einfachere und schnellere Wege, um an diese Information zu gelangen.

Listing 3.22 Einfaches Beispiel, wie man ein Histogramm selbst erstellt

```python
import matplotlib.pyplot as plt
import numpy as np

x = 2*np.random.randn(1000)
k = range(-10,10,1)
Ik = np.zeros(len(k))

for i in range(0,len(x)):
    for j in range(0, len(k)):
        if x[i] <= k[j]+1 and x[i]>k[j]:
            Ik[j]+=1
```

Durch die Verwendung von geeigneten Bibliotheksfunktionen, hier `plt.hist()`, reduziert sich der Programmcode für ein Histogramm auf eine Zeile im Code 3.23.

Listing 3.23 Histogramm mit Matplotlib

```python
plt.hist(x, bins=20)
```

Sie führt zum gleichen Ziel und ist weniger aufwendig. Mit dem Parameter `bins` legen wir in beiden Fällen fest, wie viele Intervalle wir nutzen möchten und letztlich, wie fein das Histogramm die verschiedenen Werte der Variablen auflöst.

Histogramme sind äußerst effektiv, um die Dimension der Daten zu reduzieren. Im obigen Beispiel bilden ein Histogramm 1000 Datenwerte auf ein Intervall von 21 Zahlen ab. Dabei erfasst das Histogramm vor allem die stochastischen Eigenschaften der Variablen.

3.7.2 Identifikation der Wahrscheinlichkeitsverteilung mittels Kerndichteschätzer

Nun, da wir wissen, wie man Histogramme erstellt, sollten wir auf ein wiederkehrendes Thema zurückkommen, nämlich die Wahrscheinlichkeit. Es ist wichtig zu verstehen, dass Histogramme wiedergeben, wie wahrscheinlich ein bestimmter Wert einer Variablen ist. Aus unserem Histogrammbeispiel folgern wir, dass der $x = 0$ besonders häufig vorkommt, und damit auch wahrscheinlicher ist als andere Werte. Zahlen größer als 100 sind völlig unwahrscheinlich.

Das **Histogramm** $\mathcal{H}(x; b)$ ist eine quantitative, nichtstetige und nichtnormierte Repräsentation der **Wahrscheinlichkeitsdichte** $p(x; \mu, \sigma, \nu, \kappa)$ eines stochastischen Prozess x.

In der induktiven Statistik untersucht man systematisch den Gewinn von Information aus Stichproben. Von hier stammen Methoden wie der χ^2-Test oder der Anderson-Darling-Test, mit denen wir berechnen können, wie gut unsere Daten durch eine bestimmte Verteilung beschrieben werden.

Obwohl das Histogramm sehr hilfreich sein kann, hat es einen entscheidenden Nachteil: es ist unstetig. Die Aufteilung in Intervalle segmentiert das Histogramm in feste Blöcke. Der technische Prozess, der die Daten produziert hat und somit für das Histogramm verantwortlich ist, besitzt aber sehr wohl eine stetige Wahrscheinlichkeitsdichte.

An dieser Stelle hilft uns der Kerndichteschätzer. Der Begriff Kern wird im Gebiet der Statistik in verschiedenen Kontexten genutzt. Wir werden ihn hier als den um Null zentrierten Verlauf einer Verteilungsfunktion ansehen.

> Ein **Kerndichteschätzer** ist eine stetige Schätzung einer unbekannten Verteilung. Er nähert die unbekannte Verteilung dabei durch eine Summe bekannter Verteilungen.

Betrachten wir ein Beispiel an synthetischen Daten in Listing 3.24:

Listing 3.24 Synthetische Daten für eine Kerndichteschätzung

```
import matplotlib.pyplot as plt
import numpy as np

d1 = np.random.normal(loc=70, scale=15, size=300)
d2 = np.random.normal(loc=20, scale=5, size=700)
data = np.hstack([d1,d2])
data = data.reshape((len(data), 1))

plt.hist(data,width=3, bins=50)
plt.show()
```

In diesem Listing haben wir Ereignisse aus zwei Gauß-Verteilungen gezogen und diese histogrammiert. Das erzielte Histogramm ist in Abb. 3.11 in blau abgebildet. Der Kerndichteschätzer nutzt diese Eingangsdaten und nähert eine stetige Kombination an Verteilungsfunktionen. Im folgenden Code in Listing 3.25 gehen wir von einem Gauß-Kern aus.

Listing 3.25 Kerndichteschätzung mit Scikit-Learn

```
from sklearn.neighbors import KernelDensity
model = KernelDensity(bandwidth=3, kernel='gaussian')
model.fit(data)
```

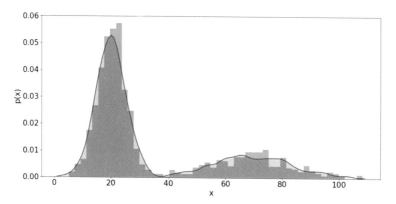

Abb. 3.11 Skaliertes Histogramm (blau) der Eingangsdaten und Überlagerung der stetigen Näherung für $p(x)$ (rot) mittels Kerndichteschätzers

Die Visualisierung des Ergebnisses ist in Listing 3.26 vollständig ausgeführt und zeigt den Code, der die rote Verteilung und das Histogramm in Abb. 3.11 erzeugt hat.

Listing 3.26 Visualisierung der Ergebnisse

```
x = np.asarray([i for i in range(1, 110)])
x = x.reshape((len(x), 1))
y = np.exp(model.score_samples(x))
plt.hist(data, bins=50, density=True, alpha=0.5)
plt.fill(x[:], y, 'r', alpha=0.2)
plt.plot(x[:], y, 'r', alpha=0.9)
plt.tick_params('both', labelsize=20)
plt.xlabel('x', fontsize=20)
plt.ylabel('p(x)', fontsize=20)
plt.show()
```

In Zeile 3 dieses Listings wird eine Exponentialfunktion genutzt und diese auf den Zufallszug aus dem Kerndichtemodell angewendet. Dies ist notwendig, da die Funktion `fit` die Näherung mit logarithmischen Varianten der Verteilung durchführt.

Die Quantifikation von Unsicherheiten ist ein eigenständiges Fachgebiet und ist für die Bereiche der Mehrteilchenphysik und der Dynamik komplexer Systeme wichtig. Hier werden weitreichendere Ansätze genutzt. Für die weitere Lektüre empfehlen wir die Arbeiten von P. J. van Leeuwen et al., der Partikel-Filter [4, 6] im Kontext von meteorologischen- und ozeanographischen Modellen nutzt, sowie die Ensemble-Kalman-Assimilation-Ansätze, wie sie z. B. von M. Jardak und O. Talagrand in [3] diskutiert werden.

3.8   Kenngrößen aus Daten ermitteln

3.8.1   Statistische Kenngrößen

Eines der häufigsten benutzten Konzepte für die Verarbeitung großer Datenmengen ist die Dimensionsreduktion auf statistische Kenngrößen. Hierbei versucht man mit wenigen charakteristischen Werten eine hochdimensionale Datenmenge zu erfassen. Erwartungswert und Momente sind in vielen Fällen geeignete Größen, um Daten effektiv zu reduzieren. Aber auch als Zielgrößen für gelernte Modelle bieten sich charakteristische Größen an.

In einigen Prozessdatenbanken geht man sogar so weit, nur sehr verdichtete Kennzahlen von Zeitreihen zu speichern, z. B. Mittelwert, Min- und Maximum. So spart man sich die Speicherung großer Datensätze bereits im Ansatz. Der Sensor liefert zwar sämtliche Werte, doch nur diese wenigen Eckdaten werden aufgehoben. Leider verliert man über diesen Schritt auch Informationen. Gerade die für Zeitreihen so wichtige Dynamik, die sich vor allem in den Gradienten und Schwingungen während des Datenverlaufs äußert, kann über die Verteilungs-Parameter nicht erfasst werden.

Beispiel: Beschleunigung, Abbremsen und Oszillation
Stellen Sie sich einen Motor vor, dessen Drehzahl sie erst von 0 Umdrehungen pro Minute aufwärts erhöhen, danach zwischen zwei Werten schwanken lassen und schließlich wieder auf 0 Umdrehungen pro Minute abbremsen. Sie können für alle drei Szenarien, die gleichen Maximal-, Minimal- und auch Durchschnittswerte erhalten und prinzipiell nicht mehr zwischen den eigentlichen Zuständen unterscheiden. Wenn Sie feststellen, dass die meisten Fehlzustände beim Abbremsen vorkommen, dann reicht es nicht aus, nur die statistischen Kennzahlen zu erfassen.

Eine Anfahrsituation einer Maschine wäre also eventuell datenseitig nicht mehr von der Abbremssituation zu unterscheiden. Das Beispiel macht deutlich, dass es Prozesse gibt, in denen die vollständige Auswertung einer Zeitreihe nötig ist und nicht nur die alleinige Berücksichtigung von statistischen Kenngrößen. In den Arbeiten von Arnu et al. [1] und Souza et al. [2] wird diese Problematik für diverse Szenarien in der Stahlindustrie untersucht.

3.8.2   Prozessorientierte Kenngrößen

Grundsätzlich sollten die Rohdaten eines dynamischen Prozesses auch vollständig erfasst werden. Nutzen Sie also zuerst das Nyquist-Kriterium, um die sinnvollste Abtastrate für ihre Daten zu ermitteln. Da wir bereits gesehen haben, dass die statistischen Größen alleine nicht unbedingt geeignet sind, den Prozess immer gut zu beschreiben, möchten wir Ihnen daher ein Rezept an die Hand geben, um ihre Datennahme sinnvoll auszubauen. Dazu konzentrieren wir uns auf charakteristische Kennpunkte des eigentlichen Prozesses und ermitteln diese auf folgende Weise:

- Bestimmen Sie die statistischen Kenngrößen der Zeitreihe, nehmen Sie aber zusätzlich die zeitlichen Positionen mit auf, an denen das Minimum, das Maximum und der Mittelwert erreicht werden.
- Versuchen Sie über die FFT die wichtigsten Frequenzen zu ermitteln und diese zu speichern. Wenn dies nicht möglich ist, reduzieren sie den Frequenzraum auf 4 bis 5 Frequenzbereiche und speichern Sie die Mittelwerte in diesen Frequenzbändern.
- Definieren Sie charakteristische Punkte in ihren Daten. In Zeitreihen also stets (t_i, x_i). Diese Punkte sind individuell und problembezogen, können aber ein enorm wichtiges Hilfsmittel sein, um Zielgrößen zu formulieren. Diese Punkte können auch Maxima, Minima oder Wendestellen in der Zeitreihen sein. Wichtig ist die gemeinsame Erfassung von t und x_i.
- Ermitteln Sie Beziehungen zwischen den charakteristischen Punkten, die aussagekräftig für Ihren Prozess sind:
  - Existiert zwischen Maximum und Minimum eine charakteristische Differenz?
  - Stehen Maximum und Minimum in einem speziellen Verhältnis zueinander?
  - Ist der Abstand der zeitlichen Position des Maximums zum Startpunkt der Zeitreihe relevant?
- Wo werden Extremstellen der Steigung erreicht? Nutzen Sie die Nullstellen der Ableitung, um diese Stellen zu finden und speichern Sie auch hierzu die Werte t_i und $\frac{dx_i}{dt}(t_i)$.

Wir wollen dies an unserem Beispiel des Motorstroms kurz demonstrieren:

Beispiel: Prozessorientierte Kenngrößen des Motorstrombeispiels
Betrachten Sie den Verlauf der Daten in Abb. 3.2. Wir nutzen die Variable $x(t)$ um den Verlauf einer Kurve zu beschreiben. Folgende Punkte werden hier extrahiert:

1. Die Position $x(t = 0)$ ist ein prozessrelevanter Offset.
2. Die Steigung an der Stelle $x(t = 10)$ muss möglichst identisch sein in allen Kurven.
3. Die Position t_{Max} muss synchron sein für alle Kurven. Das Maximum ist also relevant, sowohl in seiner Höhe als auch in der zeitlichen Position.
4. Position und Höhe des Minimums jeder Kurve sind ebenso charakteristisch und unterschiedlich für jede Kurve.
5. Die FFT-Frequenzbänder sind charakteristisch. Mit 5 Intervallen im Frequenzraum ist die Störfrequenz der Anomalie ebenfalls mit erfasst.
6. Die Endposition der Kurven kann ebenso als Punkt hinzugezogen werden.

Die Betrachtung von prozessorientierten Kenngrößen ist also hilfreich. Im vorliegenden Beispiel wären dies ca. 10 Werte und sie wären völlig ausreichend, um das gesamte Problem zu erfassen.

Zusammenfassung

Bevor wir konkrete Lernverfahren behandeln können, mussten wir in diesem Kapitel die Grundlagen schaffen, um Daten gezielt für das sogenannte Training vorzubereiten. Gerade die Arbeit, die in der Aufbereitung der Daten steckt, speziell in der Bereinigung und der Überlegung verschiedener Normalisierungen, sollte in der Praxis nicht unterschätzt werden.

Wir haben den Schritt der Triggerung gesehen, der für repetitive Probleme nötig ist. Dann haben wir verschiedene Transformationen betrachtet, die unseren Blick auf die Daten verändern können und Lernverfahren helfen, schneller und robuster zu trainieren. Mit den Transformationen wurden Aspekte der Daten sichtbar, die mitunter nicht oder nur schwierig in den Originaldaten zu sehen waren.

Aufbauend auf den mathematischen Grundlagen des vorigen Kapitels, haben wir Histogramme und Kerndichteschätzer als Werkzeuge besprochen, um Wahrscheinlichkeitsverteilungen aus Daten zu extrahieren. Sie schließen den Kreis zwischen den theoretischen Ideen und der praktischen Auswertung.

Die Vorbereitungsschritte haben ein Ziel, nämlich den Blick auf das Wesentliche in den Daten zu schärfen. Dies gelingt zum einem durch Weglassen von Unwesentlichem oder durch die Konzentration auf jene Eigenschaften, welche die relevante Information enthalten. Fourier-Transformation, Wavelet-Transformation oder die Abbildung auf Verteilungen sind in der Lage, komplexe Daten auf wenige charakteristische Zahlenwerte zu reduzieren.

Wir werden später in Kap. 5 die unüberwachten Lernverfahren kennenlernen. Hierbei sind besonders die Hauptkomponentenanalyse (PCA) und der Autoencoder bekannte Werkzeuge, um die Dimension von Daten effektiv zu reduzieren. Sie stellen, wie die Methoden dieses Kapitels, Verfahren dar, die auch als Vorbereitung geeignet sind.

Kap. 6 und 7 werden schließlich die Vorverabeitung noch einmal unter dem Aspekt einer möglichst automatischen Prozesskette aufgreifen. Fällt ein digitales System selbstständig die Entscheidung, welche Vorverarbeitung am besten geeignet ist, so befinden wir uns schließlich in einem anderen Bereich der künstlichen Intelligenz: für die Maschine verfügbares Know-How.

Aufgaben

3.1 Wie können Sie selbst in einem Datensatz NaNs erzeugen?

3.2 Programmieren Sie die Interpolation aus Gleichung (3.1)!

3.3 Bestimmen Sie die Faltung der Funktionen $f \circ g$ mit

$$f(x) = \text{sech}(x) \tag{3.18}$$

und

$$g(x) = 2 * \delta(x - 10) + 7 * \delta(x - 80). \tag{3.19}$$

Stellen Sie das Ergebnis graphisch dar! Hier wird die δ-Funktion verwendet, die über

$$\delta(x - a) = \begin{cases} 1 \text{ für } x = a \\ 0 \text{ sonst,} \end{cases} \tag{3.20}$$

definiert ist.

3.4 Nähern Sie das Ergebnis von Aufgabe 3.2 mit dem Kerndichteschätzer. Nutzen Sie hierbei Kerne, die wir nicht explizit im Text angesprochen haben: a) Cauchy-Kern, b) Epanechnikov-Kern und c) Picard-Kern. Welche Unterschiede stellen Sie fest?

3.5 Was sind die prozessorientierten, charakteristischen Kenngrößen des getriggerten Beispiels in Abb. 3.6?

Literatur

1. D. Arnu, E. Yaqub, C. Mocci, V. Colla, M. Neuer, G. Fricout, X. Renard, C. Mozzati, and P. Gallinari, *A reference architecture for quality improvement in steel production.* Springer, 2017.
2. A. d. M. Souza, D. Arnu, F. Temme, E. Klapic, R. Klinkenberg, M. J. Neuer, X. Renard, P. Gallinari, C. Mozzati, C. Mocci, and G. Fricout, „Data mining and modelling," *Steel Times International,* 2018.
3. M. Jardak and O. Talagrand, „Ensemble variational assimilation as a probabilistic estimator – part 1: The linear and weak non-linear case," *Nonlinear Processes in Geophysics,* vol. 25, no. 3, pp. 565–587, 2018. [Online]. Available: https://npg.copernicus.org/articles/25/565/2018/
4. P. J. V. Leeuwen, „Aspects of particle filtering in high dimensional spaces," *Lecture Notes in Computer Science,* vol. 8964, pp. 251–262, 2015.
5. M. J. Neuer, A. Quick, T. George, and N. Link, „Anomaly and causality analysis in process data streams using machine learning with specialized eigenspace topologies," in *Proceedings of ESTAD 2019,* 2019.
6. S. Pathiraja and P. J. van Leeuwen, „Multiplicative non-gaussian model error estimation in data assimilation," 2021.

Kapitel 4
Überwachtes Lernen

Schlüsselwörter Überwachtes Lernen · Adaptive Filter · Evolutionäre Algorithmen · Neuronale Netze · Entscheidungsbäume · Gradientenabstiegsverfahren

In diesem Kapitel werden Konzepte des überwachten Lernens besprochen. Dabei wird ein allgemeiner Ansatz für Lernverfahren eingeführt, der als Grundlage für die folgende Ansätze dient. Beginnend mit einem naiven, evolutionären Algorithmus, werden im weiteren Verlauf der Least-Mean-Squares (LMS)-adaptive Filter, neuronale Netze, rekurrente neuronale Netze und Entscheidungsbäume diskutiert. Zu jedem Verfahren sind Beispielimplementationen angeführt, die dem Leser einen Startpunkt für eigene Projekte geben.

Abb. 4.1 gibt Ihnen eine Übersicht, wie die folgenden Kapitel von den hier vorgestellten Inhalten profitieren. Ein zentrales Konzept ist die Kostenfunktion J. Sie erlaubt uns, Lernen als Optimierungsproblem zu formulieren. Dieser Grundansatz wird uns in Kap. 4 und 5 begleiten.

Die Lernverfahren selbst sind Grundlage für Kap. 6. Kap. 7 zeigt Methoden, die auf ein trainiertes Modell angewendet werden, um dieses besser zu verstehen.

4.1 Lernen

4.1.1 Was bedeutet überhaupt Lernen?

- **Assoziatives Lernen.** Beim assoziativen Lernen versucht man beim Lernenden zwei oder mehrere Ereignisse miteinander zu verknüpfen. Mathematisch sollen hierbei Wenn-Dann-Verknüpfungen entwickelt werden, wobei

$$X \to Y \to Z \tag{4.1}$$

M. J. Neuer, *Maschinelles Lernen für die Ingenieurwissenschaften*, https://doi.org/10.1007/978-3-662-68216-6_4

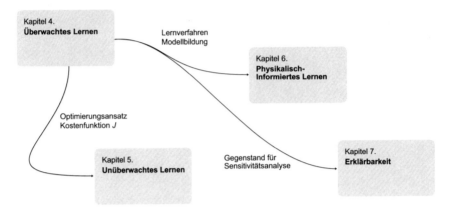

Abb. 4.1 Übersicht über den Zusammenhang von Kap. 4 mit den folgenden Kapiteln

heißt: Wenn Ereignis X eintritt, dann tritt auch Y ein und wenn Y eintritt, dann folgt Z. Die **klassische Konditionierung** ist eine Form des assoziativen Lernens, bei der ein neutraler Reiz, z. B. ein Ton, mit einer erwarteten Belohnung verknüpft wird. Wann immer Ihr Hund oder Ihre Katze also etwas macht, was Sie möchten, betätigen Sie einen Klicker und geben danach eine Belohnung in Form von Futter. Diese Belohnung wird Bestärkung (oder auch Verstärkung) genannt. Das Tier assoziiert irgendwann das Geräusch des Klickers mit der Belohnung. Daher wird diese Form des Lernens auch assoziatives Lernen genannt.

- **Nichtassoziatives Lernen.** Im Gegensatz zum assoziativen Lernen beschäftigt sich das nichtassoziative Lernen mit genau einem Ereignis X – einem Phänomen, einem Geräusch oder einem Eindruck. Wenn dieses Ereignis X nur häufig genug auftritt, leiten wir eine Interpretation daraus ab. Das dauerhafte Rauschen von Wasser, an das wir uns allmählich gewöhnen, oder das Abnehmen einer Geruchswahrnehmung der wir lange genug ausgesetzt sind, sind Beispiele für die sogenannte nichtassoziative **Habituation.**

- **Spielen.** Eines der eindrucksvollsten und effektivsten Lernverfahren ist das Spiel. Es ist ein nahezu unbegrenzter Raum für Versuche und Irrtümer, der eine freie Entwicklung von Konzeptverständnis ermöglicht. Die Fähigkeit zum Spielen ist eine grundlegende Eigenschaft von intelligenten Wesen.

- **Kulturelles Lernen.** Kultur besteht aus vielen Aspekten, wobei Riten, gesellschaftliche Regeln, Gesetze und sogar Moralvorstellungen über die Kultur weitergegeben werden. Dies führt nicht immer zu vorteilhaften Entwicklungen, wie z. B. die oft fehlgeleitete Interpretation der Worte „Normalität" und „Natürlichkeit" zeigt.

- **Imitationslernen.** Rollenvorbilder sind Menschen, die auf uns einen positiven Eindruck haben oder Personen denen wir nacheifern wollen. Ein derartiges Nacheifern ist ein Beispiel für Imitationslernen. Auch im Tierreich wird beobachtet, dass ältere Tiere bestimmte Tricks an Jungtiere weitergeben, um an Nahrung zu gelangen. Sie führen eine Handlung vor und die Lernenden vollziehen diese nach. Im technischen Bereich ist hier vor allem das Eintrainieren von Robotern für Produktionsprozesse zu nennen, die mittels Teach-in-Techniken ihre Fahrwege und Bewegungsmuster vom Nutzer lernen.

4.1.2 Verschiedene Formen des maschinellen Lernens

Maschinelles Lernen lässt sich in drei Formen unterteilen: überwachtes, unüberwachtes und verstärkendes Lernen.

Überwachtes Lernen beschäftigt sich mit dem Aufstellen von Modellen f, die Eingangsdaten x auf die zu x assoziierten Ergebnisse d abbilden, $d = f^{(\infty)}(x)$. Dabei setzen wir die Verfügbarkeit von d voraus. Dies gibt dieser Art des Lernens den Namen überwacht: wir kontrollieren, auf welches Ergebnis hin das Lernverfahren trainiert.

Unüberwachtes Lernen betrachtet nur eine Menge an Eingangsdaten. Kategorisierungen oder Modellzusammenhänge in den Daten sind unbekannt. Das Lernverfahren soll nun Strukturen in den Daten entdecken. Es analysiert, ob die Daten als Cluster zusammenhängen oder inwieweit Datenbereiche in einer bestimmten Verwandtschaft zueinander stehen.

Bestärkendes Lernen bezieht sich auf autonome Agenten. Diese Agenten verfügen über eine quantitative Zielvorstellung, ihre Zufriedenheit. Durch gezieltes Erhöhen oder Verringern der Zufriedenheit lernt der Agent, ob eine Entscheidung gut oder falsch war. Diese Lernart kann auf Online-Datenströmen trainiert werden und kann kontinuierlich weitergeführt werden. Daher hat es eine große Relevanz für die Regelungstechnik. Tatsächlich werden wir im Verlauf dieses Buches nicht mehr auf das bestärkende Lernen zurückkommen, da es nicht in den Rahmen dieser Einführung passt.

4.2 Strategie des überwachten Lernens

4.2.1 Algorithmische Vorüberlegung

Ziel des überwachten Lernens ist die Abbildung von Eingangsdaten x auf Ausgangsdaten y, sodass diese eine bekannte Zielgröße d wiedergeben. Oft nennt man d auch ein Label – in Anlehnung an Klassifikationsprobleme. Wir lernen also, indem wir das Modell f mit $y = f^{(i)}(x)$ derart iterativ verändern, $f^{(i)} \to f^{(\infty)}$, dass sich nach der Veränderung $f^{(\infty)}(x) \approx d$ ergibt. Hier steht $f^{(\infty)}$ für das konvergierte Modell, welches in der Praxis für sehr große i bzw. niedrige Kostenwerte realisiert ist. Dazu müssen wir die Veränderung des Modells f in jeder Iteration bewerten können.

Diese Bewertung geschieht über eine Gütefunktion J, oft auch Gütefunktional, Kostenfunktion oder einfach Kosten genannt. Ist J groß, so ist das Modell schlecht, ist es dagegen klein, so ist das Modell gut. Kennt man die Gütefunktion für f, so kann über Vergleich dieser Güte entschieden werden, ob das Modell bei Veränderung besser wurde, gleich blieb oder sich sogar verschlechtert hat. Die Strategie kann auf folgende Schritte aufgeteilt werden:

- **Aufstellen eines ersten Modells** f. Dieses Modell beruht auf Anfangsbedingungen für die Lernparameter und ist dementsprechend schlecht. Es wird eine beliebige Abbildung erzeugen, die im ersten Moment keinerlei Bezug zu den gewünschten Referenzergebnissen d hat.
- **Berechnung von** $J(f)$. Hier wird die Güte des aktuellen Modells bestimmt. Sie dient dann als Referenzwert für die nächsten Schritte.
- **Verändern des Modells.** Wir ändern nun f durch $f \to \tilde{f}$. Wie sich f verändert, wird durch J vorgegeben, denn wir möchten ja, dass sich J verringert. Dieser Schritt ist kritisch für das Lernen. Die im Modell f genutzten Parameter werden für das neue Modell $\tilde{f}$ gezielt angepasst.
- **Iteration des vorherigen Schritts.** Wir iterieren den letzten Schritt so lange, bis die Kosten J auf einen akzeptablen Wert gesunken sind. Dies ist gleichbedeutend mit einer entsprechend guten Abbildungsqualität durch f.

> Überwachtes Lernen eines Modells f beschreibt die iterative Veränderung von $f^{(i)}$ zu $f^{(i+1)}$, sodass
>
> $$f^{(i)} \mapsto f^{(i+1)} \Rightarrow J(f^{(i+1)}) \overset{!}{<} J(f^{(i)}) \Leftrightarrow \min_i J(f^{(i)}). \qquad (4.2)$$

Dieses einfache, universelle Schema lässt sich als Basis vieler Algorithmen nutzen. Sie unterscheiden sich in der Art des Veränderungsschritts oder der Wahl der Kostenfunktion J – folgen jedoch fast immer der in (4.2) aufgestellten Vorgehensweise. Lernalgorithmen sind daher immer Optimierungsprobleme. Das sieht man auch an (4.2): Wir suchen das Minimum von J bei gegebenen Modellen $f^{(i)}$. Wir wollen einige ausgesuchte Verfahren in Verlauf dieses Kapitels näher vorstellen und fassen diese hier kurz zusammen:

- **Evolutionäre Algorithmen.** In evolutionären Algorithmen entspricht J dem Kehrwert einer Fitness. Die Variation des Modells f geschieht über Zufallswürfe. Immer wenn J von einem Schritt zum nächsten sinkt, also die Fitness steigt, behält man die Änderung. Steigt J, wird das Ergebnis schlechter und man verwirft die neue Parameterwahl. Danach iteriert man weiter, auf der Basis der letzten guten Variante. Eng hiermit verwandt sind die genetischen Algorithmen.
- **Least-Mean-Square-Algorithmus.** Beim LMS-adaptiven Filter passen sich Filterkoeffizienten dynamisch an, sodass ein Zielwert durch den Filter getroffen wird.

J wird hier als mittlere quadratische Abweichung (engl. *mean square*) zwischen Zielwert und aktuellem Modellergebnis gewählt.

- **Neuronale Netze.** Neuronale Netze sind nichtlineare Abbildungen, für die verschiedene Kostenfunktionen J möglich sind. Sie trainieren nach dem gleichen Konzept, kennen jedoch mathematisch bereits den besten Gradienten von J, mit dem sie die inneren Parameter ändern müssen. Dieses Verfahren wird Rückpropagation genannt, und wird uns in den nächsten Abschnitten noch beschäftigen.

- **Entscheidungsbäume.** Entscheidungsbäume suchen nach optimalen Merkmalen in den Daten, um einen Datensatz so gut wie möglich darstellen zu können. Dabei identifiziert der Baum die Variablen, die den stärksten Einfluss auf eine Entscheidung haben. An diesen Variablen und ihren Werten spaltet der Baum die Entscheidung in Äste auf. Auch hier wird die Qualität der Abbildung mit Hilfe einer Kostenfunktion J bewertet. Sie bestimmt die Abweichung zum Zielwert und passen gezielt Schwellwerte für die Aufspaltung von Ästen an.

4.2.2 Klassifikation und Regression

Ziel des überwachten Lernens ist die Erstellung eines Modells. Dieses Modell kann unsere Eingangsdaten x aber verschieden granular abbilden.

- **Klassifikation.** Wenn die Eingangsdaten einer Klasse zugeordnet werden sollen, dann unterscheiden wir im Ergebnisraum nur zwischen einigen wenigen Ergebnissen. Klassifikationen haben diskrete Ausgangsdaten.

Beispiel: Ampel und Motorrad
Eine Bilderkennung soll Motorräder und Ampeln in Videos erkennen. Die Ergebnismenge ist $\Omega = (\text{„Motorrad“}, \text{„Ampel“})$ und $d \in \Omega$.

Beispiel: Alarmklassifizierung
Eine Messung an einem Kondensator wird auf Spannungsspitzen hin untersucht. Die Signalform gibt diese Spitzen wieder. Mittels Lernverfahren wird entschieden, ob der Signalverlauf gefährlich ist oder nicht. Als Eingangsdaten nutzen wir den Spannungsverlauf und für d benötigen wir Zuweisungen $d \in \{0, 1\}$ wobei 0 für ungefährlich und 1 für gefährlich steht. Dies ist eine kanonische Klassifikationssituation.

- **Regression.** Ein Regressionsmodell bildet einen kompletten funktionalen Verlauf nach. Die Ausgangswerte sind dabei kontinuierlich über eine definierte Wertemenge. Regressionsmodelle erfordern mehr Daten und eine Mindestauflösung in den Labeln bzw. in den Zielwerten, auf die das Verfahren trainiert werden soll.

Beispiel: Wahrscheinlichkeit für Gefahr
Wir setzen unser letztes Beispiel fort und formulieren es um: Die Auswertung
des Signals soll nicht nur zwischen den beiden Kategorien 1 „Gefahr" und 0
„Keine Gefahr" unterscheiden, sondern vielmehr einen Risikowert ausgeben,
der z. B. zwischen 0 und 1 liegt. Bei einem Ergebnis von $y = 0.8$ liegt dann
ein 80 % Risiko vor. Dies ist ein klassisches Beispiel für eine Regression.

4.2.3 Trainingsdaten und Testdaten

Wir definieren nun, wie wir die Änderung des Systems vornehmen wollen, und
wie die Kosten bewertet werden. An dieser Stelle ist die Kenntnis des gewünschten
Ausgangswerts d von Bedeutung. Durch den Vergleich von d und y können wir die
Abweichung der aktuellen Vorhersage bestimmen.

Um ein überwacht lernendes Modell zu trainieren, benötigen wir genügende und
geeignete Trainingsdaten. Genügend, weil wir ja in (4.2) häufig iterieren und ändern
müssen. Geeignete Daten, da diese stets aus Tupeln (x, $y \rightarrow d$) bestehen müssen,
wobei x die Eingangsdaten darstellt und d das erwünschte, ideale Abbildungsergeb-
nis. In der Folge werden wir y und d synonym verwenden.

Um ein Lernverfahren aufzubauen, benötigen wir zwei dedizierte Datensät-
ze, den **Trainingsdatensatz**, $x_{i,\mathrm{Train}} \in X_{\mathrm{Train}}$, $y_{i,\mathrm{Train}} \in Y_{\mathrm{Train}}$ und den **Testdatensatz**, $x_{j,\mathrm{Test}} \in X_{\mathrm{Test}}$, $y_{j,\mathrm{Test}} \in Y_{\mathrm{Test}}$. Der Trainingsdatensatz besteht aus
$|X_{\mathrm{Train}}| = |Y_{\mathrm{Train}}| = N$ Datenreihen, der Testdatensatz enthält $|X_{\mathrm{Test}}| = |Y_{\mathrm{Test}}| =
M$ Elemente. Im Code benennen wir diese Mengen stets als **Xtrain, Ytrain**
sowie **Xtest, Ytest.**

Da sie mehr Daten für das Training benötigen, sollte dieser Datensatz möglichst
wesentlich mehr Daten umfassen als der Testdatensatz, $N \gg M$. Oft nutzt man in
der Praxis eine Aufteilung von 90 % Trainingsdaten und 10 % Testdaten. Warum
aber sind diese Mengen so wichtig? Zum einen möchten wir wissen, ob das trainierte
Lernverfahren auch auf Daten funktioniert, die es während des Trainings noch nie
ausgewertet hat. Nur so können wir für neue Daten prinzipiell sichergehen, dass diese
von dem Verfahren richtig vorhergesagt werden.

Trainings- und Testmenge sollten ebenso statistisch alle möglichen Fälle, Szenarien und Klassen enthalten, die Sie lernen möchten. Sollte Ihre Trainingsmenge z. B.
nicht alle Klassen der Testmenge abdecken, dann würden Sie verfälschte Testergebnisse erhalten, da ja ein wichtiger Teil gar nicht trainiert werden konnte.

Goldene Regel für das Training von Lernverfahren: Elemente des Testdatensatzes dürfen niemals in das Training gelangen!

Wenn Sie obige Regel verletzen, werden Ihre Testresultate nahezu perfekt sein, ohne dass Sie das trainierte Modell jemals transferieren, also auf neue Daten sinnvoll anwenden können. Es handelt sich hierbei um einen der häufigsten in der Praxis anzutreffenden Fehler. Wir werden hierzu später noch das Konzept der Kreuzvalidierung kennenlernen, welches geschickte Mischungen der beiden Mengen vornimmt und somit diesen Fehler ausschließt.

In der Praxis ist es eine große Schwierigkeit, diese Datensätze für die Anwendung von Lernverfahren überhaupt aufzustellen. Nicht alle Prozessdatenbanken sind mit dem Ziel entworfen, Lernverfahren zu unterstützen. Viele Datenbankstrukturen sind über Jahre gewachsen, und das Zusammenstellen dieser beiden Datenmengen nimmt viel Zeit in Anspruch. Dabei müssen wir uns folgende Fragen stellen: Verfügen wir datenseitig überhaupt über die benötigen Label d? Sind in Summe genügend Daten vorhanden, um ein Lernverfahren trainieren zu können? Diese Fragen müssen planerisch vor der Entwicklung eines maschinellen Lernprogramms geklärt werden.

Ein weiterer kritischer Punkt ist die Prozessveränderung. Nehmen wir an, unser Lernverfahren soll ein Modell f für einen Prozess erzeugen und wir verfügten auch tatsächlich über genügend Daten. Wenn sich der Prozess jetzt selbst verändert hat, während die Daten aufgezeichnet wurden, ist das Modell zunächst nutzlos. Wir müssten die Daten erst in „vor der Veränderung" und „nach der Veränderung" aufteilen. Sie sehen, somit reduziert sich die Datenmenge wieder. Alle diese Schwierigkeiten werden in der Industrie häufig angetroffen.

4.3 Evolutionäres Lernen

4.3.1 Idee der evolutionären Veränderung

In evolutionären Algorithmen sprechen wir zunächst von Populationen, in Anlehnung an die Biologie. Eine Population beschreibt die Parameter $\pi = (\pi_i)$ unseres Modells f, welches x auf y abbildet,

$$y = f(x; \pi). \tag{4.3}$$

Unser Ziel ist, dass für einen Satz an Eingangsdaten (x_j, d_j) die Parameter π in f derart bestimmt werden, dass $f(x_j; \pi = \pi^*) = d_j \, \forall j$. Dabei nummeriert j hier unsere Trainingsmenge durch und π^* beschreibt den idealen Parametersatz. Wir diskutieren hier nur den eindimensionalen Fall, das Verfahren kann leicht auf beliebige Dimensionen erweitert werden.

Die Fitness F der Population Π mit $\pi_i \in \Pi$ sei gegeben durch

$$F = \frac{1}{J} = \frac{1}{\sum_j (d_j - y_j)^2}. \tag{4.4}$$

Umso stärker d und y übereinstimmen, desto höher ist die Fitness F und desto niedriger ist die Kostenfunktion J.

Was uns jetzt noch fehlt, ist die Veränderung von π. Und hier wählen wir eine zwar nicht sehr effiziente, aber äußerst lehrreiche Variante: wir würfeln π bis die Abbildung passt.

4.3.2   Implementation eines einfachen, evolutionären Algorithmus

Das folgende Codebeispiel zeigt einen einfachen, evolutionären Algorithmus, der lediglich durch Zufallszahlen versucht, das beste Ergebnis zu finden. Er ist instruktiv, da viele Brute-Force-Ansätze auf ähnlichem Weg eine Lösung finden. Allerdings ist dieser Ansatz auch ineffizient, denn man muss lange warten, bis sich eine gute Lösung ergibt.

Wir gliedern die Implementation eines Beispiels in vier Abschnitte. In Abschnitt (1) erzeugen wir künstliche Trainingsdaten. Sie stellen einfach eine Normalparabel dar, die wir leicht überprüfen können. Als nächstes definieren wir die Funktion f in Abschnitt (2) und setzen hier ein Array p mit Parametern p[0], p[1] und p[2] ein. Dabei beschreibt die Funktion in unserem Beispiel ein Polynom 2-ten Grades der Form

$$f(x, \pi) = \pi_0 + \pi_1 x + \pi_2 x^2. \tag{4.5}$$

Listing 4.1 Beispiel eines einfachen evolutionären Algorithmus

```
import numpy as np

% (1) Eingangsdaten
x = np.arange(0,5,0.1)
d = np.arange(0,5,0.1)**2

% (2) Funktion f
def f(x,p):
    return p[0]+p[1]*x+p[2]*x**2

% (3) Definition der Fitness
def Fittness(d):
    j = 0
    for i in range(0,len(d)):
        j+= (d[i]-f(x[i],p))**2
```

```
16        return 1/j
17
18   % (4) Schleife um J, bzw. F zu optimieren
19   maxF = 0
20   F = 0
21   while F < 3:
22        p = np.random.random(3)
23        F = Fittness(d)
24        if F > maxF:
25             maxF = F
26             print(maxF)
```

Im Abschnitt (3) erfolgt die Berechnung der Fitness. Wir nutzen hier die quadratische Abweichung zum Sollwert d. Als letztes enthält Abschnitt (4) die Iterationsschritte. π wird hier jeweils neu gewürfelt. Mit jedem Würfelvorgang ist eine neue Parametrierung gegeben, für die eine Fitness berechnet wird. Sobald ein Fitnesswert erreicht wird, der größer als $F = 3$ ist, bricht die Iteration ab. Der konkrete Zahlenwert wurde hier durch Tests gefunden.

Man kann das Ergebnis dieses Lernvorgangs gut überprüfen, denn für das gewählte Beispiel müssen p[0] und p[1] möglichst 0 sein und p[2] sollte 1 sein. In der Praxis finden sie bei der gewählten Schranke Werte um 0.04 für die ersten beiden Parameter und 0.98 für den letzten. Das Ergebnis ist dann nah genug an den Daten.

4.3.3   Zwischenspeichern der besten Veränderung

Im nächsten Codebeispiel ändern wir die Betrachtung von der Fitness F hin zu einer Betrachtung der Kostenfunktion J. Außerdem merken wir uns in jedem Schritt die Veränderung deviation, die uns den letzten Erfolg gebracht hat. Wenn sie erfolgreich war, dann kann ein erneuter Schritt in diese Richtung nicht verkehrt sein.

Listing 4.2 Variation des evolutionären Algorithmus
```
11   % (3) Definition der Fitness
12   def Fitness(d):
13        j = 0
14        for i in range(0,len(d)):
15             j += (d[i]-f(x[i],p))**2
16        return 1/j, j
17
18   % (4) Schleife um J, bzw. F zu optimieren
19   J = 1000
20   minJ = 1000
21   p_old = [0,0,0]
22   deviation = [0,0,0]
23   while J > 0.1:
24        p = np.random.random(3) + np.array(deviation)
25        F, J = Fitness(d)
```

```
26    if J < minJ:
27        minJ = J
28        deviation = 0.0001*J * (p-p_old)
29    p_old = p
```

Doch wie können wir die Wirkung unseres Eingriffs in den Code analysieren? Wir
müssten ein zusätzliches Gütekriterium finden, eines mit dem wir die beiden Varianten vergleichen können. Dazu bietet es sich an, die Zahl der erfolgreichen Veränderungen ins Verhältnis zur Gesamtzahl der Versuche zu setzen. In Listing 4.3 haben
wir die Schleife erneut verändert. Wir haben zwei Zähler eingeführt: counter der
jedes Mal hochzählt, sobald ein Veränderungsschritt gut war, und allCounter der
jeden Iterationsschritt erfasst.

Dann wurde die while-Schleife in eine äußere for-Schleife eingebettet, die genau zehn Durchläufe realisiert. Grund hierfür ist, etwas mehr Statistik als einen
einzigen Lauf für unsere Analyse zu erzeugen. Die Variablen allCounterStorage
und counterStorage speichern die jeweiligen Zählerstände für jeden der zehn
Durchläufe.

Listing 4.3 Variation des evolutionären Algorithmus

```
11    allCounterStorage = []
12    counterStorage = []
13
14    for i in range(0,10):
15        J = 1000
16        minJ = 1000
17        p_old = [0,0,0]
18        deviation = [0,0,0]
19        q = 0
20        a = 1
21        b = 0
22        allCounter = 0
23        counter = 0
24
25        while J > 0.1:
26            p = a * np.random.random(3) + b*np.array(deviation)
27            F, J = Fitness(d)
28            allCounter += 1
29            if J < minJ:
30                counter += 1
31                minJ = J
32                a = 0
33                b = 1
34                deviation = 0.00001*J * (p-p_old)
35                q = 0
36            p_old = p
37            q += 1
38            if q > 10:
39                a = 1
40                b = 0
41                q = 0
```

```
42    allCounterStorage.append(allCounter)
43    counterStorage.append(counter)
```

Des Weiteren ist eine neue Form der Berechnung eingesetzt worden. p wird erst zufällig generiert. Die Vorfaktoren sind $a = 1$ und $b = 0$, sodass wirklich nur der Zufall genutzt wird. Tritt eine Verbesserung von J ein, so setzen wir $a = 0$ und $b = 1$. Die Abweichung wird zehnmal hintereinander addiert. Danach wird wieder $a = 1$ und $b = 0$ gesetzt und ein neuer Zufallswert genutzt.

Wir können alle Varianten bequem miteinander vergleichen. Es sei dem Leser überlassen, das Listing derart zu verändern, dass immer nur die anfängliche Variante aus Listing 4.1 genutzt wird, was einem dauerhaften $a = 1$ und $b = 0$ entspräche. Auch die Vorfaktoren in der Schleife können angepasst werden.

Sobald das Verhältnis von guten Veränderungen (`counter`) zu der Gesamtzahl von Iterationen (`allCounter`) größer wird, wurde der Algorithmus effizienter formuliert.

Die Variation, in der wir uns den besten Veränderungsweg merken und ihm dann einige Zeit folgen, ist dem puren Zufall überlegen. Dies ist wenig überraschend. Es zeigt uns vor allem, dass die Strategie zielführend ist, sich auf die Veränderungsstärke von J zu konzentrieren.

4.4 LMS-adaptiver Filter

4.4.1 Theorie des LMS-Algorithmus für das Lernen auf einen Zielwert

Der nächste Lernalgorithmus, den wir besprechen möchten, ist der Least-Mean-Squares-adaptive Filter. Grundlegende Arbeiten zu diesem Thema stammen von Haykin et al. [6] und Widrow et al. [15], wo neben filtertheoretischen Herleitungen auch Stabilitätsuntersuchungen und Konvergenzkriterien beschrieben werden. Auch für das Lernen von Sprache wurde der adaptive Filter bereits erfolgreich eingesetzt, wie Koike 1997 in [9] zeigt.

Wie der Name bereits andeutet, stammt dieser Lernalgorithmus aus dem Bereich der Filtertheorie. Nehmen wir an, wir haben einen Vektor $a \in \mathbb{R}^N$ der Dimension N. Stellen Sie sich bitte vor, ohne Beschränkung der Allgemeinheit, die Einträge dieses Vektors seien am Anfang völlig zufällig. Unsere Eingangsdaten seien ein weiterer Vektor $x \in \mathbb{R}^N$ gleicher Dimension. Auf diesen Eingang wirkt nun a wie ein Filter, um ein skalares Ergebnis $y \in \mathbb{R}$ – unsere Ausgangsdaten – zu erzeugen,

$$a^T x = y. \tag{4.6}$$

Die Wirkung von a auf x ist hier in (4.6) als Skalarprodukt der beiden Vektoren formuliert. Wir nutzen das Symbol T für die Transposition des Vektors a. Wir möchten, dass a „lernt", x auf eine definierte, gewünschte Zielzahl d abzubilden. Das

Symbol d nutzen wir in Anlehnung an die englische Literatur, die diesen Wert auch gerne als *desired value* bezeichnet. Wir stellen also die Frage: „Wie muss sich a dafür verändern?" Diese Änderung wird in Form mehrerer Iterationsschritte umgesetzt, die wir über die Schreibweise $a^{(0)}$, $a^{(1)}$, ... $a^{(i)}$ erfassen, wobei i die i-te Iteration kennzeichnet. Wenn wir hierbei eine Transposition nutzen, zeigen wir dies mit $a^{(i),T}$ an. Ein erster Schritt ist herauszufinden, wie weit d überhaupt vom aktuellen Ergebnis y abweicht, also den Fehler $\varepsilon^{(i)}$ auszurechnen,

$$\varepsilon^{(i)} = d - a^{(i),T} x^{(i)}. \tag{4.7}$$

Auch der Fehler bezieht sich auf die aktuelle Iteration und wird entsprechend gekennzeichnet, da dieser sich ja mit jeder Veränderung von a ebenso verändert. Wir können an diesem Fehler vieles ablesen. Wenn das Produkt $a^{(0),T} x^{(0)}$ z. B. größer ist als d, dann ist $a^{(0)}$ zu groß und muss verkleinert werden. Gleiches gilt umgekehrt. Der Fehler enthält also die Anweisung, wie stark und in welcher Richtung wir $a^{(0)}$ verändern sollten.

Wir benötigen einen Weg, um diese Anweisung herauszufinden. Dazu stellen wir folgende Forderung: Mit jeder Iteration, soll das Quadrat des Fehlers kleiner werden. Formal schreibt man (Abb. 4.2),

$$J^{(i)} = \left(d - a^{(i),T} x^{(i)} \right)^2, \tag{4.8}$$

und fordert

$$\lim_{i \to \infty} J^{(i)} \stackrel{!}{=} 0. \tag{4.9}$$

Wenn sich J schnell in Richtung eines solchen Minimums bewegen soll, müssen wir nur den negativen Gradienten von J im Bezug auf $a^{(0),T}$ bestimmen. Der Gradient, den wir über ∇J mit dem Nabla-Operator schreiben, zeigt immer in Richtung des stärksten Anstiegs, folgerichtig zeigt der negative Gradient in Richtung des stärksten Abstiegs. Wir leiten also (4.8) nach den einzelnen Einträgen von a ab,

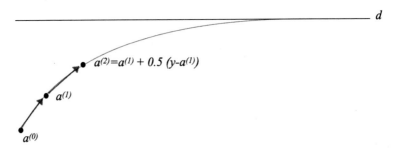

Abb. 4.2 Verschiedene Iterationen von $a^{(i)}$ und Annäherung an den Vorgabewert d. Als Beispiele wurde eine Lernrate von 0.5 gewählt

$$- \nabla_{\boldsymbol{a}^{(i),T}} J = - \nabla_{\boldsymbol{a}^{(i),T}} \left(d - \boldsymbol{a}^{(i),T} \boldsymbol{x}^{(i)} \right)^2 = 2\, \varepsilon^{(i)}\, \boldsymbol{x}^{(i)}. \tag{4.10}$$

Beachten Sie bitte, dass wir über die Operation $\nabla_{\boldsymbol{a}^{(i),T}}$ nach den Werten von $\boldsymbol{a}^i$ ableiten und wir in diesem Herleitungsschritt die Kettenregel nutzen. Wir wollen die Werte von $\boldsymbol{a}$ gemäß (4.10) verändern, um J zu minimieren, und diese Veränderung setzen wir in folgender Gleichung um:

$$\boldsymbol{a}^{(i+1)} = \boldsymbol{a}^{(i)} + \lambda\, \varepsilon^{(i)}\, \boldsymbol{x}^{(i)}. \tag{4.11}$$

Sie enthält eine Vorschrift für die Iteration $i + 1$. Der dimensionslose Faktor λ erfasst dabei auch den Vorfaktor 2 aus der Rechnung in (4.10) und wird **Lernrate** genannt. Ist die Lernrate klein, so nähert sich $\boldsymbol{a}^{(i)}$ mit jeder Iteration nur langsam an d an, ist es größer, so wird die Annäherung schneller vollzogen. Abb. 4.2 zeigt die Konvergenz des Verfahrens.

Aufgrund seiner Abstammung aus dem Quadrat des Fehlers in (4.8), wird dieses Vorgehen auch Least-Mean-Squares (LMS) adaptiver Filter genannt. Wir werden im Folgenden immer vom LMS-Algorithmus sprechen.

4.4.2 Implementation des LMS-Algorithmus

Wir betrachten nun, wie wir (4.11) im Code nutzen können. Dafür haben wir in Listing 4.4 ein Codebeispiel erstellt. Führt man dieses aus, so erreicht y recht schnell Werte in der Nähe von d. Wir können dieses Beispiel als einfachste Form eines Lernprogramms ansehen.

Listing 4.4 Implementation des adaptiven Filters in Python

```
import numpy as np

a = np.random.random(3)
x = [1,2,3]
d = 1.0
eps = d - np.dot(a,x)   # Fehler

Lambda = 0.001 # Lernrate
while eps**2 > 0.0000001:
    a = np.array(a) + Lambda*eps*np.array(x)
    eps = d - np.dot(a, x)

y = np.dot(a,x)
print('y=', y)
```

4.4.3 NLMS-Algorithmus durch Normalisierung der Eingangsvariablen

Tatsächlich ist die Implementation in Listing 4.4 aber nicht stabil. Sobald Sie höhere Werte für λ einsetzen, hier im Code abgekürzt durch *l*, wird die Berechnung von *y* divergieren und kein Ergebnis liefern. Es ist also schwierig, für das jeweilige Problem eine passende Lernrate zu definieren, sodass der Algorithmus stets konvergiert. Grund hierfür ist der Einfluss von *x*, dessen Größenordnung über Zeile 10 quadratisch in die Berechnung einwirkt – über das Produkt $\varepsilon\,x$, wo ε auch noch einmal *x* enthält. Aus Sicht der Stabilität macht es Sinn, *x* durch die Substitution

$$x \to \tilde{x} = x/(x^T x) \qquad (4.12)$$

zu normalisieren. Aus (4.11) wird dann die Lernvorschrift

$$a^{(i+1)} = a^{(i)} + \lambda\,\frac{\varepsilon^{(i)}\,x^{(i)}}{(x^{(i),T}\,x^{(i)})}. \qquad (4.13)$$

Im Codebeispiel führt dies nur zu einer Änderung in Zeile 10, da lediglich durch das Skalarprodukt von *x* mit sich selbst dividiert wird. Diese Zeile ist in Listing 4.5 aufgeführt.

Listing 4.5 Alternative Zeile 10, um die Eingangsvariable *x* in Listing 4.4 normalisieren

```
a = np.array(a) + l*eps*np.array(x)/np.dot(x,x)
```

Während der Code in Listing 4.4 eine Implementation des LMS-Algorithmus darstellt, spricht man bei 4.5 vom NLMS-Algorithmus, wobei N für normalisiert steht.

4.4.4 Training

Die in Zeilen 9–11 realisierte while-Schleife setzt fortlaufend die Gl. (4.13) um. Jeder neue Durchlauf der Schleife ist eine weitere Iteration. Wir speichern im Codebeispiel die einzelnen Iterationen nicht explizit, sondern überschreiben den Wert für *a*. Die Variable *x* bleibt der Einfachheit halber konstant und ändert sich nicht mit der Iteration.

Der Vorgang, den die while-Schleife darstellt, ist ein konkretes Beispiel für das Training eines Lernverfahrens. Der LMS-Algorithmus und der NLMS-Algorithmus sind besonders gut geeignet, die Vorgehensweise von überwachten Lernprogrammen zu verstehen. Der Algorithmus lernt überwacht, da er mit *d* eine Vorgabe hat, auf welche er trainieren soll.

4.4.5 Anwendungen und Eigenschaften des adaptiven Filters

Der adaptive Filter hat viele technische Anwendungen. Er erlaubt es, dynamisch auf Änderungen einzugehen und sich schnell auf diese Veränderungen anzupassen. Oft werden die Zielvorgaben dabei komplexer formuliert als in unserer Herleitung. Dies sind aber stets nachvollziehbare Erweiterungen, die auf dem obigen Grundkonzept aufbauen.

> **Beispiel: Geschwindigkeitsregler**
> Wenn Sie dem Tempomat eines Fahrzeugs einen Zielwert vorgeben, benutzt der Geschwindigkeitsregler die Strategie in (4.11), um sich iterativ der Vorgabe anzupassen. Wäre der Zielwert z. B. $d = 50\,km/h$ und die aktuelle Geschwindigkeit $v = 20\,km/h$, dann würde über den Filter die Beschleunigung am Anfang groß sein und mit Annäherung an den Zielwert abnehmen.

Allerdings gibt es auch Schwachstellen des Algorithmus, die wir hier kurz erläutern möchten.

- Variabilität von x. Wenn x sich schnell von Iteration zu Iteration verändert, ist die Grundidee hinfällig und die Umstände sind so ungünstig, dass (4.11) nicht mehr funktioniert. Wenn die Eingangswerte stärken schwanken als eine Anpassung über λ möglich ist, dann muss die Strategie scheitern. Der Filter kommt der Veränderung der Eingänge dann nicht mehr nach.
- Variabilität von d. Auch wenn die Zielgröße sich ändern sollte, bekommt dieser Algorithmus Probleme.

4.4.6 Hyperparameter des LMS-adaptiven Filters

Offensichtlich spielt in (4.11) der Wert von λ eine entscheidende Rolle. Es ist der einzig offensichtliche Parameter des Algorithmus. Ein weniger offensichtlicher Parameter ist die zeitliche Distanz der Iterationen, also die Zeit, die zwischen i und $i + 1$ vergeht. Sie wurde in der Herleitung von (4.11) auch nicht angesprochen, hat aber eine Auswirkung auf den Algorithmus.

Wann immer wir Größen definieren, die einen Einfluss auf das Wirken und die Qualität eines Algorithmus besitzen, so sprechen wir von **Hyperparametern.** Die Wahl dieser Parameter ist entscheidend für den Erfolg unseres Verfahrens.

Faktoren, die wir bei einem Lernverfahren einstellen bzw. wählen können und die maßgeblichen Einfluss auf die Qualität des Verfahrens im Sinne von Lerngeschwindigkeit, Modellgüte und Stabilität haben, nennt man **Hyperparameter.**

4.5 Neuronale Netze

4.5.1 Das Neuron

Neuronale Netze sind nichtlineare Abbildungen eines Eingangs x auf einen Ausgang y. Sie ermöglichen es, aus Daten Zusammenhänge zu lernen. Um ein derartiges Netz zu verstehen, formulieren wir zunächst, was wir unter einem Neuron verstehen:

Sei x ein Vektor an Eingabewerten, so nennt man die Funktion

$$\mathcal{N}_k(x) = f\left[\sum_{i=0}^{N-1} w_{ik}x_i + b\right], \qquad (4.14)$$

das k-te **Neuron** mit den Gewichten w_i, dem Schwellwert b und der Aktivierungsfunktion f.

Ein Neuron berechnet also aus N Eingaben x_i einen Zustandswert. Dieser ist das Ergebnis $\mathcal{N}(x)$ von (4.14) und wird an Folgeneuronen weitergegeben. Um den Zustand zu berechnen, werden die Eingänge mit Gewichtsfaktoren w_i multipliziert. Sie spiegeln den Einfluss jedes einzelnen i-ten Eingangs wider. Die Summenbildung nennen wir auch den Input durch das Netz selbst und kürzen diese mit

$$\text{net}_k = \sum_{i=0}^{N-1} w_{ik}x_i \qquad (4.15)$$

ab. In der Abb. 4.3 ist die Struktur eines Neurons dargestellt.

Der Schwellwert b ist dabei ein Parameter, mit dem man die Wirkung der Aktivierungsfunktion verändern kann. Er verschiebt sie um einen konstanten Wert. Ist b hoch, so ist es schwieriger das Neuron zu aktivieren. Ist er niedrig, so ist es leichter zu aktivieren. Letztlich wird auf die gewichteten Eingänge und den Schwellwert die sogenannte Aktivierungsfunktion f angewendet. Hier stehen viele verschiedene Funktionen zur Verfügung, die wir später noch näher diskutieren werden.

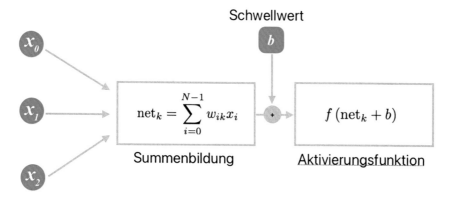

Abb. 4.3 Abstrakte Illustration eines Neurons, dem kleinsten Bestandteil von neuronalen Netzen

4.5.2 Vernetzung von Neuronen

Neuronen können miteinander verbunden werden. Der Aktivierungszustand eines Neurons wird dabei als Eingang für das nächste angebundene Neuron genutzt. Abb. 4.4 zeigt ein einfaches Netz aus fünf Neuronen. Das dargestellte Netz besteht aus zwei **Schichten,** der Eingangsschicht mit $N = 3$ Neuronen und der Ausgangsschicht mit $M = 2$ Neuronen. Die Eingangsschicht stellt eine Ausnahme von der obigen Definition dar, hier wird die Anregung der Neuronen nicht berechnet, vielmehr sind die jeweiligen Werte der eigentliche Eingang des Netzes.

Allgemein können die Neuronen beliebig verknüpft werden, das gezeigte Beispiel verbindet jedoch nur die Neuronen unterschiedlicher Schichten. Innerhalb einer Schicht wird keine Verbindung eingesetzt. Eine solche Netzarchitektur nennt man **Multi-Layer-Perceptron.** Es stellt eine einfache, häufig genutzte Form neuronaler Netze dar.

Für dieses Netzwerk können wir die Ausgabeneuronen y_0 und y_1 berechnen. Die Eingabeneuronen sind dabei über die Gewichte w_{ij} mit den Ausgabeneuronen verknüpft. Diese Schichtverbindung kann also als Matrix aufgefasst werden, wobei die Zeilennummer für das Zielneuron (hier 0 oder 1) steht und die Spalte angibt, von welchem ursprünglichen Neuron der Eingang stammt. In Abb. 4.4 sind diese Gewichte entsprechend an die Verbindungslinien gezeichnet.

Aus der Definition des Neurons folgt direkt die Vorschrift, mit der wir die Anregung von Neuronen der k-ten Schicht berechnen können,

$$y_k = f \left(\sum_{i=0}^{N-1} w_{ki} x_i + b_k \right), \tag{4.16}$$

was vektoriell geschrieben werden kann als

$$y = f \left(W x + b \right), \tag{4.17}$$

Abb. 4.4 Einfaches neuronales Netz mit drei Neuronen als Eingangsschicht und zwei Neuronen in der Ausgangsschicht

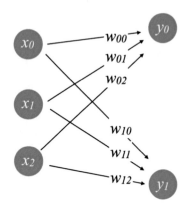

mit der Gewichtsmatrix W,

$$W = \begin{pmatrix} w_{00} & w_{01} & w_{02} \\ w_{10} & w_{11} & w_{12} \end{pmatrix}, \tag{4.18}$$

und dem Schwellwertvektor (engl. *bias*) b,

$$b = \begin{pmatrix} b_0 \\ b_1 \end{pmatrix}. \tag{4.19}$$

Von diesem einfachen Fall erweitern wir unsere Diskussion auf komplexere Netze. Zur Illustration ist in Abb. 4.5 ein Netz mit vier Schichten skizziert. Für jeden Schichtübergang existiert eine Gewichtsmatrix W_i. Die Schicht 0 ist die Eingangsschicht, Schicht 3 stellt den Ausgang des Netzes dar.

In einem **Multi-Layer-Perceptron** mit k Schichten, der Eingangsschicht x_0, den Gewichtsmatrizen W_k und den Schwellwertvektoren b_k, lassen sich die Werte der nachfolgenden Schichten mit $k > 0$ über

$$x_k = f_k \left(W_{k-1} x_{k-1} + b_k \right) \tag{4.20}$$

berechnen, wenn f_k die Aktivierungsfunktion der k-ten Schicht ist. Wir bezeichnen diese Berechnung auch als die Vorwärtsauswertung des Netzes.

Entlang der Linie in Abb. 4.5 wertet man das Netz also **vorwärts** aus. Man berechnet iterativ aus x_0 die nächste Schicht x_1 und fährt dann weiter fort, bis man die letzte Schicht bestimmt hat.

Wir wissen zwar jetzt, wie man ein Netz abstrakt beschreibt und es vom Netzeingang bis hin zum Ausgang berechnet, jedoch haben wir noch nicht erklärt, wie die

Abb. 4.5 Neuronales Netz
mit mehreren Schichten,
Gewichtsmatrizen und
Schwellwertvektoren

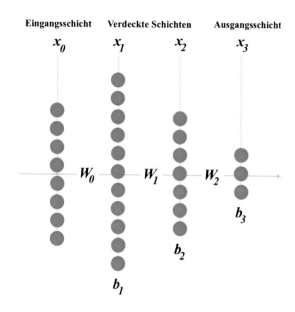

Matrizen W_k, die Schwellwertvektoren b_k und die Aktivierungsfunktionen f_k gefunden werden können.

In den Lehrbüchern von Ripley [13] und [1] sind neuronale Netze mit einer großen theoretischen Tiefe und für verschiedene andere Realisierungsformen, sogenannte Topologien, erklärt. Wir werden uns an dieser Stelle auf die exemplarische Implementation von einfachen Netzen in Tensorflow und Keras beschränken, da sie für die technische Anwendung am relevantesten sind. Für alle tiefergreifenden Betrachtungen seien obige Arbeiten empfohlen.

4.5.3 Aktivierungsfunktionen

Um Ihnen einen Überblick über die möglichen Aktivierungsfunktionen zu geben, werden wir nun einige ausgewählte Funktionen zusammenfassen. Diese Zusammenstellung dient nur der Information, da wir sie später über Python-Bibliotheken abrufen können, ohne sie selbst programmieren zu müssen.

- **Sigmoid-Funktion.** Die Sigmoid-Funktion gehört zu den bekanntesten Aktivierungsfunktionen für Neuronen. Sie lautet

$$\text{sig}(x) = \frac{1}{1 + \exp(-x)} \tag{4.21}$$

und besitzt einen Wertebereich zwischen 0 und 1.

- **Tangens hyperbolicus.** Ähnlich zur Sigmoid-Funktion, was den Verlauf betrifft, bildet tanh den Eingang $x \in \mathbb{R}$ über

$$f(x) = \tanh x = \frac{\exp(x) - \exp(-x)}{\exp(x) + \exp(-x)} = 2\,\mathrm{sig}(2x) - 1 \qquad (4.22)$$

  auf den Wertebereich -1 bis 1 ab. Derartige Neuronen können also negative und positive Werte annehmen. Wir haben in der Gleichung ebenso den Zusammenhang mit der Sigmoid-Funktion aufgeführt.
- **Rectifier Left Unit (ReLU).** Eine Aktivierungsfunktion, die in vielen aktuellen neuronalen Netzen erfolgreich eingesetzt wird, ist die ReLU-Funktion:

$$\mathrm{relu}(x) = \begin{cases} x & \text{für } x \geq 0 \\ 0 & \text{sonst.} \end{cases} \qquad (4.23)$$

  Sie ist linear für positive x und 0 für negative x. Diese Tatsache macht es besonders einfach, ihre Ableitung zu berechnen, denn diese ist folgerichtig immer 1 für positive x und 0 in allen anderen Fällen. ReLU ist hervorragend für verdeckte Schichten geeignet.
- **Leaky-ReLU.** Eine wichtige Variante der ReLU-Funktion ist der Leaky-ReLU. Hierbei wird eine Trainingssituation vermieden, wo ein Neuron tottrainiert wird, also keinerlei Gradient besitzt, um länger zum Training beizutragen. Die Funktion variiert ReLU wie folgt,

$$\mathrm{leaky}(x) = \begin{cases} x & \text{für } x \geq 0 \\ \varepsilon\,x \text{ mit } \varepsilon \ll 1 & \text{sonst} \end{cases} \qquad (4.24)$$

  und führt somit immer einen positiven Gradienten, selbst im Bereich negativer x.
- **Softmax.** Speziell für die Behandlung der Ausgangsschicht benötigt man bei Klassifikationsproblemen eine Aktivierungsfunktion, die Wahrscheinlichkeitsaussagen ermöglicht. Diese Funktion nennt sich Softmax und ist wie folgt definiert,

$$\mathrm{softmax}(x_i) = \frac{\exp(x_i)}{\sum_j \exp(x_j)}, \qquad (4.25)$$

  wobei diese Anregungsfunktion auf alle Neuronen der Ausgangsschicht zugreift, um die Summe im Bruch zu berechnen.

Im weiteren Verlauf werden wir noch andere Aktivierungsfunktionen kennenlernen. Wie suchen wir für ein neuronales Netz bzw. für die einzelnen Schichten die richtige Anregungsfunktion aus? Hier existiert kein allgemein gültiges Rezept. Viele Netze werden mittels Tests und Variationen optimiert, so lange, bis man eine gute Abbildungsqualität und niedrigen Fehler erreicht hat. Dennoch kann man auch einige Regeln aufstellen, die in einem gewissen Rahmen helfen können, die Architektur eines Netzes zu entwickeln:

- Wenn die Ausgangsschicht Zahlenwerte größer 1 widerspiegeln muss, kommen reine Sigmoid- oder Tanh-Funktionen nicht in Frage. In solchen Fällen hilft oft die Verwendung von ReLU.
- Bei Klassifikationsproblemen sollte die Ausgabeschicht mit Softmax aktiviert werden.

4.5.4 Training neuronaler Netze

Wie im Falle des adaptiven LMS-Algorithmus lernt ein neuronales Netz über den Vergleich von Ausgang und Referenz. Wir bestimmen den Fehler des Netzes, indem wir mit seinen aktuellen Gewichten und Schwellen einen Ausgangswert x_k berechnen und diesen mit dem vorgegebenen Zielwert d vergleichen. Beachten Sie, dass im allgemeinen Fall der Netzausgang mehrdimensional ist und damit auch die Traningsvorgabe d. Das Training setzt voraus, dass eine Trainingsmenge mit ausreichend Eingängen x_0 und gewünschten Ergebnissen d vorliegt. Auch hier bestimmen wir ein Gütefunktional J, um die Abweichung des Netzausgangs x_k vom gewünschten Ergebnis d zu quantifizieren. Ein einfaches Beispiel für ein solches Gütefunktional ist (wieder) der quadratische Abstand,

$$J = (x_k - d)^2. \tag{4.26}$$

Es gibt andere Güte- oder Kostenfunktionen, die wir für J benutzen könnten. Um das Training des Netzes zu erklären, bleiben wir aber zunächst bei dieser Kostenfunktion. Zum Training des Netzes iterieren wir über die Trainingsmenge. Wir passen dabei systematisch die Gewichte und Schwellen an, sodass J kleiner wird. Minimieren wir J, so bildet das Netz den Eingang x_0 auf $x_k \approx d$ ab. Das Netz lernt die Beziehung von x_0 und d. Um möglichst effizient J zu verkleinern, müssen wir wissen, wie wir die Gewichte anpassen können. Die Gewichte beeinflussen J in (4.26) über y,

$$J = \left[f \left(W_k x_k + b_y \right) - d \right]^2. \tag{4.27}$$

Die Ableitung der Kostenfunktion nach den Gewichten

$$\frac{\partial J}{\partial w_{ik}} = \frac{\partial J}{\partial f} \frac{\partial f}{\partial \mathrm{net}_k} \frac{\partial \mathrm{net}_k}{\partial w_{ik}}, \tag{4.28}$$

also der Gradient von J mit w_{ik}, zeigt in die Richtung des stärksten Anstiegs von J mit eben jenem Gewicht. Wie wir bereits in (4.10) gesehen haben, müssen wir uns nun lediglich in Richtung des stärksten Abstiegs (also dem negativen Gradienten) von J bewegen, um J gezielt zu minimieren. Man spricht hierbei auch vom Gradientenabstiegsverfahren. Wir passen jedes Gewicht w_{ik} daher über diesen Gradienten an, indem wir es um

$$\Delta w_{ik} = -\eta \delta_i x_k \qquad (4.29)$$

verändern, wobei δ_i durch

$$\delta_i = \begin{cases} f_i'(\text{net}_i)\,[x_i - d_i] & \text{wenn } i \text{ eine Ausgangsschicht ist} \\ f_i'(\text{net}_i)\sum_j \delta_j w_{ij} & \text{sonst} \end{cases} \qquad (4.30)$$

gegeben ist. Speziell für die inneren Schichten müssen wir die Gewichte sequentiell ändern. Wir gehen dafür beginnend beim Ausgang von hinten durch das Netz nach vorne und ändern die Gewichte. Dieser Vorgang heißt **Backpropagation** und trainiert das Netz. Bei konkreten Aktivierungsfunktionen f hängt die Veränderung Δ_{ik} über (4.30) von der Ableitung f' ab.

4.5.5 Optimierung als Hyperparameter

Bereits in unserer Einführung erwähnten wir die Verwandtschaft von Optimierung und maschinellem Lernen. Das neuronale Netz optimiert die Funktion J derart, dass diese für einen gegebenen Satz von Trainingsdaten minimiert wird. Die gezeigte Herleitung von Δw_{ik} im vorigen Abschnitt ist dabei illustrativ. Sie erklärt uns, wie man analytisch die Veränderung der Gewichte herbeiführt, wenn J als quadratischer Abstand definiert ist. Wichtigste Zutat war in (4.29) der Gradient von J aus (4.28) und das Gradientenabstiegsverfahren. Für den Gradientenabstieg existieren optimierte Varianten, die wir über die Python-Bibliotheken verwenden können:

- **Stochastischer Gradientenabstieg** [14] (**engl.** *stochastic gradient descent, SGD*). Während das Gradientenabstiegsverfahren den Durchschnitt aller zur Verfügung stehenden Trainingsdaten für seine Kostenberechnung heranzieht, wählt der SGD über einen Zufallsgenerator eine Untermenge an Trainingsdaten aus. Diese neue Trainingsmenge ist kleiner und der Lernvorgang wird beschleunigt. Der Vorteil des SGD ist damit, dass dieser Optimierer auch auf sehr großen Datenmengen eingesetzt werden kann.
- **ADAM** [8], ADAGRAD [3] und **RMSProb** [12]. Diese drei Variationen basieren auf dem SGD. **ADAGRAD** variiert die Lernrate der einzelnen Gewichte und führt zu adaptiven Gradienten. Häufig veränderte Gewichte bekommen hierbei niedrige Lernraten und selten veränderte Gewichte hohe Lernraten zugeordnet. Dieser Schritt ist hilfreich, um die Konvergenzgeschwindigkeit des Verfahrens zu erhöhen. **ADAM** und **RMSProb** sorgen dafür, dass zu hohe Gradienten schwächer einfließen und niedrige Gradienten stärker zum Lernvorgang beitragen.

4.5.6   Einfaches Klassifikationsnetz mit Scikit-Learn

Wir beginnen unsere Implementationsbeispiele mit einem einfachen, vorgefertigten neuronalen Netz aus der Bibliothek von Scikit-Learn. Diese Sammlung an Lernverfahren ist hervorragend geeignet, die einzelnen Methoden kennenzulernen, mit ihnen zu experimentieren und erste Modelle aufzustellen.

Zuvor laden wir aber erst unsere Daten des Motorstrombeispiels. Listing 4.6 zeigt, wie sie diese aus der Pickle-Datei laden und darstellen können.

Listing 4.6 Laden und Darstellen der Testdaten

```
import matplotlib.pyplot as plt
import pickle

data = pickle.load(open('EX03Engine.pickle','rb'))
X = data['X']

mycolor = []
for i in range(0,500):

    if data['Label'][i] == 1:
        mycolor.append('r')
    elif data['Label'][i] == 2:
        mycolor.append('k')
    elif data['Label'][i] == 3:
        mycolor.append('b')
    else:
        mycolor.append('y')

    plt.plot(X[i], color=mycolor[i],alpha=0.1)

plt.show()
```

Nachdem wir die Testdaten geladen haben, teilen wir sie manuell auf eine Trainings- und eine Testmenge auf. In Listing 4.7 sind dafür die Arrays Xtrain, Ytest sowie Xtest und Ytest angelegt worden. Da wir ein Label im Datensatz haben, ist die Zuweisung hier besonders einfach.

Listing 4.7 Aufteilung in Trainings- und Testmengen

```
Xtrain = []
Ytrain = []

Xtest = []
Ytest = []

for i in range(0,1000):
    Xtrain.append(X[i])
    Ytrain.append(data['Label'][i])
```

```
11  for i in range(1401,1420):
12      Xtest.append(X[i])
13      Ytest.append(data['Label'][i])
```

Mit den beiden Datengruppen können wir nun ein neuronales Netz trainieren. Unser erster Schritt ist dabei die Einbindung eines Multi-Layer-Perceptrons aus der Scikit-Learn Bibliothek. Dieser kann über `sklearn.neural_network.MPLClassifier` eingebunden werden, wie Listing 4.8 zeigt. Der Aufruf erfordert von uns das Anlegen eines Objekts `classifier`, der wir einen entsprechenden `MLPClassifier` mit speziellen Eigenschaften zuordnen. Im vorliegenden Codebeispiel ist der Optimierer „lbfgs" ausgewählt, die Lernrate mit 0.01 initialisiert und neben einer Eingangs- und einer Ausgangsschicht, eine einzelne verdeckte Schicht mit 25 Neuronen angegeben. Das Netz ist überschaubar und flach.

Listing 4.8 Neuronales Netz mit Scikit-Learn

```
1  from sklearn.neural_network import MLPClassifier
2
3  classifier = MLPClassifier(
4                  solver='lbfgs',
5                  learning_rate_init=0.01,
6                  hidden_layer_sizes=(25,)
7                  )
8
9  classifier.fit(Xtrain, Ytrain)
```

Nach dem Training des Netzes stellt sich sofort die Frage, wie gut das Modell ist. Dies spiegelt die Kostenfunktion im Modell wider, aber wir möchten unser Modell nun direkt auf den Testdaten ausprobieren. Dazu kann die Funktion `predict` der `MLPClassifier` Klasse genutzt werden. Ein einfacher Vergleich auf der Testmenge, wie er auch für andere Verfahren hilfreich ist, ist in Listing 4.9 dargestellt.

Listing 4.9 Testroutine, um schnell Klassifikationsergebnisse zu vergleichen

```
1  result = clf.predict(Xtest)
2
3  print('NN␣|␣Test')
4  for i in range(0,19):
5      print('{}␣|␣{}'.format(result[i], Ytest[i]))
```

4.5.7 Klassifikationsnetz in Keras

Individuelle Netztopologie und Optimierung
So einfach die Implementation mit Hilfe von Scikit-Learn auch ist, wenn man komplexere Strukturen anlegen will oder gar mit dem Netz noch tiefer interagieren möchte, dann empfiehlt sich die Implementation mit Hilfe der Bibliotheken Tensorflow

und Keras. Keras gibt uns Zugriff auf einfache Strukturen zum Programmieren von Modellen und Tensorflow beinhaltet schnelle, auf Grafikprozessor (engl. graphic processing unit, GPU) und neurale Kerne optimierte Trainingsalgorithmen. Gerade die zuvor diskutierten Ableitungen von Aktivierungsfunktionen und die Optimierungsalgorithmen sind in Tensorflow enthalten. Dies führt zu effizienten und schnellen Trainingsvorgängen. Diese Vorteile bedeuten aber auch, dass wir ein Netz komplizierter anlegen müssen.

Kategorische Abbildung
Ein Hilfsmittel, um ein neuronales Netz zur Klassifikation zu entwickeln, ist die kategorische Abbildung. Mit einem einzelnen Neuron im Ausgang können wir ohne Probleme die Zustände 0 und 1 klassifizieren. Wenn es aber N viele, diskrete Kategorien gibt, dann benötigen wir auch N Neuronen. Jedes Neuron steht dann für eine Klasse.

Die kategorische Abbildung ist eine Vorschrift

$$x \mapsto \sum_i \delta_{ix} e_i, \tag{4.31}$$

die einer skalaren Klassifikationszahl x einen Einheitsvektor e_i mit der Position x zuordnet.

In der Praxis erklärt die folgende Zuordnung, wie diese Vorschrift wirkt:

$$0 \mapsto [1, 0, 0, 0, 0], \quad 1 \mapsto [0, 1, 0, 0, 0], \quad 2 \mapsto [0, 0, 1, 0, 0], \tag{4.32}$$
$$3 \mapsto [0, 0, 0, 1, 0], \quad 4 \mapsto [0, 0, 0, 0, 1]$$

In Keras existiert eine Hilfsfunktion, die uns diesen Schritt abnimmt. Diese Funktion heißt `to_categorical()` und sorgt dafür, dass unsere Kategorien entsprechend auf Vektoren mit 0 und 1 abgebildet werden.

Implementation des Klassifikators
Listing 4.10 zeigt ein Codebeispiel für die Klassifikation mit Keras. Wir benötigen die Modellklasse von Keras. Von dieser erbt unser eigenes Python-Objekt alle nötigen Eigenschaften und Funktionen, hier `class Classifier(Model)`. Beachten sie, dass wir auch das Modell selbst initialisieren müssen, daher findet sich in Zeile 9 ein entsprechender Aufruf des Konstruktors der Superklasse.

Listing 4.10 Klassifikationsnetz mit Keras

```
import keras
import numpy as np
import tensorflow as tf
from keras.utils import to_categorical
```

```
 5   from tensorflow.keras import layers, losses
 6   from tensorflow.keras.models import Model
 7
 8   class Classifier(Model):
 9
10       def __init__(self, inputLayerLength, hiddenLayers=2):
11           super(Classifier, self).__init__()
12           self.inputLayerLength = inputLayerLength
13           self.hiddenLayers = hiddenLayers
14           self.constructLayers()
15           self.classifier = tf.keras.Sequential(self.myLayers)
16           self.compile(optimizer='adam',
17                        loss=losses.CategoricalCrossentropy())
18           self.optimizer.learning_rate = 0.001
19
20       def constructLayers(self):
21           self.myLayers = []
22           self.myLayers.append(layers.Input(self.
                 inputLayerLength))
23           for i in range(0,self.hiddenLayers):
24               self.myLayers.append(layers.Dense(50, activation='
                     relu'))
25           self.myLayers.append(layers.Dense(5, activation='
                 softmax'))
26
27       def call(self, x):
28           classified = self.classifier(x)
29           return classified
30
31   classifier = Classifier(len(Xtrain[0]))
32   history = classifier.fit(np.array(Xtrain),
33                            to_categorical(np.array(Ytrain)),
                              epochs=50, batch_size=50)
```

Durch den Aufruf der Funktion to_categorical(Ytrain) wird unsere Kategorisierung, wie weiter oben beschrieben, auf fünf Neuronen codiert, was der Topologie mit 5 Neuronen in der Ausgangsschicht entspricht.

Im weiteren Verlauf zeigt dieses Codebeispiel eine weitere Eigenschaft: die Konstruktion der Schichten ist in eine zusätzliche Memberfunktion constructLayers der Klasse ausgelagert. Hier findet sich die Eingangsschicht, die verdeckten Schichten und die Ausgangsschicht. In den verdeckten Schichten wurde eine ReLU-Funktion als Aktivierung vorgegeben. Da es sich um einen Klassifikator handelt, kommt in der Ausgangsschicht eine Softmax-Aktivierungsfunktion zum Einsatz. Der gewählte Optimierer ist ADAM und als Kostenfunktion wurde die Kategorische Kreuzentropie ausgewählt. Die anfängliche Lernrate beträgt in diesem Fall 0.001.

Epochen und Batch Size
Für den Aufruf des Trainings müssen wir zwei Parameter angeben: die Zahl der Epochen und die Batch Size. Eine Epoche steht für das Training auf einem dedizierten

Datenpaket, der Batch, dessen Umfang durch Batch Size festgelegt ist. Kleine Batch Size bedeutet also schnelles Training einer Epoche. Für jede Epoche wird der Mix an Daten in der Batch zufällig aus der Trainingsdatenmenge Xtrain gewählt. In jeder Epoche ergibt sich ein finaler Kostenwert für J.

In den Zeilen 30–33 ist schließlich dieser Aufruf angegeben. Das Training verläuft ähnlich wie bei dem Beispiel mit Scikit-Learn. Im Ergebnis erhalten wir ein Klassifikationsmodell, was wie in Listing 4.9 getestet werden kann. Jedoch müssen wir unseren Test variieren, denn wir haben ja eine Vorhersage von 5 Neuronen deren Aktivierung uns angibt, welche Kategorie wir im Ergebnis haben. Listing 4.11 zeigt nochmals den Test, nun mit einer Modifikation in Zeile 5: hier wird jetzt das argmax des Klassifikationsergebnis zurückgegeben.

Listing 4.11 Test des Keras-Klassifikators

```
result = classifier.predict(np.array(Xtest))

print('NN⌴|⌴Test')
for i in range(0,19):
    print('{}⌴|⌴{}'.format(np.argmax(result[i]), Ytest[i]))
```

Nutzen Sie diesen Code ruhig, um verschiedene Optimierer (SGD, RMSprob) und Aktivierungsfunktionen (z. B. ReLU oder Leaky-ReLU) auszutesten.

Lernkurve

In Zeile 32 von Listing 4.10 haben wir die Variable history gespeichert. Sie enthält alle Informationen über den Lernvorgang, auch den Verlauf der Kosten in history.history['Loss']. Dieser Verlauf heißt Lernkurve. In Abb. 4.6 ist die Lernkurve für das Klassifikatortraining mit dem SGD-Optimierer gezeigt.

4.5.8 Regressionsnetz in Keras

Als nächstes wollen wir ein Regressionsnetz trainieren. Für technische Prozesse ist die Regression ein etabliertes Werkzeug. Oft nutzt man definierte Funktionen, um mit diesen parametrische Modelle aufzustellen. Polynomregression ist ein prominentes Beispiel hierfür.

Um ein einfaches erstes Modell aufzustellen, benötigen wir ein Set an Daten. Wir wollen dies einfach halten und erzeugen uns daher selbst synthetische Daten. Dazu nutzen wir ein Polynom 2ten Grades als Grundgerüst. Die Koeffizienten des Polynoms p schwanken um einen von uns definierten Basiswert $p = (0.5, 1, 0.5)$.

Listing 4.12 zeigt die Erstellung der Trainings- und der Testmenge. In der Funktion polynom(t,p) wird das eigentliche Polynom berechnet. Die Funktion generateSyntheticData(t,n) erzeugt n verschiedene Polynome jeweils mit den Parametern p_i. Die Funktionsverläufe stellen unsere Eingangsdaten dar. Sie werden

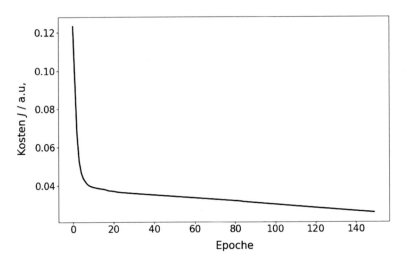

Abb. 4.6 Lernkurve des Klassifikationsnetzes

in `Xtrain` und `Xtest` abgelegt. Wir speichern die Stärke des quadratischen Anteils als unsere Regressionsziele – also unsere gewünschten Ergebnisse – sowohl für die Trainingsmenge `Ytrain` als auch für die Testmenge `Ytest`.

Listing 4.12 Klassifikationsnetz mit Keras

```
def polynom(t, p):
    f = 0
    for i in range(0,len(p)):
        f+=p[i]*t**i
    return f

def generateSyntheticData(t,n):
    result = []
    target = []
    p0 = [0.5, 1, 0.5]
    for i in range(0,n):
        p = p0+0.5*np.random.random(3)
        result.append(polynom(t,p))
        target.append(p[2])
    return result, target

Xtrain, Ytrain = generateSyntheticData(np.arange(0,5,0.2),500)
Xtest, Ytest = generateSyntheticData(np.arange(0,5,0.2), 12)

for i in range(0,len(Ytrain)):
    Xtrain[i] = Xtrain[i] - np.mean(Xtrain[i])

for i in range(0,len(Ytest)):
    Xtest[i] = Xtest[i] - np.mean(Xtest[i])
```

Beachten Sie bitte auch, dass wir von den Funktionsverläufen für beide Datenmengen ihre Mittelwerte abziehen. Die so erzeugten Trainingsdaten werden nun als Basis für einen neuronalen Regressor genutzt. Dieser Regressor wird sehr ähnlich zum obigen Klassifikator geschrieben. Listing 4.13 zeigt den Code für dieses Netz.

Listing 4.13 Regressionsnetz mit Keras

```
class Regressor(Model):

    def __init__(self, inputLayerLength, hiddenLayers=10):
        super(Regressor, self).__init__()
        self.inputLayerLength = inputLayerLength
        self.hiddenLayers = hiddenLayers
        self.constructLayers()
        self.regressor = tf.keras.Sequential(self.myLayers)
        self.compile(optimizer='adam',
                    loss=losses.MeanSquaredError())
        self.optimizer.learning_rate = 0.001

    def constructLayers(self):
        self.myLayers = []
        self.myLayers.append(layers.Input(self.
            inputLayerLength))
        for i in range(0,self.hiddenLayers):
            self.layers.append(layers.Dense(10, activation='
                relu'))
        self.myLayers.append(layers.Dense(1, activation='
            leaky_relu'))

    def call(self, x):
        regressorResult = self.regressor(x)
        return regressorResult
```

Beachten Sie bitte die Veränderungen gegenüber dem Klassifikator. Die Kostenfunktion (engl. *loss*) wurde angepasst und der mittlere quadratische Fehler eingesetzt. Diesen wollen wir über das Training möglichst minimieren. Die kategorische Distanz wie bei einem Klassifikator wäre dazu nicht in der Lage. Die Ausgangsschicht besitzt nur ein Neuron, welches den Wert des quadratischen Vorfaktors unseres Polynoms annehmen soll. Als Aktivierungsfunktionen kombinieren wir ReLU und Leaky-ReLU. Die Lernrate wird auf 0.001 festgelegt. Außerdem nutzen wir als Optimierer ADAM für die Minimierung der Kostenfunktion.

Mit dem Befehl in Listing 4.14 starten wir das Training.

Listing 4.14 Regressionsnetz mit Keras

```
regressor = Regressor(len(Xtrain[0]))
history = regressor.fit(np.array(Xtrain), np.array(Ytrain),
    epochs=350, batch_size=100)
```

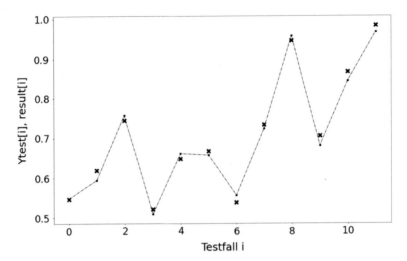

Abb. 4.7 Ergebnis des Regressionsnetzes für die Vorhersage des quadratischen Anteils eines Polynoms

In einem letzten Schritt müssen wir die Qualität des Modells testen. Hierzu werten wir das Regressionsnetz auf den Testeingängen `Xtest` aus und vergleichen die Ergebnisse der Modellvorhersage mit den wahren Werten `Ytest`, die ja unsere Zielparameter exakt wiedergeben. Ein entsprechender Code für den Test ist in Listing 4.15 angegeben.

Listing 4.15 Regressionsnetz mit Keras

```
plt.plot(Ytest, 'k')
plt.scatter(range(0,len(results)), results, s=60, color='k')
```

Das Ergebnis dieses Tests zeigt Abb. 4.7. Punkte zeigen die tatsächlichen erwarteten Werte an, wobei die feine Verbindungslinie lediglich den Augen helfen soll der Verteilung der Punkte besser zu folgen (es sind ja keine Daten dazwischen enthalten). Mit dem Symbol × sind die Resultate des Regressors eingetragen. Die Rekonstruktion des quadratischen Anteils am Polynom ist in diesem Fall äußerst gut.

4.5.9 Überanpassung und Kreuzvalidierung

Es kann passieren, dass ein Lernverfahren, nicht unbedingt nur neuronale Netze, einen Datensatz überanpasst (engl. *overfitted*). Das bedeutet, das Verfahren trainiert nicht mehr nur sinnvolle Unterschiede in den Eingangsdaten, sondern lernt ebenso das Rauschen in den Eingangsdaten. Dieses Rauschen trägt aber keine zusätzliche Information. Es kann vor allem nicht mehr dabei helfen, die Lernergebnisse auf den

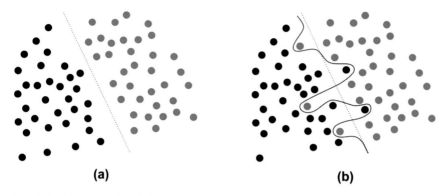

Abb. 4.8 Beispiel von Overfitting beim Training der Trennfläche zweier Klassen. **a**) Idealisierte Daten ohne Rauschen. **b**) Illustration realer Daten und dem Effekt des Overfittings

Testdaten zu verbessern. In Abb. 4.8 ist in (a) eine ideale Klassifizierung und in (b) das Problem des Overfittings graphisch dargestellt. Durch die Überanpassung sinkt der Fehler beim Training, wodurch wir zu der irrigen Annahme gelangen, unsere Vorhersagequalität wird immer besser.

Wir können die Überanpassung aber entdecken, indem wir den Fehler des Trainings mit dem Fehler auf den Testdaten vergleichen. Überangepasste Lernalgorithmen zeigen einen niedrigen Fehler auf den Trainingsdaten und einen deutlich höheren auf den Testdaten. Für die Anwendung bedeutet das, man trainiert, betrachtet danach den Fehler auf beiden Datensätzen und sobald der Fehler auf den Trainingsdaten unter den Fehler auf den Testdaten deutlich absinkt, befindet man sich in einer Überanpassung.

In Abschn. 4.2.3 haben wir die Relevanz von Trainings- und Testdaten angesprochen. Die richtige Zusammenstellung dieser beiden Mengen entscheidet über die Qualität des Trainings. Hier kommt die sogenannte Kreuzvalidierung ins Spiel, die uns hilft, ideale Mischungen von Daten vorzunehmen.

Wir teilen die Menge aller Daten in k gleich große Teilmengen

$$T_1 = (X_1, Y_1), \ T_2 = (X_2, Y_2), \ \ldots, \ T_R = (X_k, Y_k), \qquad (4.33)$$

auf. Diese Teilmengen nennen wir **Folds**. Nun trainieren wir k-fach das Lernverfahren. Dazu wird jeweils ein Fold T_i festgelegt, der für den Test verwendet wird. Die verbliebenen $k - 1$ Folds T_m mit $m \neq i$ werden für das Training genutzt. Dieses Vorgehen nennt sich **Kreuzvalidierung**.

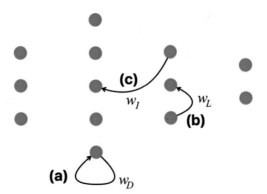

Abb. 4.9 Rückkopplungsarten in rekurrenten Netzen. **a**) Direkte Rückkopplung, **b**) laterale Rückkopplung und **c**) indirekte Rückkopplung

Diese Folds lassen sich mit einer Hilfsfunktion aus Scikit-Learn schnell und leicht generieren. Listing 4.16 zeigt, basierend auf bereits existierenden Daten X und Labels Y, wie man den obigen Aufteilungsvorgang in Python darstellt.

Listing 4.16 Folds für eine Kreuzvalidierung generieren

```
from sklearn.model_selection import KFold

kf = KFold(n_splits=10)

for i, j in kf.split(X):
    Xtrain, Xtest = X[i], X[j]
    Ytrain, Ytest = Y[i], Y[j]
```

Sie erhalten somit Sets von `Xtrain`, `Xtest`, `Ytrain` und `Ytest`. Auf diese Sets teilen Sie nun ihre Trainings und Testdurchläufe auf. Die zugehörige Iteration des `fit` Aufrufs ist Teil unserer Übungsaufgabe 4.7.

4.6 Rekurrente Neuronale Netze

4.6.1 Rückkopplung in neuronalen Netzstrukturen

Rekurrente neuronale Netze weichen von der bisherigen Strategie der Gewichtsverknüpfung ab. Sie erlauben komplexere Verknüpfungen wie Rückkopplungen der Neuronen. Dazu werden folgende neuen Typen von Gewichtsverbindungen unterschieden:

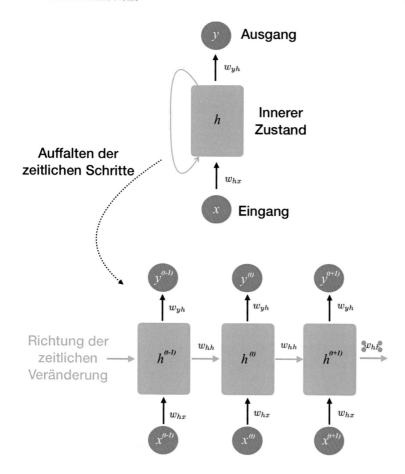

Abb. 4.10 Auffalten der zeitlichen Iterationsschritte im rekurrenten Netz

- **Direkte Rückkopplung.** Ein Gewichtsvektor wird von einem Neuron auf sich selbst gespannt. Das heißt, der Ausgang des Neurons wird zusätzlich auf seinen Eingang zurückgeleitet, was die Rückkopplung erzeugt. In Abb. 4.10 ist ein rekurrentes Netz gezeigt. Fall (a) entspricht der direkten Rückkopplung.
- **Laterale (seitliche) Rückkopplung.** Diese führt den Ausgang eines Neurons zum Eingang eines Neurons derselben Schicht. Der Informationsfluss ist im Netz somit senkrecht zur Auswertungsrichtung. Die laterale Rückkopplung ist als Fall (b) in Abb. 4.10 dargestellt.
- **Indirekte Rückkopplung.** Hier wird der Ausgang eines Neurons über eine oder mehrere Schichten zurückgeführt und mit dem Eingang eines vorderen Neurons verbunden. Diese Rückkopplung ist schließlich in Diagramm 4.10 als Fall (c) illustriert.

In den nächsten Umformungen möchten wir die Funktionsweise von rekurrenten Netzen veranschaulichen. Dazu vereinfachen wir unsere Schreibweise. Wir betrachten ein einzelnes Neuron mit einem Eingang x und einem Ausgang y. Im Inneren besitzt dieses Neuron den (verdeckten) inneren Zustand h. Wie beim adaptiven Filter verwenden wir hochgestellte, geklammerte Ausdrücke, um die zeitlichen Schritte zu symbolisieren. Durch die Rekurrenz kann sich das gleiche Neuron zur Zeit t an den Zustand zu einem früheren Zeitschritt $t - 1$ erinnern. Der innere Zustand $h^{(t)}$ wird bestimmt durch den Eingang $x^{(t)}$, das Gewicht w_{hx} für diesen Eingang, den Schwellwert b_h und den beschriebenen vorherigen Wert für $h^{(t-1)}$,

$$h^{(t)} = f\left(w_{hh} h^{(t-1)} + w_{hx} x^{(t)} + b_h\right). \tag{4.34}$$

Den Ausgang des Neurons bestimmen wir schließlich über

$$y^{(t)} = f\left(w_{yh} h^{(t)} + b_y\right), \tag{4.35}$$

wo wir ein Ausgangsgewicht w_{yh} und einen weiteren Schwellwert b_y verwenden. Entlang der zeitlichen Achse wirkt sich die Rückkopplung also über ein eigenes Gewicht w_{hh} aus.

Da für Rückkopplungsvorgänge diese zeitliche Dimension von Interesse ist, kann es hilfreich sein, sich den zeitlichen Fluss durch ein Neuron graphisch darzustellen. Dazu gehen wir von Iterationsschritten zu verschiedenen Zeitpunkten $(t - 1)$, (t), $(t + 1)$ aus. In Abb. 4.10 haben wir diesen Auffaltschritt illustriert.

4.6.2   Gates zur Steuerung des Informationsflusses innerhalb des Neurons

Rückkopplung, wie wir sie eben beschrieben haben, ist ein fundamentales Konzept der Regelungstheorie. Diese vom Netz rückgekoppelten Daten werden in rekurrenten Netzen eingesetzt, um den Lernvorgang gezielt zu verbessern. Dazu benötigen wir jedoch ein Hilfsmittel, um die Daten innerhalb eines Neurons steuern zu können. Diese Hilfsmittel ist das Gate. Wie ein Ventil kann ein Gate Daten durchlassen oder sperren. Dabei wirkt es nicht wie ein harter Schalter, sondern vielmehr wie eine Schleuse, die eine variable Öffnung hat.

In unserem Fall definieren wir das Gate über eine weitere Sigmoid-Funktion. Der Sigmoid bildet seinen Eingang auf den Wertebereich zwischen 0 und 1 und realisiert somit eine geeignete Flusssteuerung. Wir kürzen das Gate mit γ ab und nutzen den Index, hier A, um es auf eine konkrete Route zu beziehen,

$$\gamma_A(x) = \text{sig}\left(w_A x\right). \tag{4.36}$$

Das gezeigte Gate verfügt über ein eigenes, trainierbares Gewicht w_A, welches mit dem Gateeingang x multipliziert wird und schließlich in die Sigmoid-Funktion eingegeben wird. γ_A wirkt damit als dynamischer Gewichtsfaktor. Wendet man dies auf x_{k-1} an,

$$x_k = \gamma_A(x_{k-1})x_{k-1}, \tag{4.37}$$

so gelangt ein großer Anteil von x_{k-1} nach x_k, wenn γ_A groß ist, und weniger, wenn γ_A entsprechend klein ist. Die Stärke von γ_X steuert somit, welchen Anteil x_{k_1} an x_k hat. Ohne zusätzliche Zuflüsse macht das einzelne Gate jedoch noch nicht viel Sinn.

4.6.3 Neuronales Netz mit langem Kurzzeitgedächtnis (LSTM)

Als nächstes möchten wir einem Neuron ein Gedächtnis m geben, was über mehrere Iterationen anhält. Diese Idee geht auf Hochreiter und Schmidhuber [7] zurück und man spricht in diesem Fall von einem langanhaltenden Kurzzeitgedächtnis (Long Shortterm Memory, LSTM). LSTM hat sich zusammen mit alternativen Strategien (z. B. Gated Recurrent Units, GRU) als äußerst erfolgreich für die Anwendung auf Zeitreihen erwiesen, was auch A. Graves in [5] zeigt. Dabei sind Spracherkennung, automatisiertes Parsen von Texten und Bilderkennungsprobleme nur einige Beispiele, wo diese Technologie ihren Einsatz findet. Wir werden uns daher gezielt mit der Idee hinter LSTM beschäftigen und im nächsten Abschnitt in einer Implementation zeigen, wie wir LSTM für eigene Netze nutzen können.

Das rekurrente Gedächtnis, wir nennen es im Laufe unserer Betrachtungen m, geben wir, genauso wie den verdeckten Zustand h, von Zeitschritt zu Zeitschritt weiter. Den in den vorigen Abschnitten eingeführten Gates kommt hierbei eine besondere Bedeutung zu. Wir definieren drei verschiedene Gates, ein Forget Gate, ein Update Gate und ein Output Gate. Abb. 4.11 zeigt ein Schema, wie die Gates angeordnet sind. Dazu verläuft die zeitliche Änderung wieder von links nach rechts, wobei h und m in dieser Richtung verlaufen. Von unten nach oben ist die Abbildung vom Eingang x auf den Ausgang y angegeben.

Das Forget Gate γ_F wird über

$$\gamma_F = \text{sig}\left(w_{Fh}h^{(t-1)} + w_{Fx}x^{(t)} + b_i\right) \tag{4.38}$$

bestimmt. Es ist in der Lage, den aktuell gespeicherten Wert in m zu beeinflussen. Das Update Gate γ_U ist gegeben durch

$$\gamma_U = \text{sig}\left(w_{Uh}h^{(t-1)} + w_{Ux}x^{(t)} + b_u\right) \tag{4.39}$$

und das Output Gate γ_O berechnet sich über

$$\gamma_O = \text{sig}\left(w_{Oh}h^{(t-1)} + w_{Ox}x^{(t)} + b_o\right). \tag{4.40}$$

Aus dem verdeckten Zustand $h^{(t-1)}$ und dem Eingang $x^{(t)}$ lässt sich ein neuer Kandidat für das Gedächtnis bestimmen – das potentielle Update für m:

$$c_M = f_k\left(w_{hh}h^{(t-1)} + w_{hx}x^{(t)} + b_h\right). \tag{4.41}$$

Das neue $m^{(t)}$ wird aus dem Kandidaten c_M und dem alten Gedächtniswert $m^{(t-1)}$ bestimmt,

$$m^{(t)} = \gamma_U c_M + \gamma_F m^{(t-1)}. \tag{4.42}$$

Man kann sich diese Gleichung wie eine Mixtur vorstellen. Je nachdem, auf welchem Durchlassfaktor die Gates gerade stehen, wird mehr vom Kandidaten dazugegeben oder nicht. Das Forget Gate ermöglicht es, die Erinnerung an den vorangegangenen Gedächtniswert $m^{(t-1)}$ zu beeinflussen. Ist γ_F niedrig, so verliert der Gedächtniswert über die Zeit an Einfluss.

Der Netzausgang bestimmt sich schließlich aus

$$y^{(t)} = \gamma_O f_k(m^{(t)}), \tag{4.43}$$

wobei m und h über die Zeit iteriert weitergereicht werden.

Bitte beachten Sie, dass die obigen Berechnungen für jedes Neuron eines Netzes gelten. Bei Netzen mit mehreren Schichten, müssen die Schritte für jedes einzelne Neuron durchgeführt werden. Die Auffaltung sollte hierbei nicht mit der Netztopologie verwechselt werden. Die Illustration in Abb. 4.10 gilt für jedes einzelne Neuron.

4.6.4 Implementation eines LSTM-Netzes

Die obigen Gleichungen enthalten eine Vielzahl von neuen Gewichten, neuen Schwellwerten und Einflüsse von Gates. Nichtsdestotrotz können diese neuen Bestandteile des Netzes ähnlich mittels Backpropagation trainiert werden. Den komplexen Schritt, die Gewichte in einer derartigen Konstellation zu modifizieren, erfordert wiederum die Kenntnis des Gradienten der Kostenfunktion mit Blick auf diese speziellen Gewichte. Ist diese bekannt, so können Δw bestimmt werden, um die Gewichte zu ändern. Gerade diese aufwendigen Schritte werden mittels Bibliotheken vorgenommen und müssen (glücklicherweise) nicht selbst implementiert werden.

Im Folgenden gehen wir stets von Netzen aus, die vollständig rekurrent aufgebaut sind. Bibliotheken wie Keras bieten uns die Möglichkeit, die Fähigkeiten von LSTM-Neuronen für unsere Netze einzusetzen und sie rekurrent zu formulieren.

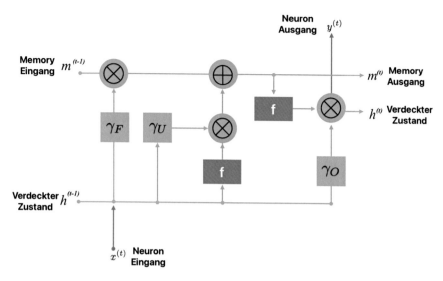

Abb. 4.11 Signallauf durch eine Zelle mit langem Kurzzeitgedächtnis (LSTM)

Für unser Programmbeispiel bereiten wir in Listing 4.17 Trainings- und Testdaten vor. Dabei nutzen wir wieder das Beispielfile `EXAMPLE02.pickle` aus Abschn. 3.5.

Listing 4.17 Einfache Zeitreihenvorhersage mit LSTM

```
x = pickle.load(open('EXAMPLE02.pickle','rb'))

Xtrain = []
Ytrain = []
Xtest = []
Ytest = []
windowLength = 25
for i in range(0,5000-windowLength):
    Xtrain.append([x[i:i+windowLength]])
    Ytrain.append(x[i+windowLength+1])

Xtrain = np.array(Xtrain)
Xtrain = Xtrain.reshape(Xtrain.shape[0], 25,1)

for i in range(5001,5600-windowLength):
    Xtest.append([x[i:i+windowLength]])
    Ytest.append(x[i+windowLength+1])

Xtest = np.array(Xtest)
Xtest = Xtest.reshape(Xtest.shape[0], 25,1)
```

Ziel von Listing 4.17 ist es einen Trainingsdatensatz zu erzeugen, der aus der Variable x immer ein Fenster der Länge `windowLength` entnimmt und als Zielwert für `Ytrain` schließlich den nächstfolgenden Wert in x übernimmt. Danach werden entsprechende Fenster auch für `Xtest` und `Ytest` aufgebaut.

In Listing 4.18 ist der Code für das LSTM-Netz gezeigt. Es importiert eine spezielle Schicht für Keras, die für die Rekurrenz sorgt.

Listing 4.18 Einfache Zeitreihenvorhersage mit LSTM

```
import keras
import numpy as np
import tensorflow as tf
from tensorflow.keras import layers, losses
from tensorflow.keras.models import Model
from tensorflow.keras.layers import LSTM


class LSTMPredictor(Model):

    def __init__(self):
        super(LSTMPredictor, self).__init__()
        self.inputLayerLength = 1
        self.myLayers = []
        self.myLayers.append(layers.LSTM(25, input_shape=(1,
            25)))
        self.myLayers.append(layers.Dense(1, activation='relu'
            ))
        self.predictor = tf.keras.Sequential(self.myLayers)
        self.compile(optimizer='adam',
                     loss=losses.MeanSquaredError())
        self.optimizer.learning_rate = 0.005

    def call(self, x):
        predictor = self.predictor(x)
        return predictor
```

Mit dem Aufruf in Listing 4.19 trainieren wir das Netz.

Listing 4.19 Einfache Zeitreihenvorhersage mit LSTM

```
lstmPredictor = LSTMPredictor()
history = lstmPredictor.fit(np.array(Xtrain), np.array(Ytrain), epochs
    =120, batch_size=30)
```

Listing 4.20 wertet das Netz auf den Testdaten aus und projiziert sagt somit für jedes neue Fenster den Folgewert voraus.

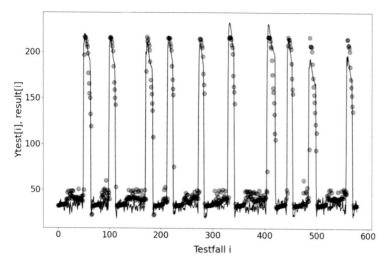

Abb. 4.12 Ergebnis der LSTM-Vorhersage auf den Testdaten

Listing 4.20 Einfache Zeitreihenvorhersage mit LSTM

```
results = lstmPredictor.predict(np.array(Xtest))

plt.plot(Ytest, 'k-')
plt.scatter(range(0,len(results)), results, s=110, marker='o',linewidth
    =2,color='k',alpha=0.3)
plt.tick_params('both', labelsize=22)
plt.xlabel('Testfall i', fontsize=24)
plt.ylabel('Ytest[i], result[i]', fontsize=24)
```

Abb. 4.12 zeigt das Ergebnis dieses Codes. Die leicht transparenten Punkte repräsentieren die Vorhersage des Netzes. Die durchgezogene Linie zeigt uns den wahren
Verlauf. Das LSTM-Netz sagt uns so den zukünftigen Verlauf der Zeitreihe voraus.

4.7 Entscheidungsbäume

4.7.1 Grundlegende Idee des Entscheidungsbaums

Wir wenden uns nun einem konzeptionell völlig anderem Lernverfahren zu, den
Entscheidungsbäumen. Wir alle kennen Datensätze, in denen wir auf einen Blick
feststellen, welche Variablen zusammenhängen. Nehmen wir an, wir haben fünf
Spalten mit Daten und kennzeichnen diese mit x_{i1}, x_{i2}, x_{i3}, x_{i4} und x_{i5}. Der Index i
gibt uns hier die i-te Datenreihe in einem Datensatz mit N verschiedenen Messungen
an.

Wir legen zunächst folgende Begriffe fest, um unsere nächsten Schritte sprachlich klarer fassen zu können:

Wir nennen eine Variable y die **Zielvariable** eines Verfahrens, wenn unsere Absicht besteht, diese Variable mit Hilfe der Anderen vorhersagen zu können. Alle Daten x_i die wir verwenden, um y vorherzusagen, nennen wir **Eingangsdaten** oder **Attribute**. Hierbei sei $x_i \in X$ und $y \in Y$.

Wir nehmen ohne Beschränkung der Allgemeinheit die Variable y als skalaren Wert an. Die Zielvariable wiederzugeben ist also Aufgabe dieses Lernverfahrens. Wie schon zuvor unterscheiden wir auch hier Klassifikation und Regression. Aufgabe eines Entscheidungsbaums ist es, sukzessive den Einfluss jeder Eingangsvariablen auf die Zielvariable zu bestimmen. Er bestimmt statistisch, mit welcher Wahrscheinlichkeit die Zielvariable ein bestimmtes Ergebnis trägt, abhängig von der Konfiguration der Eingangsdaten.

Ein **Entscheidungsbaum** ist ein Modell $f_T : X \to Y$, welches Regeln für die Eingangsdaten $x \in X$ trainiert, um eine Zielvariable $y \in Y$ vorherzusagen.

Abb. 4.13 zeigt links einen idealisierten Beispielbaum – hier für ein recht konkretes Szenario. Die Werte dienen einzig der Anschauung. Auf der rechten Seite von Abb. 4.13 sehen sie die Segmentierung im Datenraum X, der hier ebenfalls zur Anschauung nur aus zwei Variablen besteht. Der hier abgebildete Baum hat die ver-

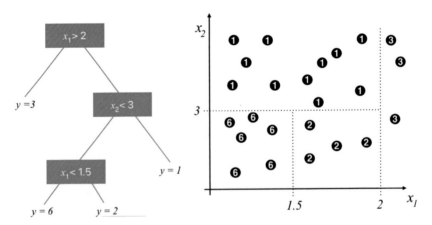

Abb. 4.13 Illustration wie ein Entscheidungsbaum aussehen könnte (links) und eine graphische Darstellung wie die zugehörige Aufteilung im Attributraum X realisiert wird (rechts). Die Zahlen in den schwarzen Punkten stehen für den y-Wert der Zielvariablen

schiedenen y-Werte richtig aufgeteilt, in dem er im X-Raum rechteckige Bereiche festgelegt hat.

Abstrakt nutzt ein Algorithmus für einen derartigen Baum ein Top-Down-Verfahren:

- **Aufteilen (Split).** Es werden geeignete Kriterien gefunden, anhand derer eine Aufteilung der Variablen vorgenommen werden kann. Die wichtigste Variable, die am meisten Information über die Vorhersagevariable enthält, steht am Anfang des Baums, als Wurzel.
- **Zurückschneiden (Pruning).** Große Baumstrukturen können kleinste Details auswendig lernen, anstatt das Modell korrekt auszutrainieren. Daher werden die Bäume möglichst klein gehalten bzw. zurückgeschnitten.
- **Rekursive Wiederholung.** Die vorherigen Schritte werden wiederholt.

4.7.2 Entropie und Information Gain

Beispiel: Filialoptimierung
Wir betrachten eine Situation aus dem Filialgeschäft. Sie betreiben mehrere Geschäfte und Verkaufen Waren. Diese Waren kommen über eine Zulieferroute (SupplyChain) und können in einem Lager (Storage) zwischengelagert werden. Sie haben darüber hinaus Kosten für die Mitarbeiter (StaffCost) und erzeugen in Summe einen bestimmten Umsatz (Revenue). In Abb. 4.14 sind nun verschiedenste Beispieldaten aufgeführt. Alle Variablen sind durch 0 oder 1 erfasst, die folgende Bedeutungen haben: Das Lager kann existieren (1) oder nicht (0), die SupplyChain kann gut funktionieren (1) oder nicht (0), die Kosten für Gehälter sind entweder hoch (1) oder niedrig (0) und letztlich ist der Umsatz hoch (1) oder niedrig (0).

	SupplyChain	Storage	StaffCost	Revenue
0	0	1	0	1
1	1	1	1	1
2	1	0	1	0
3	1	1	1	1
4	0	0	1	0
5	0	0	0	0
6	0	1	1	1
7	1	1	1	1
8	0	1	0	0
9	1	1	1	1

Abb. 4.14 Beispieldaten zur Optimierung von Geschäftsfilialen

Die Frage ist zunächst, was ist in diesem Beispiel die Zielvariable? Hier bietet sich natürlich der Umsatz an, denn dies ist die Größe, die wir explizit nicht von uns aus beeinflussen können. Sie ist auch von der Problemstellung einer Optimierung die sinnvollste Zielgröße. Alle anderen Variablen sind dagegen beeinflussbar und Eingangsvariablen. Die nächste Frage ist, welche der Variablen den stärksten Einfluss auf den Umsatz hat. Sie können dies, in diesem ausgewählten Beispiel, schon mit dem bloßen Auge erkennen: die letzte Spalte und die Spalte für das Lager (Storage) zeigen eine auffällig hohe Übereinstimmung. Man kann also die These aufstellen, wann immer das Lager vorhanden ist, ist auch der Umsatz hoch.

Diese Herangehensweise ist sehr rudimentär. Sie ist aber bereits sehr nah an den mathematischen Vorgängen im Entscheidungsbaum. Zählen nun wir die günstigen und möglichen Fälle, dann gibt es Umsätze mit 1 in 6 Fällen. Die Tabelle enthält dann 10 mögliche Fälle, also ist die Wahrscheinlichkeit $6/10 = 1/2$, dass ein hoher Umsatz vorliegt. Es gibt nun auch 7 Lager. Beschränken wir unseren Fokus nur auf die Fälle, in denen das Lager vorhanden ist, so zählen wir alle 6 Fälle mit hohem Umsatz. Nur in einem der 7 Lagerfälle war der Umsatz niedrig. Die bedingte Wahrscheinlichkeit für hohen Umsatz, unter der Bedingung, dass ein Lager existiert, ist also

$$P(\text{Umsatz} == 1 \mid \text{Lager}{=}{=}1) = \frac{6}{7} = 0.85, \qquad (4.44)$$

was zeigt, dass diese Variable einen hohen Einfluss auf die Zielvariable haben muss. Ist ein Lager vorhanden, so besteht eine Wahrscheinlichkeit von 85 %, dass der Umsatz hoch ist.

Entropie
Lassen Sie uns diese Idee etwas stärker formalisieren. Wir führen dazu die Größe Entropie ein.

Die **Entropie** H einer Zufallsvariable x, ist definiert als

$$H(x) = - \sum_{x \in \Theta} P(x_i) \log_2 P(x_i) \qquad (4.45)$$

Sie ist ein Maß für die Unsicherheit von x. Θ ist der Ereignisraum von x.

Hierbei läuft die Summe über alle möglichen Zustände von x.

Beispiel: Münzwurf
Wenn wir eine Münze werfen, sind die möglichen Zustände von $\Theta = \{\text{Kopf}, \text{Zahl}\}$ und die Wahrscheinlichkeiten $P(\text{Kopf}) = 0.5$ und $P(\text{Zahl}) = 0.5$. Die Entropie beträgt dann $H = -0.5 * \log_2(0.5) - 0.5 * \log_2(0.5) = 1$.

Ein Vorgang, der völlig zufällig ist, hat maximale Unsicherheit (maximale Unordnung). Die Entropie ist in diesem Fall $H = 1$. Niedrige Werte der Entropie bedeuten also eine große Sicherheit für die Vorhersage, große Werte deuten auf eine hohe Zufälligkeit hin. In der Physik ist die Entropie auch bekannt als Maß der Unordnung.

Für unser konkretes Beispiel können wir die Entropie nun für den Umsatz berechnen, hier ist $\Theta = \{1, 0\}$. Wir nutzen die Wahrscheinlichkeiten

$$P(\text{Revenue} = 0) = \frac{4}{10} \tag{4.46}$$

$$P(\text{Revenue} = 1) = \frac{6}{10}$$

und bestimmen die Entropie über (4.45) zu

$$H_0(\text{Revenue}) = -\frac{6}{10} \log_2\left(\frac{6}{10}\right) - \frac{4}{10} \log_2\left(\frac{4}{10}\right) \approx 0.97 \tag{4.47}$$

Wir nennen diesen Wert H_0, um anzudeuten, dass es sich um einen Basiswert der Entropie handelt, ohne die anderen Spalten der Daten zu beachten. Betrachtet man also alleine die Angabe des Umsatzes, so sind die Werte nahezu zufällig. Wie können wir nun den Einfluss der anderen Variablen auf unsere Zielgröße mit Hilfe der Entropie verstehen? Gibt es Variablen (Spalten der Tabelle), die einen Einfluss in die Zielspalte ausüben bzw. anhand derer wir die Zielvariable vorhersagen könnten?

Dazu grenzen wir die Daten auf bestimmte „Was wäre, wenn"-Szenarien ein. Wir teilen die obige Tabelle für die Variable StaffCost derart auf, dass zwei Gruppen entstehen, für StaffCost $= 0$ und StaffCost $= 1$. In Abb. 4.15 sind die umgestellten Tabellen zu sehen. Eine ideale Zuordnung wäre gegeben, wenn unsere Zielvariable in einer Tabellenhälfte, entweder oben oder unten, nur gleiche Zahlenwerte annimmt. Das passiert hier nicht, StaffCost sagt nicht direkt die Variable Revenue voraus.

	SupplyChain	Storage	StaffCost	Revenue
0	0	1	0	1
5	0	0	0	0
8	0	1	0	0

	SupplyChain	Storage	StaffCost	Revenue
1	1	1	1	1
2	1	0	1	0
3	1	1	1	1
4	0	0	1	0
6	0	1	1	1
7	1	1	1	1
9	1	1	1	1

Abb. 4.15 Aufteilung der Datenzeilen für niedrige und hohe StaffCost Werte

Wenn Sie die Wahrscheinlichkeiten für die Zielvariable berechnen, dann bestimmen Sie bedingte Wahrscheinlichkeiten – bedingt durch den Zustand der Variablen anhand derer sie die Tabelle aufgeteilt haben. Die Entropie lässt sich auch für diese Aufteilung anhand der bedingten Wahrscheinlichkeiten berechnen und daher spricht man auch von der bedingten Entropie:

Wenn x und A zwei Zufallsprozesse sind, kann A die Zustände a_i aus dem Ereignisraum Θ_A annehmen. Die **bedingte Entropie** ist dann definiert als

$$H(x|A) = \sum_{a_i \in \Theta_A} P(a_i) H(x|A = a_i). \tag{4.48}$$

Anschaulich durchläuft die bedingte Entropie damit alle Zustände der Variablen A. Sie nutzt die Entropie in jeder Untergruppe der Daten ist und gewichtet jeden Zustand mit seiner Eintrittswahrscheinlichkeit $p(a_i)$. Wir testen dies wieder in unserem obigen Beispiel. Zunächst betrachten wir die Kategorie „StaffCost". Die bedingten Wahrscheinlichkeiten hierfür sind in Abb. 4.15 ablesbar,

$$P(\text{Revenue} = 1|\ \text{StaffCost} = 0) = \frac{1}{3}, \tag{4.49}$$

$$P(\text{Revenue} = 0|\ \text{StaffCost} = 0) = \frac{2}{3},$$

was letztlich zu einer Entropie

$$H(\text{Revenue}|\ \text{StaffCost} = 0) = -\frac{1}{3}\log_2\left(\frac{1}{3}\right) - \frac{2}{3}\log_2\left(\frac{2}{3}\right) \approx 0.91. \tag{4.50}$$

führt. Ähnlich findet sich die Entropie für die zweite Tabellenhälfte,

$$H(\text{Revenue}|\ \text{StaffCost} = 1) = -\frac{5}{7}\log_2\left(\frac{5}{7}\right) - \frac{2}{7}\log_2\left(\frac{2}{7}\right) \approx 0.86. \tag{4.51}$$

Beides sind die Entropien in den Summanden von (4.48). Die Gewichte $P(a_i)$ in 4.48 sind die Wahrscheinlichkeiten, dass StaffCost entweder den Wert 1 oder 0 annimmt, und diese können wir ebenso leicht abzählen. Die gesamte bedingte Entropie $H(\text{Revenue}|\text{StaffCost})$ ist somit (Abb. 4.15)

$$H(\text{Revenue}|\ \text{StaffCost}) = \frac{3}{10} * 0.91 + \frac{7}{10} * 0.86 = 0.875. \tag{4.52}$$

Die Spalte StaffCost besitzt für die Bestimmung der Zielvariablen Revenue also eine niedrigere Entropie als wenn wir nur auf die Zielvariable geschaut hätten. Betrachten wir nun noch die Variable Storage, die wir ja als äußerst einflussreich bereits erkannt haben, so ergibt sich hier eine bedingte Entropie von

$$H(\text{Revenue}|\text{ Storage}) = \frac{3}{10} * 0.0 + \frac{7}{10} * 0.59 = 0.413, \qquad (4.53)$$

noch niedriger als für StaffCost. Der Informationszuwachs durch die Spalte ist damit höher als durch StaffCost. Wir können durch die bedingte Entropie also ermitteln, wie stark der Einfluss einer Variablen auf die Vorhersage unserer Zielgröße ist.

Information Gain
Verringern wir die Entropie, so gewinnen wir Information. Genau diesen Zusammenhang können wir über folgende neue Größe beschreiben (Abb. 4.16):

Wir definieren den **Informationsgewinn** (Information Gain) IG durch die Variable A, als Distanz zwischen der ursprünglichen Entropie $H_0(x)$ für die Vorhersage einer Zielvariablen x, und der bedingten Entropie $H(x|A)$,

$$\text{IG}(x, A) = H_0(x) - H(x|A). \qquad (4.54)$$

Das **Information Gain** (IG) gibt uns die Distanz von der Grundentropie einer Zielgröße zur bedingten Entropie durch Einschränkung auf eine Eingangsvariable an. Umso größer diese Distanz ist, desto mehr Information hat die entsprechende Spalte zu unserem Kriterium beigetragen. Für obiges Beispiel ergeben sich folgende Werte

$$\text{IG}(\text{Revenue}|\text{StaffCost}) = 0.97 - 0.875 \approx 0.095, \qquad (4.55)$$
$$\text{IG}(\text{Revenue}|\text{Storage}) = 0.97 - 0.413 \approx 0.56,$$
$$\text{IG}(\text{Revenue}|\text{SupplyChain}) \approx 0.12.$$

Dieses Ergebnis bestätigt den Eindruck, dass Storage den meisten Einfluss auf das Ergebnis hat. Die erste Node ist also Storage, siehe Abb. 4.16. Hier ist der Informationsgewinn am größten. Entsprechend wird der Baum iterativ weiter aufgebaut, wie Abb. 4.17 zeigt.

Aufbau eines einfachen Entscheidungsbaums durch Aufteilung
Für die Erstellung eines Entscheidungsbaums folgen wir nun einem Algorithmus der Form:

- **(1) IG berechnen.** In einem Datensatz werden die IG für alle Eingangsvariablen bezüglich einer Zielvariablen berechnet.

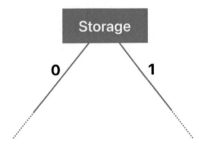

Abb. 4.16 Erste Node eines Entscheidungsbaums

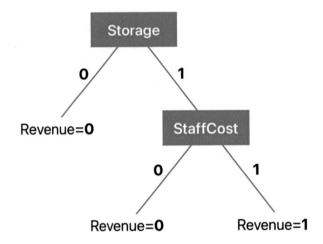

Abb. 4.17 Erste Node eines Entscheidungsbaums

- **(2) Blatt.** Die Eingangsvariable mit dem größten IG wird als Node, eines Entscheidungsbaums gesetzt. Der Einfluss dieser Größe ist somit verarbeitet.
- **(3) Verzweigung.** Durch die Baumwurzel entstehen zwei neue Datensätze, die der Aufteilung anhand der Eingangsvariablen entsprechen.
- **(4) Iteration.** Für jede neue Datentabelle gehen wir iterativ zu Schritt (1) zurück und führen den Prozess so lange fort, bis alle Variablen verarbeitet sind.

Der hier gezeigte (vereinfachte) Algorithmus geht auf R. Quinlan [11] zurück und wird Iterative Dichotomyzer (ID) genannt. Tatsächlich betrachten wir nur den Vorgang der Aufteilung. Auch die Algorithmen C4.5 und C5.0 (beides Entscheidungsbäume) verwenden eine Aufteilung über das IG. Er ist der vielleicht anschaulichste Zugang, um den Aufbau von Entscheidungsbäumen zu verstehen. Es gibt keine Einschränkung auf die Zahl der Aufspaltungen, was leider zu breiten Baumstrukturen führen kann. Unser Beispiel war von seinen Zahlwerten so gewählt, dass dieser Effekt hier nicht auftreten kann.

4.7.3 Klassifikations- und Regressionsbäume

Die Verzweigung in viele Äste von einer Node ist ein Nachteil des obigen Verfahrens, da es breite Baumstrukturen fördert. L. Breiman et al. zeigten in [2] einen Ansatz, der auf binären Aufteilungen beruht: den Classification-and-Regression-Tree-Algorithmus (CART). Jede Node kann hier nur zwei Äste ausprägen.

Um konkret einen Entscheidungsbaum zu trainieren, wird wieder eine Kostenfunktion J benötigt. Sie beschreibt die Abweichung der Baumausgabe y zum gewünschten Label d (sei es eine Klassifikation oder eine Regression),

$$J = \sum_{i=0}^{N-1} [f_T(x_i) - d_i]^2 \tag{4.56}$$

ausgehend von einem Datensatz mit N Datenreihen x_i und N Labeln y_i. Diese Kostenfunktion ist uns bereits gut bekannt, es handelt sich wiederum um den mittleren quadratischen Abstand.

Um einem beliebigen Anwachsen des Baumes entgegenzuwirken, kann der Kostenfunktion ein Bestrafungsterm hinzugefügt werden. Dieser Term soll die Kosten erhöhen, wenn der Baum zu groß wird. Wenn K die Anzahl der Baumverzweigungen ist, dann wählen wir diesen Faktor als $R = \alpha K$.

Zusammenfassend können wir das Training eines Entscheidungsbaums schreiben als:

Ein Entscheidungsbaum wird über einen Algorithmus trainiert, der den Raum X in K disjunkte Teilmengen $\mathcal{X}_k$ aufteilt,

$$X = \mathcal{X}_0 \cup \mathcal{X}_1 \cup \cdots \cup \mathcal{X}_K, \tag{4.57}$$

sodass über

$$\text{minimize} \quad J = \sum_{i=0}^{N-1} (f_T(x_i) - d_i)^2 + \alpha K \tag{4.58}$$

$$\text{u. d. B.} \quad x_{ik} \in \mathcal{X}_k \ \wedge \ \mathcal{X}_k \cap \mathcal{X}_m = \emptyset \text{ für } k \neq m,$$

die Kostenfunktion J minimiert wird.

Jeder Vektor x_i besteht also aus k-Einträgen. Durch die Anordnung der $\mathcal{X}_k$ des Baums ergibt diese Minimierung letztlich ein Modell mit $y = f_T(x) \approx d$.

4.7.4   Anwendungsbeispiel mit Scikit-Learn

Wir wollen uns nun um die Anwendung eines solchen Entscheidungsbaums küm-
mern. In Python gibt es mehrere Bibliotheken, die uns unterstützen solche Baumstrukturen zu trainieren.

Listing 4.21 Entscheidungsbaum mit Scikit-Learn

```
1   %matplotlib tk
2   import matplotlib
3   import matplotlib.pyplot as plt
4   from sklearn.tree import DecisionTreeClassifier
5   from sklearn import tree
6   import numpy as np
7   from scipy import stats
8
9   import pandas as pd
10
11  company = pd.DataFrame()
12  company['SupplyChain'] =[0,1,1,1,0,0,0,1,0,1]
13  company['Storage'] =  [1,1,0,1,0,0,1,1,1,1]
14  company['StaffCost'] =  [0,1,1,1,1,0,1,1,0,1]
15  company['Revenue'] =  [1,1,0,1,0,0,1,1,0,1]
16  cpm = pd.DataFrame(company)
17
18  X = []
19  for i in range(0,len(company['Storage'])):
20      x = [company['StaffCost'][i],company['SupplyChain'][i],
            company['Storage'][i]]
21      X.append(x)
22  Y = company['Revenue']
23
24  clf = DecisionTreeClassifier(criterion='entropy')
25  clf.fit(X, Y)
26  fig = plt.figure(figsize=(12,4),dpi=100)
27  tree.plot_tree(clf)
```

Listing 4.21 zeigt die Anwendung des Entscheidungsbaums aus der Scikit-Learn-
Bibliothek. Durch die Funktion `tree.plot_tree` kann der Baum graphisch ausgegeben und interpretiert werden.

4.7.5   Implementation eines einfachen Entscheidungsbaums

Wir möchten nun einen sehr einfachen, aber für Sie völlig frei zu erweiterndem
Baum programmieren. Dazu nutzen wir nur Numpy als Basis. Abstrakt starten wir
mit einer „Objektschale", wie sie in Listing 4.22 aufgeführt ist. Sie beginnt mit einer
Klasse namens simpleTree. Wir folgen hier den grundlegenden Ideen, die in [10]

von Quinlan dargelegt wurden, vereinfachen aber zur Illustration der Methodik die
einzelnen Schritte.

Nach der Festlegung einer Struktur aus `split`, `fit` und `predict` Aufrufen,
definieren wir im Konstruktor `__init__` Platzhalter für die Tiefe des Baums,
`self.treeDepth` und die maximale Verzweigungstiefe `self.treeDepthMaximum`.
Sie werden später mit dem Code für Training und Vorhersage systematisch erweitert.

Listing 4.22 Schale für den Entscheidungsbaum

```python
import numpy as np

class simpleTree(object):

    def __init__(self, maxDepth:int):
        self.treeDepth = 0
        self.treeDepthMaximum = maxDepth

    def split(self, xtrain:np.array, ytrain:np.array):
        pass # muss noch geschrieben werden

    def fit(self, xtrain:np.array, ytrain:np.array, node={},
        depth:int=0):
        pass # muss noch geschrieben werden

    def predict(self, xtest:np.array):
        pass # muss noch geschrieben werden
```

Die erste Fähigkeit, die unser Entscheidungsbaum haben muss, ist die Berechnung der
Entropie. Da wir (ähnlich wie im CART-Algorithmus) nur binäre Splits betrachten
möchten, berechnen wir die Entropie für einen Ast mit A Elementen und einen
weiteren Ast mit B Elementen. Beides sind `int`-Variablen. Die Gesamtzahl aller
Elemente ist $C = A + B$. Die Entropie gibt uns an, wie gut dieser Splitversuch war.
Listing 4.23 ergänzt den Baum um diese Berechnung. Hier wird lediglich Formel
(4.45) angewendet.

Listing 4.23 Binäre Entropie für die Eingabe von A und B

```python
    def binaryEntropy(self, A:int, B:int):
        if A == 0 or B == 0:
            return 0
        else:
            return  -(A*1.0/(A+B))*np.log2(A*1.0/(A+B)) \
                    -(B*1.0/(A+B))*np.log2(B*1.0/(A+B))
```

Die binäre Entropie wird benötigt, um die Balance für die Aufteilung der Menge
`ytrain` auszurechnen. Wir teilen diese Menge anhand eines `boolean` array b in
einen „linken" Teil und einen „rechten" Teil auf. Der linke Ast nimmt so die y Werte
auf, an denen der Wert b auf `True` stand, der rechte Ast die restliche Menge. In

Listing 4.24 wird dieser Teil der Berechnung dargestellt und ein Gesamtentropiewert
H für ein konkreten Vektor b ermittelt.

Listing 4.24 Verteilung über binäre Entropie

```
def H(self, b:bool, ytrain:np.array):
    left = ytrain[z]
    right = ytrain[~z]
    nLeft, hLeft = 0,0
    nRight, hRight = 0,0
    for yd in set(left):
        nLeft = sum(left==yd)
        hLeft += float(nLeft)/self.N * self.binaryEntropy(
            sum(left==yd), sum(left!=yd))
    H = float(nLeft)/self.N * hLeft
    for yd in set(right):
        nRight = sum(right==yd)
        hRight += float(nRight)/self.N * self.
            binaryEntropy(sum(right==yd), sum(right!=yd))
    H += float(nRight)/self.N * hRight
    return H
```

Mit Hilfe dieser beiden Unterfunktionen können wir in Listing 4.25 den Split der
Trainings- und Zielvariablen vornehmen. Dieser Split funktioniert derart, dass wir
durch jeden x-Wert iterieren und b so nutzen, dass wir nun die Entropie minimieren.
Der cutoff ist dabei der x-Wert, an dem wir die Zweige möglichst optimal aufteilen.

Listing 4.25 Binäre Entropie für die Eingabe von A und B

```
def split(self, xtrain:np.array, ytrain:np.array):
    column = None
    cutoff = None
    entropyMinimum = 100
    localEntropyMinimum = 1
    for i, xc in enumerate(xtrain.T):
        for value in set(xc):
            b:bool = xc < value
            theEntropy = self.H(b, ytrain)
            if theEntropy <= localEntropyMinimum:
                localEntropyMinimum = theEntropy
                theCutoff = np.round(float(value),4)

        if theEntropy == 0:
            return i, theCutoff, theEntropy

        elif theEntropy <= entropyMinimum:
            entropyMinimum = theEntropy
            column = i
            cutoff = np.round(float(theCutoff),4)

    return column, cutoff, entropyMinimum
```

Während `split` für einen konkreten Datensatz der Trainingsmenge eine Aufspaltung berechnet, geht die Funktion `fit` in Listing 4.26 tatsächlich durch alle Daten der Trainingsmenge. Dabei entsteht der eigentliche Baum. In Zeile 12 wird hier der obige `split` aufgerufen. Danach spaltet man die Daten gemäß den hier ermittelten Ergebnissen für den `cutoff` auf. Zeilen 15–20 zeigen die Erstellung der einzelnen Node des Baums. Dabei setzen wir den Median der y-Werte für die Berechnung des Blattwerts ein.

Wichtigster Schritt ist schließlich die Rekursion für den linken und rechten Ast, wo wir wiederum `fit` aufrufen. Der Prozess wird somit geschachtelt weitergeführt und erst gestoppt, wenn die vorgegebene maximale Baumtiefe erreicht wurde.

Listing 4.26   Binäre Entropie für die Eingabe von A und B

```
def fit(self, xtrain:np.array, ytrain:np.array, node={},
    depth:int=0):
    self.N = len(ytrain)
    if node is None:
        return None
    elif np.shape(ytrain)[0] == 0:
        return None
    elif all(x == ytrain[0] for x in ytrain):
        return {'Leaf': np.round( float(ytrain[0]), 4) }
    elif depth >= self.treeDepthMaximum:
        return None
    else:
        col, cutoff, entropy = self.split(xtrain, ytrain)
        ytrain1 = ytrain[xtrain[:, col] < cutoff]
        ytrain2 = ytrain[xtrain[:, col] >= cutoff]
        node = {
                'Index':col,
                'Cutoff':cutoff,
                'Leaf': np.round(np.median(ytrain))
                }
        node['Left'] = self.fit(xtrain[xtrain[:, col] <
            cutoff], ytrain1, {}, depth + 1)
        node['Right'] = self.fit(xtrain[xtrain[:, col] >=
            cutoff], ytrain2, {}, depth + 1)
        self.treeDepth += 1
        self.tree = node
        return node
```

Der hier beschriebene Baum lässt sich mit den vorgegebenen Funktionen bereits trainieren. Er kann aber noch nicht getestet werden, da wir noch keinen Zugang erzeugt haben, um den Baum wieder sinnvoll auszulesen. In Listing 4.27 ergänzen wir darum die Funktion `predict`. Sie nimmt Testdaten `xtest` auf und geht den Baum entsprechend seiner Verästelung durch. Dazu iterieren wir über jeden Datenvektor, der in der Menge `xtest` vorhanden ist. Danach nutzen wir den x-Wert, um zur entsprechenden Stelle des Baums zu iterieren und das letzte Blatt zu finden, welches den Zielwert enthält.

Listing 4.27 Binäre Entropie für die Eingabe von A und B

```
def predict(self, xtest:np.array):
    results = []
    for eachTest in xtest:
        classResult = 0
        tree = self.tree
        check = True
        lastLeaf = 0
        while check:
            if eachTest[tree['Index']] < tree['Cutoff']:
                tree = tree['Left']
            else:
                tree = tree['Right']
            if tree!=None:
                if 'Leaf' in tree:
                    lastLeaf = tree['Leaf']
                if 'Index' in tree:
                    check = True
                else:
                    check = False
            else:
                check = False
        else:
            results.append(lastLeaf)
    return results
```

Setzt man den Baum zu einem Objekt `simpleTree()` zusammen, so können wir
diesen Baum mit dem Code in Listing 4.28 trainieren. Wir nutzen hier wieder unser
etabliertes Motorstrombeispiel, welches eine Klassifizierung beinhaltet.

Listing 4.28 Fitaufruf des Klassifikationsbaums

```
import pickle
data = pickle.load(open('EX03Engine.pickle','rb'))
X = data['X']
Y = data['Label']
clf = simpleTree(maxDepth=10)
clf.fit(np.array(X[0:80]),np.array(Y[0:80]))
```

Um den Test auszuführen, nutzen wir einen Bereich der Daten, den wir nicht zum
Training verwendet haben und greifen auf unsere einfache Verifikation der Ergebnisse zurück. Listing 4.29 zeigt, wie der Test aufgerufen wird.

Listing 4.29 Test des Klassifikationsbaums auf unseren Beispieldaten

```
result = clf.predict(np.array(X[100:120]))
for i in range(0,19):
    print('{} | {}'.format(np.round(result[i],2), Y[100+i]))
```

Das erwartete Testergebnis unseres einfachen Baums führt zu einer guten Klassifikation, wie die Ausgabe in 4.30 darstellt.

Listing 4.30 Beispielausgabe der Testergebnisse

```
1   1 | 1
2   2 | 2
3   3 | 3
4   2 | 2
5   1 | 1
6   2 | 2
7   2 | 2
8   2 | 2
9   2 | 2
```

Der im vorigen Abschnitt gezeigte einfache Baum kann Ihnen als Startpunkt für eigene Erweiterungen dienen. Er illustriert das Grundkonzept und erklärt die Aufteilung der Äste. Kernelement der Aufteilung war die Berechnung der Entropie. Alternativ könnten Sie sicherlich auch das Information Gain (IG) maximieren, was zu äquivalenten Ergebnissen führt.

4.7.6 Der Gini-Koeffizient für Entscheidungsbäume

Der Gini-Koeffizient, benannt nach Corrado Gini [4], ist ein Konzentrationsmaß für Mengen. Er ist, alternativ zur Entropie, ein beliebtes Hilfsmittel zur Bestimmung der Güte von Mischungen. Dabei gibt der Gini-Index, wie er auch genannt wird, die Abweichung von Datenpunkten von einer Gleichverteilung an. Er bietet daher einen anderen Weg, um die Güte einer Aufteilung zu bestimmen.

> Der **Gini-Koeffizient** ist definiert als
>
> $$G(a) = \sum_{a_i \in \Theta_A} p(a_i)(1 - p(a_i)). \tag{4.59}$$
>
> und gibt an, wie stark die Werte x_i von x von einer Gleichverteilung abweichen.

Im Code in Listing 4.31 berechnen wir den Gini-Koeffizienten für einen binäre Aufteilung. Dies ermöglicht es uns später, den Code in unserem obigen Entscheidungsbaum einzusetzen.

Listing 4.31 Beispielausgabe der Testergebnisse

```
def gini(x):
    a = np.sum(x==True)
    b = np.sum(x==False)
    pa = float(a)/(a+b)
    pb = float(b)/(a+b)
    g = pa*(1-pa) + pb*(1-pb)
    return g
```

Wir wollen jedoch zunächst in Listing 4.32 experimentieren, wie sich der Gini-Koeffizient verhält.

Listing 4.32 Verständnis des Gini-Koeffizienten

```
x = []
x.append(np.array([True, True, True, True, True, True]))
x.append(np.array([False, True, True, True, True, True]))
x.append(np.array([False, False, True, True, True, True]))
x.append(np.array([False, False, False, True, True, True]))
x.append(np.array([False, False, False, False, True, True]))
x.append(np.array([False, False, False, False, False, True]))
x.append(np.array([False, False, False, False, False, False]))

for eachX in x:
    print(gini(eachX))
```

Die Ausgabe dieser Beispiele ergibt die Werte in Listing 4.33.

Listing 4.33 Ausgabe der Beispiele aus Listing 4.32

```
0.0
0.2777777777777778
0.4444444444444445
0.5
0.4444444444444445
0.2777777777777778
0.0
```

Der Gini-Koeffizient nimmt in dieser Implementation Werte zwischen 0 und 0.5 an. Um ihn anstatt der Entropie im Entscheidungsbaum zu nutzen, integrieren wir folgendes Listing:

Listing 4.34 Ausgabe der Beispiele aus Listing 4.33

```
    def binaryGini(self, A:int, B:int):
        pa = float(A)/(A+B)
        pb = float(B)/(A+B)
        g = pa*(1-pa) + pb*(1-pb)
        return g
```

Diese Funktion hat den gleichen Aufruf wie die Funktion `binaryEntropy`, daher lässt sich der Baum leicht auf das alternative Maß umstellen: Sie müssen nun lediglich den Aufruf der `xtest` durch `binaryGini` ersetzen.

Zusammenfassung

Wir haben uns in diesem Kapitel mit dem Thema Lernen zunächst allgemein beschäftigt und schließlich computergestütztes Lernen als Ergebnis eines Optimierungsprozesses definiert. Zwei maßgebliche Strategien lernen wir in diesem Buch kennen: das überwachte und das unüberwachte Lernen. Im Verlauf dieses Kapitels widmeten wir uns dem überwachten Lernen, welches eine Funktion f mit $y = f(x)$ lernt, wobei Daten für x und y vorhanden sind. Die y sind die Labels bzw. die Zielwerte, auf die wir trainieren, und x sind die Eingangsdaten.

Der evolutionäre Algorithmus lernt durch reines Ausprobieren. Er kennt, zumindest in der hier gezeigten Variante, keine bessere Strategie als zu variieren und zu testen. Diese Strategie ist der des Spiels sehr ähnlich. So simpel dieser Ansatz erscheint, so erfolgreich ist dieser Algorithmus bereits in technischen Anwendungen eingesetzt worden. Daher war uns eine Präsentation dieses Vorgehens hier wichtig.

Der LMS-Algorithmus ist ein grundlegendes Konzept in der Regelungstheorie. Er verändert seine Filterparameter und lernt somit, eine Zielgröße zu erreichen. Aufgrund seiner einfachen Struktur eignet er sich gut als erstes Beispiel für Lernverfahren. Sein grundsätzliches Training ist der des neuronalen Netzes sehr ähnlich.

Danach haben wir neuronale Netze vorgestellt. Sie nehmen eine prominente Rolle im heutigen maschinellen Lernen ein. Neuronale Netze trainieren Gewichts- und Biaswerte derart, dass das Netz die richtige Abbildung von Eingangs- auf Ausgangsdaten durchführt.

Letztlich haben wir Entscheidungsbäume diskutiert. Hier haben wir zunächst Konzepte für den Aufbau der Bäume kennengelernt: Entropie und Gini-Koeffizient. Dann haben wir sowohl den Scikit-Learn-Entscheidungsbaum besprochen als auch einen eigenen Hallo-Welt-Entscheidungsbaum programmiert.

Sie sollten im Anschluss an dieses Kapitel mit den grundlegenden Begriffen für Lernverfahren vertraut sein. Ziel ist es hierbei nicht den vollen Umfang aller möglichen Verfahren darzustellen, sondern die wichtigsten Ideen und Konzepte an klaren Programmierbeispielen zu erörtern.

Aufgaben

4.1 Fügen Sie in den Code des evolutionären Algorithmus einen Zähler ein, der die Anzahl der Iterationen in der `while`-Schleife aufzeichnet. Danach ergänzen sie einen weiteren Zähler, um die Zahl der erfolgreichen Änderungsvorgänge zu protokollieren. Wie ist Verhältnis der beiden Zahlen, wenn Sie mehrere Durchläufe rechnen?

4.2 Testen Sie in der Implementation des Regressionsnetzes verschiedene Aktivierungsfunktionen: a) Sigmoid, b) Tanh und c) ReLU. Was passiert mit der Lernkurve?

Welchen Einfluss auf die Qualität hat die Wahl der Aktivierungsfunktion, im Bezug auf dieses konkrete Beispiel?

4.3 Wenden Sie die Scikit-Learn Implementation des Entscheidungsbaums auf unser Problem mit den Motorströmen an. Welchen Unterschied erkennen Sie, durch den Wechsel von Gini Koeffizienten auf eine entropiebasierte Unterscheidung?

4.4 Wie könnten Sie die Gütefunktion J aus (4.58) in unseren einfachen Entscheidungsbaum `simpleTree` integrieren? An welchen Stellen müssten Sie den Code verändern?

4.5 Betrachten Sie erneut das Klassifikationsnetz mit Keras aus 4.5.6 und zeichnen Sie die Lernkurven für das gleiche Netz, jedoch mit a) ADAM-Optimierer, b) RMSProb-Optimierer und c) ADAGRAD-Optimierer.

4.6 Plotten Sie die Lernkurve für das Regressionsnetz in Keras aus 4.5.8.

4.7 Modifizieren Sie Trainings- und Testdaten für das LSTM-Netz in Abschn. 4.6.4, um die Daten des Motorstrombeispiels zu modellieren. Hinweis: Reihen Sie zunächst alle Datenvektoren aneinander, sodass sich eine einzige, lange Zeitreihe ergibt. Verwenden Sie danach die in Abschn. 4.6.4 demonstrierte Aufspaltung, bevor Sie das Netz trainieren.

4.8 Trainieren Sie das Regressionsnetz aus 4.5.8 mit Kreuzvalidierung! Schreiben Sie dazu den Aufruf den Trainings (`fit()`) in einer Schleife und werten Sie sukzessive die Testergebnisse aus. Variieren die Testergebnisse zwischen den Folds.

4.9 Integrieren Sie den Gini-Koeffizienten in den `simpleTree`. Ersetzen Sie dazu in Listing 4.24 den Aufruf `binaryEntropy` durch den Aufruf der Funktion `binaryGini` aus 4.34.

Literatur

1. C. M. Bishop, *Neural Networks for Pattern Recognition*. Oxford University Press, 1996.
2. L. Breiman, J. H. Friedman, R. A. Olshen, and C. J. Stone, *Classification and Regression Trees*. Taylor and Francis, 1984.
3. J. Duchi, E. Hazan, and Y. Singer, „Adaptive subgradient methods for online learning and stochastic optimization," *Journal of Machine Learning Research*, vol. 12, no. Jul, pp. 2121–2159, 2011.
4. C. Gini, „Measurement of inequality of incomes," *The Economic Journal*, vol. 31, no. 121, pp. 124–, 1921.
5. A. Graves, „Generating sequences with recurrent neural networks," 2014.
6. S. Haykin, *Adaptive Filter Theory*. Prentice-Hall, 2002.
7. S. Hochreiter and J. Schmidhuber, „Long short-term memory," *Neural computation*, vol. 9, no. 8, pp. 1735–1780, 1997.
8. D. Kingma and J. L. Ba, „Adam: A method for stochastic optimization," in *International Conference on Learning Representations*. International Conference on Learning Representations, 2015.

9. S. Koike, „A new efficient method of convergence calculation for adaptive filters using the sign algorithm with digital data inputs," *Acoustics, Speech, and Signal Processing, IEEE International Conference on*, vol. 3, p. 2333, 1997.

10. Tinterwordspacing J. Quinlan, „Simplifying decision trees," *International Journal of Man-Machine Studies*, vol. 27, no. 3, pp. 221–234, 1987. [Online]. Available: https://www.sciencedirect.com/science/article/pii/S0020737387800536

11. R. Quinlan, *Learning efficient classification procedures*.Springer, 1983.

12. M. Riedmiller and H. Braun, „A direct adaptive method for faster backpropagation learning: the rprop algorithm," in *IEEE International Conference on Neural Networks*, 1993, pp. 586–591 vol.1.

13. B. D. Ripley, *Pattern Recognition and Neural Networks*, 1st ed. Cambridge University Press, 2008.

14. S. Ruder, „An overview of gradient descent optimization algorithms," *arXiv preprint ar-Xiv:1609.04747*, 2016.

15. B. Widrow and M. Kamenetsky, *Least-Mean-Square Adaptive Filters*, S. Haykin and B. Widrow, Eds. Wiley, 2003.

Kapitel 5
Unüberwachtes Lernen

Schlüsselwörter Unüberwachtes Lernen · Hauptkomponentenanalyse ·
K-Means-Clusterverfahren · Autoencoder · Anomalieerkennung

Unüberwachtes Lernen sucht nach Strukturen in den Daten. Im Gegensatz zum überwachten Lernen, liegen beim unüberwachten Lernen keine Label oder Zielgrößen vor.
Einzig die Daten selbst sind der Ausgangspunkt eines unüberwachten Lernverfahrens
und daher sind genau diese Verfahren auch hervorragend zur Vorverarbeitung geeignet. Mehr noch: durch ihre spezielle Analyse der Daten finden einige der Verfahren
einfachere, niedrigdimensionale Darstellungen der Eingangsdaten. Sie reduzieren
damit die Dimension und ermöglichen einen besseren Blick auf die relevante Information. Unser Fokus wird in diesem Kapitel auf der klassischen Hauptkomponentenanalyse (Principal Component Analysis, PCA), dem K-Means-Clusterverfahren,
dem t-Distributed-Stochastic-Neighbour-Embedding-Algorithmus (t-SNE) und dem
Konzept von Autoencodern liegen.

Das unüberwachte Lernen analysiert die Struktur in Daten. Dabei kann es eine
wichtige Information für überwachtes Lernen herausarbeiten: die Label oder Zielgrößen. Noch wichtiger ist seine Eigenschaft, effiziente Transformationen zu erlernen, wie z. B. die PCA oder andere, dimensionsreduzierte Repräsentationen. Dadurch wird eine neue Form der Datenvorverarbeitung gefunden. Das Kap. 5 koppelt
rückwärts an Kap. 3 an und stellt indirekt optimale Eingangsdaten für überwachte
Lernverfahren zur Verfügung.

Abb. 5.1 zeigt eine Übersicht über die Auswirkung von Kap. 5 auf die anderen
Abschnitte des Buches. Auch auf die Erklärbarkeit hat es einen Einfluss, da gerade
ein Verständnis der Struktur von Eingangsdaten die Erklärbarkeit von Modellen
verbessert.

M. J. Neuer, *Maschinelles Lernen für die Ingenieurwissenschaften*,
https://doi.org/10.1007/978-3-662-68216-6_5

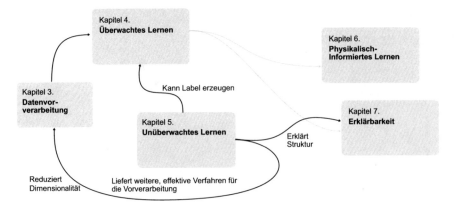

Abb. 5.1 Übersicht über den Zusammenhang von Kap. 4 mit den folgenden Kapiteln

5.1 Unüberwachte Lernparadigmen

Das Erstellen von Modellen für Variablen ist eine offensichtliche Stärke von über-
wachtem Lernen. Es basiert dabei auf der Bereitstellung von Eingangsdaten und
gewünschtem Ausgangsverhalten, Input und Labels, sodass ein Modell den Zusammenhang zwischen beiden lernt. In vielen Fällen liegt aber gar kein Ziel für ein
Training vor. Stellen Sie sich hier einen beliebigen Datensatz vor, in dem Sie noch
keinerlei Zielgröße ausgewählt haben. Oder denken Sie an eine Situation, bei der Sie
Prozessdaten gesammelt haben, aber keine Informationen darüber, ob die erzeugten
Produkte fehlerhaft sind oder nicht.

In all diesen Fällen liegt keine Vorgabe eines Labels und keine Zielvariable für
eine Regression vor. Es gibt aber Lernverfahren, die auch in dieser Situation etwas
über die Daten aussagen können. Sie stellen systematisch Beziehungen zwischen
den Datenpunkten her und versuchen eine unterliegende Struktur – so es sie denn
gibt – zu identifizieren. In einigen Fällen sind diese Ansätze in der Lage, Daten in
ihrer Dimension zu reduzieren. Letzteres zieht sich als Idee auch durch die Vorverarbeitungsschritte aus Kap. 4. Bitte beachten Sie, alle unüberwachten Lernverfahren
können auch als Vorverarbeitung für überwachtes Lernen genutzt werden. Diese
Verfahren gehören zur Gruppe des unüberwachten Lernens.

- **Hauptkomponentenanalyse.** Das vielleicht bekannteste Verfahren zur Vorverarbeitung von Daten ist die Hauptkomponentenanalyse. Sie nutzt eine geeignete
  Transformation, die Karhunen-Loevé-Transformation, um im Eigenraum der Kovarianzmatrix die Wichtigkeit der jeweiligen Eigenvektoren zu ordnen und sie
  gezielt zu streichen. Dadurch entsteht ein niedrigdimensionaler Unterraum, der
  unsere Daten hinreichend genau abbildet.
- **K-Means-Clusterverfahren.** Eine mögliche Strukturbildung in Daten sind Cluster, d. h. Datenpunkte, die zu größeren Gruppen nah aneinanderliegen. Die Bestimmung solcher Cluster ist wichtig, da sie uns hilft herauszufinden, inwieweit

verschiedene Regime in Daten abgebildet sind. Das K-Means-Verfahren sucht iterativ nach den Zentren solcher Cluster.

- **t-Student Stochastic Neighbour Embedding.** Dieses Verfahren beinhaltet zwei wichtige Aspekte. Es nutzt die Verteilung und die Nachbarschaftsbeziehungen von Datenpunkten in hochdimensionalen Räumen, um diese schließlich auf einen niedrigdimensionalen Raum mit einer t-Student-Verteilung abzubilden. Somit findet man eine Karte der Daten, in der naheliegende Punkte in Clustern zusammenliegen.

- **Autoencoder.** Der Autoencoder ist ein neuronales Netz. Aufgrund seiner individuellen Topologie benötigt er nur Eingangsdaten für sein Training und ist daher ein unüberwachtes Lernverfahren. Autoencoder sind in der Lage Datensätze zu lernen, sie zu verdichten und auch wiederzuerkennen. Dabei werden sie sowohl für die Dimensionsreduktion als auch für die Anomaliedetektion eingesetzt.

5.2 Hauptkomponentenanalyse, Principal Component Analysis (PCA)

5.2.1 Eigenschaften der Kovarianzmatrix

Im Kap. 2 haben wir bereits die Kovarianzmatrix kennengelernt. Was für eine Information ist in dieser Matrix enthalten? Zum einen sagt sie uns, wie stark sich Datenspalten oder -reihen voneinander unterscheiden. Liegen die Datenpunkte weit auseinander, sagen wir die Streuung der Punkte ist sehr hoch und damit auch die Kovarianz. Liegen Punkte nah beieinander und zeigen kaum Varianz, so ist die Kovarianz sehr niedrig. In diesen Fällen sind wir explizit an der absoluten Position der Datenpunkte interessiert und verwenden nicht etwa die Korrelationsmatrix, die von ihrer Definition aus bereits skaliert wäre.

Die Kovarianzmatrix enthält dadurch, dass sie die statistischen Abweichungen der Datenreihen voneinander komplett widerspiegelt, auch die Information, welche der Dimensionen in den Daten überhaupt eine Rolle spielen:

Beispiel: Murmeln in einer Linie
Stellen Sie sich dafür vor, Sie positionieren Murmeln entlang einer exakten Linie auf einem Tisch. Sie sorgen dafür, dass die Murmeln möglichst unterschiedliche Abstände zueinander haben, aber keinesfalls den Verlauf der Linie verlassen. Nennen wir ferner die Dimension entlang der Linie X und die orthogonale Achse Y, auf welcher wie bereits erwähnt, möglichst keine Abweichung von der Linie stattfinden soll.

Die Kovarianz der Daten spielt sich dann nur in X ab und nicht in Y. Ist die Berücksichtigung der Dimension Y dann überhaupt relevant? Nein. Wenn wir wie im obigen

Beispiel wissen, dass die Variation in den Daten nur über eine Dimension vorliegt, kann Y vernachlässigt werden. Diese Überlegung kann sehr leicht auf wesentlich höhere Dimensionen übertragen werden. Alle Dimensionen, die nicht zur eigentlichen Dynamik beitragen, können theoretisch vernachlässigt werden – wir müssen sie nur identifizieren können.

5.2.2 Eigenraum

Wie können wir die wichtigsten Dimensionen identifizieren und diejenigen aussortieren, die wenig zur Aussage der Daten beitragen? Dazu verwenden wir ein bekanntes Hilfsmittel aus der linearen Algebra, die Eigenwertanalyse. Sie stellt die Grundlage für unsere folgenden Schritte dar.

Wir wiederholen nun kurz die Definition von Eigenwerten und Eigenvektoren:

Vektoren s_i, die bei Transformation durch eine Matrix $\mathbf{A}$ wieder entlang ihrer eigenen Richtung zu liegen kommen,

$$\mathbf{A}s_i = \lambda_i s_i. \tag{5.1}$$

heißen **Eigenvektoren** der Matrix $\mathbf{A}$. Die Matrix wirkt sich also nicht richtungsändernd aus, sondern wie ein linearer Faktor λ_i. Dieser Faktor heißt **Eigenwert** der Matrix $\mathbf{A}$.

Der wirkliche Vorteil der Eigenwertbetrachtung wird klar, wenn wir nun die Matrix $\mathbf{A}$ mit Hilfe der Kenntnisse von Eigenvektoren und Eigenwerten umschreiben:

Spektralzerlegung. Eine quadratische $N \times N$ Matrix $\mathbf{A}$ kann in zwei Matrizen $\mathbf{S}$ und Λ zerlegt werden, sodass

$$\mathbf{A} = \mathbf{S}\Lambda\,\mathbf{S}^{-1} \tag{5.2}$$

gilt. Λ ist dabei eine Diagonalmatrix, die auf ihrer Diagonalen die Eigenwerte λ_i von $\mathbf{A}$ enthält. Die Matrix $\mathbf{S}$ enthält hier in ihrer i-ten Spalte den i-ten Eigenvektor s_i.

Ausgeschrieben lautet Λ,

$$\Lambda = \begin{pmatrix} \lambda_0 & 0 & 0 & \dots & 0 \\ 0 & \lambda_1 & 0 & \dots & 0 \\ 0 & 0 & \lambda_2 & \dots & 0 \\ \vdots & \vdots & \vdots & \ddots & \vdots \\ 0 & 0 & 0 & \dots & \lambda_N \end{pmatrix} \tag{5.3}$$

wobei λ_i die Eigenwerte der Kovarianzmatrix sind, während die Eigenvektoren s_i als Spalten in der Matrix $\mathbf{S}$ stehen,

$$\mathbf{S} = \begin{pmatrix} s_{00} & s_{01} & s_{02} & \dots & s_{0N} \\ s_{10} & s_{11} & s_{12} & \dots & s_{1N} \\ s_{20} & s_{21} & s_{22} & \dots & s_{2N} \\ \vdots & \vdots & \vdots & \ddots & \vdots \\ s_{N0} & s_{N1} & s_{N2} & \dots & s_{NN} \end{pmatrix}. \tag{5.4}$$

> Der von den Eigenvektoren s_i einer Matrix A aufgespannte Raum heißt **Eigenraum** der Matrix A.

Die Spektralzerlegung bestimmt die Eigenwerte und -vektoren aus der Matrix **A** durch das Jacobi-Verfahren. Dieses Vorgehen ist in vielen Bibliotheken und Programmiersprachen enthalten und kann daher heute sehr einfach auf Daten angewendet werden. Wir gehen nun wieder konkreter auf unsere Kovarianzmatrix ein. Die Spektralzerlegung lässt uns auch für diese Matrix geeignete λ_i und s_i finden.

5.2.3 Eigenraum der Kovarianzmatrix

Starten wir mit einer Datenmatrix X. Sie enthält unsere Datenvektoren und damit die Basis, um die Kovarianzmatrix $\mathbf{C}(X)$ aufzustellen, dann können wir entsprechende Eigenwerte $\lambda_{C,i}$ und Eigenvektoren $s_{C,i}$ ermitteln. Für unsere Datenmatrix X und ihre Zeilenvektoren x_i bedeutet dies, dass wir sie über $\mathbf{S}$ transformieren können:

> Jeder Datenvektor x_i kann über
>
> $$\hat{x}_i = \mathcal{E}(x_i) = x_i \mathbf{S}_C \tag{5.5}$$
>
> in den Eigenraum der Kovarianzmatrix transformieren können, wobei $\mathbf{S}_C$ die Matrix der Eigenvektoren von **C** ist. Diese Transformation nennen wir **Haupt-**

komponententransformation oder **Principal Component Analysis (PCA).**
Wir bezeichnen diesen Vorgang auch als **Encoding** und deuten dies durch die
Bezeichnung $\mathcal{E}$ an.

Wir haben einen weiteren Vorteil im Bezug auf **S**, der direkt aus den Eigenschaften
der Kovarianzmatrix selbst stammt – **C** ist aufgrund ihrer Definition symmetrisch.
Für symmetrische Matrizen vereinfacht sich die Spektralzerlegung nochmals, da die
Inverse von **S**, $\mathbf{S}^{-1}$, sich direkt aus der Transposition der Matrix bestimmen lässt,

$$\mathbf{S}^{-1} = \mathbf{S}^{T}, \tag{5.6}$$

was zur Spektralzerlegung der Kovarianzmatrix führt

$$\mathbf{C} = \mathbf{S}\Lambda\mathbf{S}^{T} \tag{5.7}$$

und die Rücktransformation der Daten ähnlich einfach gestaltet:

Ein Vektor $\hat{\boldsymbol{x}}_i$ aus dem Eigenraum von **C** kann über

$$\boldsymbol{x}_i = \mathcal{D}(\hat{\boldsymbol{x}}_i) = \mathbf{S}_C^T \hat{\boldsymbol{x}}_i \tag{5.8}$$

zurück in den Datenraum transformiert werden. Im Fall von $\mathcal{D}$ sprechen wir
auch vom **Decoding.**

Mit den Formalismen (5.5) und (5.10) können wir in den Eigenraum und wieder
zurückspringen. Boardman et al. zeigten in einigen Arbeiten [1, 2], wie gut die
PCA für Probleme der Mustererkennung bei Spektren angewendet werden kann. Sie
nutzen obige Transformation, um im Eigenraum nach elementaren Eigenschaften
von Gefahrenstoffen zu suchen.

5.2.4 Eigenraumreduktion

Unser Eingangsbeispiel beschäftigte sich jedoch mit der Reduktion von Dimensionen. Bisher haben wir mit der Transformation (5.5) aber nur in einen gleichdimen-
sionierten, wenn auch unterschiedlichen Raum transformiert. Es fehlt also noch ein
Schritt, um die Dimensionen zu verringern.

Wir betrachten nun wieder die Matrix der Eigenvektoren von **C**. Sie besteht aus
N Eigenvektoren, von denen wir annehmen, dass nur $L < N$ wirklich zur Dynamik
beitragen. Wir streichen also alle weiteren Eigenvektoren aus $\mathbf{S}_C$ heraus und kommen
somit zu einer neuen, kompakteren Matrix $\tilde{\mathbf{S}}$,

$$\tilde{\mathbf{S}} = \begin{pmatrix} s_{00} & s_{01} & s_{02} & \cdots & s_{0L} & \diagdown & s_{0N} \\ s_{10} & s_{11} & s_{12} & \cdots & s_{1L} & \diagdown & s_{1N} \\ s_{20} & s_{21} & s_{22} & \cdots & s_{2L} & \diagdown & s_{2N} \\ \vdots & \vdots & \vdots & \ddots & \cdots & \diagdown & \vdots \\ s_{N0} & s_{N1} & s_{N2} & \cdots & s_{NL} & \diagdown & s_{NN} \end{pmatrix}. \tag{5.9}$$

Dieser Vorgang reduziert die Dimension. Die führenden Eigenvektoren nennen wir auch die Hauptkomponenten unserer Datenmatrix $\mathbf{X}$. Oft sind in der Praxis nur wenige dieser Hauptkomponenten notwendig, um die Daten vollständig zu erfassen.

Ist die Matrix einmal reduziert, können wir auch wieder zurück in den eigentlichen Datenraum wechseln, dazu müssen wir nur (5.10) anwenden:

> Die PCA erlaubt durch Streichung nichtrelevanter Eigenvektoren, eine **lineare Verdichtung** der relevanten Information. Die Dimension wird effektiv verringert. Die niedrigdimensionalen Datenvektoren sind gegeben durch,
>
> $$\tilde{\mathbf{x}}_i = \tilde{\mathbf{S}}_C^T \hat{\mathbf{x}}_i, . \tag{5.10}$$

Wobei wir mit dem Symbol $\tilde{\mathbf{x}}_i$ zeigen, dass es jetzt explizit nicht mehr der Datenvektor $\mathbf{x}_i$ selbst ist, sondern seine aus $\tilde{\mathbf{S}}$ gewonnene, niedrigdimensionale Rekonstruktion.

5.2.5 Implementation über Scikit-Learn

Wir zeigen hier eine besonders einfache und schnelle Implementation mit Hilfe des Pakets Scikit-Learn. Hierfür müssen wir zunächst aus `sklearn` die Zerlegung `PCA` einbinden. In Listing 5.1 wird danach unser bekanntes Beispiel mit den Motorstromkurven geladen und mit Hilfe von bekannten Labels eingefärbt. Dieser Vorgang ist lediglich für unsere bessere Sicht auf die Daten notwendig. Wir können dann später die Transformationen besser unterscheiden. In Abb. 5.2(a) sind diese eingefärbten Rohdaten zu sehen. Es sind ca. 1000 Kurven geplottet worden, die Unschärfe entsteht durch einen niedrigen Alphawert pro Kurve.

Listing 5.1 Implementation der Hauptkomponentenanalyse/PCA

```
import matplotlib.pyplot as plt
import pickle
import numpy as np
from sklearn.decomposition import PCA

data = pickle.load(open('EX03Engine.pickle','rb'))
```

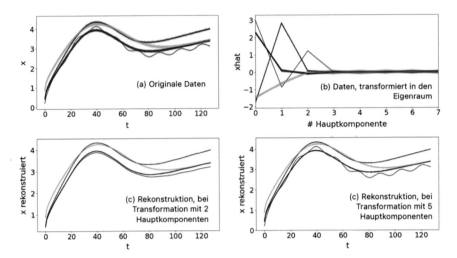

Abb. 5.2 Hauptkomponentenanalyse anhand unseres Beispiels mit Motorströmen. **a** Darstellung der originalen Eingangsdaten der PCA, **b** transformierte Daten im Eigenraum, 8 Hauptkomponenten werden dargestellt, **c** schlechte Rekonstruktion unter Berücksichtigung einer Transformation mit nur 2 Hauptkomponenten und **d** gute Rekonstruktion mit 5 Hauptkomponenten

```
7   X = data['X']
8   mu = np.mean(X, axis=1)
9
10  mycolor=[]
11  for i in range(0,500):
12      if data['Label'][i] == 1:
13          mycolor.append('r')
14      elif data['Label'][i] == 2:
15          mycolor.append('b')
16      elif data['Label'][i] == 3:
17          mycolor.append('y')
18      else:
19          mycolor.append('k')
```

In Listing 5.2 wird die PCA auf die Daten in X angewendet und die neue Matrix Xhat berechnet. Beachten Sie bitte Zeile 8. Hier wird der Mittelwert jeder Datenreihe in eine dedizierte Variable mu gespeichert. Für die Auswertung der PCA wird der Mittelwert vom Verfahren abgezogen. Diese Variable wird also von uns benötigt, um später wieder zurück in den originalen Raum zu gelangen.

Listing 5.2 Implementation der Hauptkomponentenanalyse/PCA

```
1   # Transformation auf die Hauptkomponenten
2   pca = PCA()
3   pca.fit(X)
4   Xhat = pca.transform(X)
```

Das Ergebnis von Listing 5.2 ist in Abb. 5.2(b) dargestellt. Es ist die abstrakte Transformation von Datenvektoren in den Eigenraum. Nur die ersten 8 Komponenten sind hier dargestellt, da sich die Dynamik offenbar zwischen Komponente 0 und 4 vollständig erfassen lässt. Für höhere Komponenten > 5 sehen wir in Abb. 5.2(b) lediglich Rauschen.

Listing 5.3 Rücktransformation aus dem Eigenraum in den Datenraum und lineare Verdichtung mit dem Ziel der Dimensionsreduktion

```
nComp = 5
Xtilde = np.dot(Xhat[:,:nComp], pca.components_[:nComp, :])
Xtilde = Xtilde+mu
```

In Listing 5.3 wird nun die eigentliche Dimensionsreduktion durchgeführt. Wir nutzen jedoch hier die Ebene von $\hat{\mathbf{X}}$ und streichen alle Dimensionen größer als nComp weg. Die Rekonstruktionsqualität, die wir so erreichen, ist in Abb. 5.2(c) für nur 2 Komponenten und in Abb. 5.2(d) für 5 Komponenten gezeigt. Während 2 Komponenten zu wenig sind, um die Daten vollständig zu rekonstruieren – unter anderem verlieren wir die Schwingungsinformation der Anomalie! –, kann eine Rekonstruktion mit 5 Komponenten sehr gut die prinzipiellen Verläufe wiedergeben.

Eine weitere Beobachtung ist das effektive Entrauschen der originalen Daten. Nach Rekonstruktion scheinen die Kurven glatter und schärfer. Dieser Effekt kommt vom Kürzen der Rauschkomponenten im Eigenraum.

5.2.6 Diskussion der PCA

Die PCA lässt sich auf vielfältigste Probleme anwenden und wie wir gesehen haben, lassen sich Dimensionen damit effektiv reduzieren. PCA-Transformationen eignen sich hervorragend zur Weiterverarbeitung in überwachten Lernverfahren wie neuronalen Netzen und Entscheidungsbäumen.

Die PCA eignet sich ebenso gut zur Vorverarbeitung. Es existieren nun zwei Datenarten, mit denen Sie fortfahren können:

1. Sie können die encodierten Daten $\hat{x}$ um ihre nichtrelevanten Anteile kürzen und im Eigenraum weitere Analysen anschließen.
2. Sie können über die Dekodierung in (5.10) in den ursprünglichen Datenraum zurückgelangen und von hier aus Folgeverfahren anwenden.

In beiden Fällen ist die Dimension reduziert.

Anwendung zur Anomaliedetektion
Shyu et al. zeigen in [11] beispielhaft, wie die PCA zur Anomalieerkennung eingesetzt werden kann. Diese Arbeit steht stellvertretend für eine Vielzahl solcher Anwendungsfälle. Wenn im Eigenraum eine Auffälligkeit gefunden wird, die vom

normalen Verhalten abweicht, dann liegt eine Anomalie vor. Diese ist mitunter gerade im Eigenraum besser zu erkennen als im ursprünglichen Datenraum.

Auch hier gilt es vorsichtig zu sein und die Ergebnisse sorgfältig zu hinterfragen. Wenn wir das Beispiel mit den Murmeln wieder aufgreifen, dann hatten wir ja gesagt, dass die Variation entlang Y keine Rolle spielt und nur die Dimension X die gesamte Varianz der Daten widerspiegelt. In einer konsequenten Reduktion würde schließlich der Einfluss in Y vernachlässigt. Genau diese Dimension kann aber gerade die Anomalie sein.

Es macht also nur Sinn eine Anomaliedetektion mit einer PCA zu entwickeln, wenn man bereits Vorkenntnisse über die Anomalien hat, die man finden möchte. Sie müssen in der Menge der Daten enthalten sein, die wir nutzen, um die Kovarianzmatrix aufzubauen.

Bemerkungen zur Anwendung

Die Wahl des Auswerteraums ist oft problemabhängig, wir möchten im Zuge dieser Einführung jedoch einige Hilfestellungen für die Anwendung bei technischen Prozessdaten geben:

- Die PCA entrauscht ihre Daten äußerst effektiv. In Kombination mit dem gleitenden Mittelwert-Filter können daher Informationen verloren gehen.
- Wie im Beispiel und in Abb. 5.2 zu sehen ist, geht die Oszillation der originalen Daten verloren, wenn wir die Dimension zu sehr reduzieren oder wenn wir im Eigenraum verbleiben.
- Wenn Sie Oszillationen in Daten analysieren wollen, nutzen Sie die PCA vor einer FFT und stellen Sie sicher, dass die Daten tatsächlich die relevanten Frequenzen enthalten. In diesem Fall hilft das Entrauschen über die PCA, die Identifikation von Frequenzen im FFT-Spektrum deutlich zu verbessern und zu schärfen.

Nachteile

Die PCA hat jedoch auch eine Schwachstelle: Sie ist ein lineares Verfahren. Die Projektion in den Eigenraum ist linear und so lassen sich nicht alle Datenverläufe gut mit der PCA transformieren. Sie sollten durch gezielte Erprobung versuchen, die PCA auf ihre individuellen Probleme anzuwenden und von Fall zu Fall entscheiden, wie gut die Situation rekonstruiert wird. Aus diesem Grund haben wir oben die Rekonstruktionsmethode näher ausgeführt. Sie kann Ihnen helfen festzustellen, wie gut das Verfahren funktioniert.

Wir werden in diesem Kapitel einen Verwandten der PCA kennenlernen, den Autoencoder, den man als nichtlineare Hauptkomponententransformation interpretieren kann. Dieses Verfahren ist aufwendiger, jedoch in nahezu allen Situationen anwendbar.

5.3 K-Means-Clusterverfahren

5.3.1 *Finden von Clusterzentren*

Der K-Means – K-Mittelwerte – Algorithmus gehört zu den am meisten verbreiteten Clusteralgorithmen. Seine Funktionsweise ist einfach, nachvollziehbar und er zeigt robuste Ergebnisse auch in anspruchsvollen Situationen. Sein größter Nachteil ist die Vorkenntnis, bzw. Schätzung, der Zahl an vermuteten Clusterzentren.

Wir werden nun die einzelnen Schritte des K-Means-Algorithmus besprechen. Dazu gehen wir von einem Beispiel in zwei Dimensionen aus. In dieser überschaubaren Größe können wir das Verfahren leichter erklären. Allgemein sind die Dimensionen jedoch nicht beschränkt. In Abb. 5.3 haben wir die einzelnen Schritte zusätzlich skizziert.

- **(A) Zufällige Positionierung.** Es werden k zufällige Positionskandidaten gewählt. Diese Zentren sind in unserem einfachen Beispiel durch Vektoren m_R, m_B, und m_G gegeben, wobei R für Rot, B für Blau und G für Grün steht. In diesem Fall ist $k = 3$. In Abb. 5.3-1 sind die Positionen durch entsprechend farbige Mittelpunkte von Kreisen repräsentiert.
- **(B) Zusammenfassen und Zuordnen.** Ausgehend von N vorhandenen Datenpunkten, wird nun sukzessiv jeder Datenpunkt x_i einem dieser Zentren zugeordnet. Dazu minimiert man wieder eine Kostenfunktion

$$J = \sum_{j=0}^{k-1} \sum_{i}^{N} ||x_i - m_j||^2, \qquad (5.11)$$

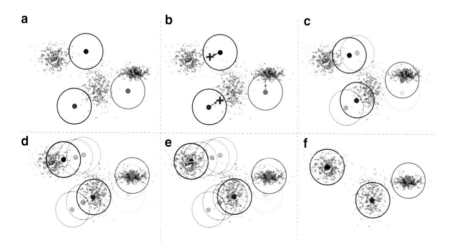

Abb. 5.3 Schematischer Ablauf des K-Means-Algorithmus

indem man für jedem Datenpunkt jede mögliche Zuordnung zu einem Zentrum m_j prüft und die Zuordnung auswählt, die J am wenigsten erhöht. Man spricht bei dieser Kostenfunktion auch von der Varianz im Cluster.

- **(C) Schwerpunkte finden.** Sind alle Datenpunkte zugeordnet, so liegen k Mengen an Datenpunkten vor. Nun berechnen wir die Schwerpunkte dieser Datenmengen. In der Abb. 5.3-2 sind diese Schwerpunkte als farbige Kreuze markiert. Als letzten Schritt definieren wir diese Schwerpunkte als neue Kandidaten für Clusterzentren und wiederholen das Vorgehen ab (B).

Abb. 5.3 zeigt über mehrere Iterationen, wie über den oben beschriebenen Algorithmus die Kandidaten in die Clusterzentren konvergieren.

5.3.2 Implementation mit Scikit-Learn

Die Implementation des K-Means-Verfahren ist ebenso einfach, wie die obige Erklärung. Doch bevor wir das Verfahren im Python-Code untersuchen können, müssen wir ein Testbeispiel überlegen, dass uns hilft die Clusterung nachzuvollziehen. Wir nutzen die bereits in Abb. 5.3 gezeigten Punktwolken. Diese Punktwolken erzeugen wir in Listing 5.4 mittels 2D-Gauß-Funktionen. Zeilen 6, 7, und 8 führen zu geclusterten Datenpunkten (x_i, y_i).

Listing 5.4 Erzeugung von synthetischen Testdaten für das K-Means Verfahren

```
def gauss2d(mu_x, sigma_x, mu_y, sigma_y, numberOfPoints=400):
    x1 = mu_x + sigma_x * np.random.randn(numberOfPoints)
    y1 = mu_y + sigma_y * np.random.randn(numberOfPoints)
    return x1, y1

x1, y1 = gauss2d(5, 1, -4, 3)
x2, y2 = gauss2d(-1, 1, 5, 2)
x3, y3 = gauss2d(10, 1, 1, 1)
```

Oft müssen sie diesen eigenen Weg nicht selbst gehen. Auch für die Generierung von synthetischen Daten stehen ihnen seitens Scikit-Learn verschiedene Tools zur Verfügung. Wir bevorzugen hier die eigene Implementation, da sie somit stets eigene Erweiterungen oder Anpassungen an der Routine vornehmen können. Die Datenpunkte der drei Punktwolken wandeln wir in eine Trainingsmenge Xtrain um, und setzen diese in den Scikit-Learn-K-Means-Algorithmus ein. Listing 5.5 zeigt die Anwendung des Algorithmus selbst.

Listing 5.5 Anwendung des K-Means-Verfahren

```
from sklearn.cluster import KMeans

Xtrain = []
for i in range(0, 300):
```

```
 5    Xtrain.append([x1[i],y1[i]])
 6    Xtrain.append([x2[i],y2[i]])
 7    Xtrain.append([x3[i],y3[i]])
 8
 9  kmeans = KMeans(n_clusters=3, random_state=0)
10  kmeans.fit(np.array(Xtrain))
11
12  print(kmeans.cluster_centers_)
```

Als letzter Punkt dieses Codes werden in Zeile 12 die Clusterzentren ausgegeben. Nun überprüfen wir, wie gut die trainierte Clusterzuordnung unsere Datenpunkte abbildet. Diesen Test formulieren wir in Listing 5.6. Zunächst wird die Testmenge Xtest aus den übrigen Datenpunkten generiert. Über kmeans.predict() wenden wir das zuvor trainierte Verfahren auf jeden Datenpunkt an.

Listing 5.6 Anwendung des K-Means-Verfahren

```
 1  Xtest = []
 2  for i in range(301, 400):
 3      Xtest.append([x1[i],y1[i]])
 4      Xtest.append([x2[i],y2[i]])
 5      Xtest.append([x3[i],y3[i]])
 6
 7  for eachElement in Xtest:
 8      print(eachElement)
 9      result = kmeans.predict(np.array(eachElement).reshape
            (1,-1))
10      if result == 0:
11          color = 'r'
12      elif result == 1:
13          color = 'b'
14      else:
15          color = 'g'
16
17      plt.scatter(eachElement[0], eachElement[1], s=20, color=
            color)
```

Die Visualisierung zeigt nun eine automatische Zuordnung in die Cluster mit Rot, Blau und Grün. Farbwahl und Positionen der Cluster entsprechen dem Beispiel in Abb. 5.3.

5.3.3 Batch K-Means

Der hier gezeigte Algorithmus hat von seiner Strategie her einige Nachteile auf sehr großen Datenmengen. Im obigen Schritt (B) muss das Verfahren für jeden Datenpunkt den Minimierungsschritt durchführen. Das bedeutet, der Algorithmus verwendet intern verschiedene Schleifen, um die Summen von (5.11) zu berechnen. Während die erste Summe überschaubar ist, da es sich nur um eine vorher bekannte Zahl an Clusterzentren handelt, ist die zweite Summe kritisch, da sie mit der Zahl der Punkte steigt.

Um diese Schwachstelle zu vermeiden, gibt es erweiterte Ansätze, die nach lokalen Optima suchen [4] oder auf kleineren Untermengen suchen [10]. Dazu nutzt man in jeder Iteration des Algorithmus zufällig gezogene Teilmengen von X. Sie repräsentieren zwar die ursprüngliche Datenmenge, enthalten aber eine limitierte, vordefinierte Zahl an Punkten. Da nur auf dieser Untermenge ausgewertet wird, ist der so entstandene Algorithmus schneller.

In Scikit-Learn existiert dieser Ansatz unter dem Namen Mini Batch K-Means. Die Anwendung dieser Algorithmusvariante auf unser Beispiel erfolgt analog zu Listing 5.5 und ist in Listing 5.7 aufgeführt.

Listing 5.7 Anwendung des Mini-Batch-K-Means-Verfahren

```
from sklearn.cluster import MiniBatchKMeans, KMeans


miniBatchKmeans = MiniBatchKMeans(n_clusters = 3, batch_size =
    20, n_init = 10)
miniBatchKmeans.fit(Xtrain)
```

5.4 Der t-Distributed-Stochastic-Neighbour-Embedding-Algorithmus (t-SNE)

5.4.1 Idee hinter t-SNE

Der t-SNE-Algorithmus analysiert die abstrakten Distanzen von Datenpunkten, um ein Maß dafür zu erhalten, wie wahrscheinlich zwei Punkte benachbart sind. Abstrakt, weil der Begriff Distanz hier auch im Kontext von Ähnlichkeit oder Nähe zu verstehen ist. Das Verfahren beruht auf Arbeiten von G. Hinton und S. Roweis, die sich in 2003 [3] intensiv mit der Nachbarschaft von Datenpunkten beschäftigten und das Stochastic Neighbour Embedding vorgestellten. L. v. Maaten und G. Hinton zeigten in [6] schließlich den Einsatz der t-Student-Verteilung, was zum Algorithmus in seiner heutigen Form führte.

Betrachten wir die Datenpunkte $x_1, x_2, \ldots, x_N$, so ist diese Nähe durch eine bedingte Wahrscheinlichkeit $p(i|j)$ definiert, wobei i und j die Indizes unserer Punkte bezeichnet. Wir nutzen außerdem Vektoren $x_i \in \mathbb{R}^D$, da ja jeder Datenpunkt durch eine hinreichend große Menge D an Dimensionen repräsentiert sein kann.

In anderen Worten, $p(i|j)$ drückt die Wahrscheinlichkeit aus, mit sich ein Punkt x_i in der Nähe des Punkts x_j befindet. Dazu müssen wir eine Annahme treffen, nämlich welche Verteilung wir hier nutzen möchten und t-SNE setzt hier die Gauß-Verteilung ein. Für die bedingte Wahrscheinlichkeit definiert man,

$$p(i|j) = \frac{1}{Q} \exp\left[-\frac{||\boldsymbol{x}_i - \boldsymbol{x}_j||^2}{2\sigma^2}\right] \tag{5.12}$$

wobei für die Hilfsgröße Q

$$Q = \sum_{k \neq i} \exp\left[-\frac{||\boldsymbol{x}_i - \boldsymbol{x}_k||^2}{2\sigma^2}\right] \tag{5.13}$$

gilt. Mit $||\boldsymbol{x}_i - \boldsymbol{x}_j||$ bestimmen wir den Abstand zwischen dem Datenvektor $\boldsymbol{x}_i$ und $\boldsymbol{x}_j$. Aufgrund der Tatsache, dass $\boldsymbol{x}_i$ unsere Eingangsdaten sind, können wir (5.12) für zwischen allen Paarkombinationen ausrechnen.

Im nächsten Schritt erfolgt im t-SNE-Verfahren eine Dimensionsreduktion: es bildet die Datenpunkte in einen niedrigdimensionalen Raum $\mathbb{R}^d$ ab, wobei $d \ll D$ ist und oft mit $d = 2$ gewählt wird. Die Wahl $d = 2$ ermöglicht es uns, die Daten im Zielraum auf einer Fläche zu visualisieren.

Für die Punkte $\boldsymbol{y}_i \in \mathbb{R}^d$ im Zielraum fordert t-SNE schließlich ebenfalls eine Nachbarschaftsverteilung $\tilde{p}(i|j)$, definiert als,

$$\tilde{p}(i|j) = \frac{1}{\tilde{Q}}\left[\frac{1}{1 + ||\boldsymbol{y}_i - \boldsymbol{y}_j||^2}\right] \tag{5.14}$$

mit der Hilfsgröße $\tilde{Q}$

$$\tilde{Q} = \sum_l \sum_{l \neq m} \frac{1}{1 + ||\boldsymbol{y}_l - \boldsymbol{y}_m||^2}. \tag{5.15}$$

Als letzten Schritt wird sukzessive die Kullback-Leibler-Divergenz

$$\mathrm{KL}(p, \tilde{p}) = \sum p(i|j) \log \frac{p(i|j)}{\tilde{p}(i|j)} \tag{5.16}$$

zwischen beiden Verteilungen minimiert. Was passiert dabei anschaulich? Die Nachbarschaftsbeziehungen aus dem Raum der Eingangsdaten bleiben erhalten, da ja die Divergenz zwischen den Verteilungen klein wird. Durch die spezielle From von $\tilde{p}$ werden die Daten zusätzlich so verteilt, dass benachbarte Punkte nah aneinanderrücken und Cluster einen möglichst großen Abstand zueinander einnehmen.

5.4.2 Anwendung der t-SNE Implementation in Scikit-Learn

In Scikit-Learn ist eine Implementation von t-SNE enthalten. Sie lässt sich überaus schnell auf praktische Probleme anwenden. Wir demonstrieren dies hier an unserem

Zeitreihenbeispiel für Motorströme. Das vollständige Listing ist in 5.8 aufgeführt. Dort wird erneut der Beispieldatensatz geladen und eingefärbt. Diese Nutzung von Labels ist nur für die Illustration gedacht. Die Labels selbst werden nicht im Verfahren genutzt.

Listing 5.8 Anwendung des t-SNE-Verfahren auf das Motorstrom-Beispiel

```
import matplotlib.pyplot as plt
import numpy as np
import pickle
from sklearn.manifold import TSNE

data = pickle.load(open('EX03Engine.pickle', 'rb'))
x = data['X'][0:500]

mycolor=[]
for i in range(0, len(x)):
    if data['Label'][i] == 1:
        mycolor.append('r')
    elif data['Label'][i] == 2:
        mycolor.append('b')
    elif data['Label'][i] == 3:
        mycolor.append('y')
    else:
        mycolor.append('k')

myTsne = TSNE()
y = myTsne.fit_transform(x)

for i in range(0,500):
    plt.scatter(y[i,0],y[i,1], color = mycolor[i], alpha=0.2)

plt.xlabel('$y_0$', fontsize=22)
plt.ylabel('$y_1$', fontsize=22)
plt.tick_params('both', labelsize=20)
```

In Abb. 5.4 zeigen wir in (a) nochmals die Zeitreihen, eingefärbt gemäß ihrem Label, und in (b) das t-SNE-Ergebnis des obigen Codes. Zusätzlich wurde gekennzeichnet, wie sich die Zeitreihen in die verschiedenen Cluster transformieren. Achten Sie bitte genau auf den schwarzen Punkt oben rechts. Dieser Punkt fasst die Vorkommnisse der Anomalie zusammen, die in den Daten mehrfach auftritt. In unserer Diskussion der FFT in Abschn. 3.6.3 wurde dasselbe Beispiel betrachtet und die Anomalie durch ihre Frequenz identifiziert. Das t-SNE-Ergebnis sagt uns auch, dass dieser Sonderfall sehr nah an der blauen Kurve liegen muss.

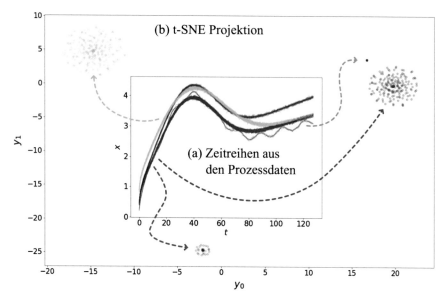

Abb. 5.4 Anwendung von t-SNE auf das Motorstrombeispiel. Gestrichelte Linien symbolisieren die Zuordnung der Zeitreihen in (a) auf die Clusterdarstellung in der t-SNE-Projektionsebene (b)

5.4.3 Vor- und Nachteile von t-SNE

Würden wir also auf unbekannten Daten arbeiten, hätten wir durch die t-SNE-Anwendung einen Gewinn an Information und einen guten Überblick über unsere Daten. Es gibt jedoch auch Nachteile dieses Verfahrens:

- **Geschwindigkeit der Ausführung.** Das t-SNE-Verfahren arbeitet langsam, da es durch alle Punktepaare iterieren muss. Es ist daher nur bedingt im Online-Fall einsetzbar.
- **Geringe Reproduzierbarkeit.** Durch den inhärenten Startzufall sind die Verteilungen der Clusterpositionen mit jeder Ausführung verschieden.

Viele dieser Defizite sind in erweiterten Verfahren nicht mehr vorhanden. Ein Beispiel ist hierbei die Uniform Manifold Approximation and Projection (UMAP), die in [7] von McInnes vorgestellt wurde.

5.5 Autoencoder

5.5.1 Topologie eines Autoencoders

Ein Autoencoder (AE) ist ein neuronales Netz mit einer speziellen Topologie: Die Eingangsvariablen sind gleichzeitig die Trainingsziele. Wir geben also Daten von links in das Netz hinein und erwarten nach einem erfolgreichen Training, dass dieser Eingang möglichst gut am Ausgang wiedergegeben wird. Der AE ist somit eine 1-Abbildung.

> Ein neuronales Netz, für das gilt
>
> $$z = \mathcal{A}(x) \text{ mit } z \xrightarrow[\text{Train}]{} x \tag{5.17}$$
>
> heißt **Autoencoder.**

Teilt man das Netz an einer mittleren Schicht auf, so kann man zwei Halbnetze identifizieren, den Encoder- und den Decoderteil.

> Schreiben wir (5.17) als
>
> $$z = \mathcal{D}\left[\mathcal{E}(x)\right] \tag{5.18}$$
>
> identifizieren wir $y = \mathcal{E}(x)$ als den **Encoder** und $z = \mathcal{D}(y)$ als den **Decoder** des Autoencoders.

Die besondere Anwendung eines solchen Netzes basiert auf seiner speziellen Topologie, die in Abb. 5.5 dargestellt ist. Die Eingangs- und die Ausgangsschicht sind wie oben erklärt identisch dimensioniert. Die mittleren, verdeckten Ebenen des Netzes wurden jedoch so gewählt, dass ihre Anzahl von Neuronen bis zu einer bestimmten Ebene abnimmt (im Beispiel 3 Neuronen). Danach nimmt die Zahl der Neuronen in den Ebenen wieder zu. Wird nun ein solches Netz trainiert, x auf x abzubilden, so muss die in x enthaltene Information durch das Netz auf die kleine Zahl an mittleren Neuronen komprimiert werden. Genau dies macht den AE aus.

Die Dimension des Eingangs wird effektiv auf die Dimension der mittleren Schicht reduziert. Somit haben wir eine Eigenschaft des AE ermittelt:

> Encoder von Autoencodern reduzieren die Dimension der Eingangsvariablen durch **nichtlineare Verdichtung** in den verdeckten Schichten.

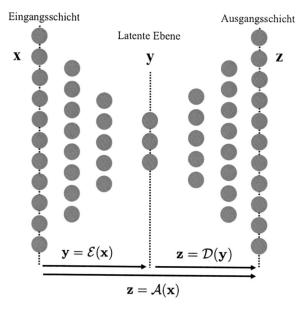

Abb. 5.5 Illustration der Topologie eines Autoencoders

Während eine PCA eine lineare Transformation ist, ermöglicht der Autoencoder die **nichtlineare Transformation** und kann sich besser an komplexe Randbedingungen anpassen.

5.5.2 Latenter Raum

Die mittlere Schicht des Autoencoders enthält also eine nichtlinear komprimierte Darstellung unserer Eingangsdaten. Ihr kommt eine besondere Rolle zu, ähnlich wie dem Eigenraum der Kovarianzmatrix.

> Existiert ein Autoencoder $\mathcal{A}$, für den $x \approx \mathcal{A}(x)$ gilt, und ist $\mathcal{E} : \mathbb{R}^N \leftarrow \mathbb{L}$ der trainierte Encoderteil von $\mathcal{A}$, so nennen wir $\xi \in \mathbb{L}$ die **codierte Darstellung** von x und $\mathbb{L}$ den **latenten Raum** des Autoencoders.

Es ist zulässig auch hier von einem Eigenraum zu sprechen. Streng genommen ist $x = \mathcal{A}(x)$ eine Eigenwertgleichung, wobei nach dem Training $\mathcal{A} \approx \mathbf{1}$ ist und jedes x_i der Eingangsdaten einem Eigenvektor repräsentiert.

5.5.3 Anomalieerkennung

Eine der häufigsten Anwendungen für Autoencoder ist die Anomalieerkennung. Verschiedene Arbeiten, [5, 9] oder [8], gehen auf Anwendungsbeispiele ein. Wir möchten hier daher die grundlegenden Strategien diskutieren, mit denen ein Autoencoder eine Anomalie identifiziert:

- **Transformationsqualität.** Der Autoencoder wird auf einer Datenmenge X, im Code später Xtrain, trainiert. Er rekonstruiert also alle Arten von Kurven x_i sehr gut im Sinne von

$$x_i \approx \mathcal{A}(x_i). \tag{5.19}$$

Ist eine Rekonstruktion dagegen schlecht, $x_i \neq \mathcal{A}(x_i)$, so handelt es sich um einen Typus von Eingangsdaten, die nicht trainiert wurden. Ein einfacher Vergleich z. B. mit einem Least-Square-Ansatz,

$$J = |\mathcal{A}(x_i) - x_i|^2 \tag{5.20}$$

gibt hier Aufschluss über die Rekonstruktionsqualität und kann diese über J sogar quantifizieren.
- **Anomaliedetektion im latenten Raum.** Alternativ betrachtet man die Datenverteilung im latenten Raum $\mathbb{L}$. Hier ordnen sich die normalen Fälle in Clustern an. Anomalien fallen auf, da sie sich von diesen Gruppen der Normalfälle entfernen.

Bitte beachten Sie diese Aussagen sehr genau. Der Autoencoder erkennt nicht nur eine Anomalie. Er ist in der Lage Ihnen mitzuteilen, ob er die Daten bereits einmal gesehen hat oder nicht. Damit identifiziert er, ob ein Verhalten der Eingangsvariablen prinzipiell unbekannt oder bekannt ist. Die Anomalie selbst muss also nicht Teil der Trainingsdatenmenge gewesen sein. Das Training auf einer Reihe von Normalfällen ist ausreichend.

5.5.4 Implementation in Keras

Wir nutzen unsere Neuronalen Netze aus dem vorherigen Kapitel, um einen AE in Keras zu implementieren. Dazu möchten wir die Topologie aus Abb. 5.5 einsetzen. Bevor wir jedoch zum eigentlichen Netz kommen, müssen wir uns einen Anwendungsfall überlegen. Hier bietet sich eine einfache Mustererkennung an. Wir definieren Gauß-Pulse mit unterschiedlicher Breite und Position. Diese möchten wir mit einem AE unterscheiden.

Label werden, da es sich um ein unüberwachtes Verfahren handelt, nicht benötigt. Der AE muss selbst die beste Abbildung in seiner latenten Schicht finden. Dennoch erzeugen wir uns auch Labels. Sie werden nicht zum Training, aber später zum Test benötigt

Die Implementation unserer synthetischen Datengeneration ist in Listing 5.9 gezeigt.

Listing 5.9 Definition eines synthetischen Beispiels für Trainings- und Testdaten

```
def gaussianDistribution(t, mu, sigma):
    return np.exp( -(t-mu)**2 / 2 / sigma**2 )

def generatePulses(numberOfEvents=10):
    X = []
    Y = []
    t = np.array(range(0,100),dtype=float)
    r = np.random.random(numberOfEvents)
    for i in range(0,numberOfEvents):
        if r[i] > 0.5:
            thisSigma=8
            thisMu = 70
            thisLabel=0
        else:
            thisSigma=2
            thisMu = 10
            thisLabel=1
        f = gaussianDistribution(t, mu=thisMu, sigma=thisSigma
            )

        X.append(f)
        Y.append(thisLabel)
    return X, Y

Xtrain, Ytrain = generatePulses(5000)
Xtest, Ytest = generatePulses(50)
```

Ein Zufallsprozess wechselt hierbei zwischen zwei Gauß-Formen. Für das Training wird eine Menge Xtrain generiert. Ytrain ist ein Platzhalter. Xtest und Ytest sind Testdaten, wobei wir Ytest primär für die Visualisierung und Prüfung unserer Ergebnisse verwenden.

Das nachfolgende Listing 5.10 zeigt die eigentliche Programmierung des AE als Keras-Modell. Wir haben hier fest eine Topologie der Form 100,20,10,3,10,20,100 gewählt. Damit Sie mit diesem Beispielcode direkten Zugriff auf den Encoder- und Decoderteil des Autoencoders haben, wurde auch die Modellauswertung schon entsprechend in Zeilen 28 und 29 angelegt.

Listing 5.10 Implementation des AE Netzes

```
import tensorflow as tf
import keras
from tensorflow.keras import layers, losses
from tensorflow.keras.models import Model

class Autoencoder(Model):

    def __init__(self, latent_dim):
```

```
 9        super(Autoencoder, self).__init__()
10        self.latent_dim = latent_dim
11
12        self.encoder = tf.keras.Sequential([
13          layers.Input(100), ## 128 for AE, 100 for Gauss
14          layers.Dense(20, activation='leaky_relu'),
15          layers.Dense(10, activation='leaky_relu'),
16          layers.Dense(self.latent_dim, activation='sigmoid'),
17        ])
18        self.decoder = tf.keras.Sequential([
19          layers.Dense(10, activation='leaky_relu'),
20          layers.Dense(20, activation='leaky_relu'),
21          layers.Dense(100, activation='sigmoid') ## 128 for AE
                , 100 for Gauss
22        ])
23
24        self.compile(optimizer='adam',loss=losses.
              MeanSquaredError())
25        self.optimizer.learning_rate = 0.005
26    def call(self, x):
27        encoded = self.encoder(x)
28        decoded = self.decoder(encoded)
29        return decoded
30
31  autoencoder = Autoencoder(3)
32  history = autoencoder.fit(np.array(Xtrain), np.array(Xtrain),
        epochs=5, batch_size=25, shuffle=True)
```

Wir trainieren den AE mit Xtrain im Eingang und im Ausgang. Somit wird der
Eingang auf den Ausgang abgebildet. Das Training für diesen speziellen Fall sollte
nicht viel Zeit in Anspruch nehmen. Letztlich stehen wir wieder vor dem Problem
unser Modell zu überprüfen. Hier wählen wir eine Visualisierung, die den Eingang,
die latente Schicht und schließlich die Rekonstruktion im Ausgang zeigt.

Listing 5.11 Überprüfung des AE

```
 1  encodedGauss = autoencoder.encoder(np.array(Xtest)).numpy()
 2  decodedGauss = autoencoder.decoder(encodedGauss).numpy()
 3  n = 10
 4  plt.figure(figsize=(11, 7),dpi=100)
 5  for i in range(n):
 6      ax = plt.subplot(3, n, i + 1)
 7      plt.plot(Xtest[i], 'k', linewidth=2.0)
 8      plt.gray()
 9      ax.get_xaxis().set_visible(False)
10      ax.get_yaxis().set_visible(False)
11
12      ax = plt.subplot(3, n, i + 1 + n)
13      plt.bar(range(0,len(encodedGauss[i])), encodedGauss[i],
            color='r',linewidth=2)
14      plt.gray()
15      ax.get_xaxis().set_visible(False)
```

```
16    ax.get_yaxis().set_visible(False)
17
18    ax = plt.subplot(3, n, i + 2*n+1)
19    plt.plot(decodedGauss[i], 'k', linewidth=2.0)
20    plt.gray()
21    ax.get_xaxis().set_visible(False)
22    ax.get_yaxis().set_visible(False)
23  plt.show()
```

Abb. 5.6 zeigt den Eingang von 10 Tests in der oberen Zeile, die latente Schicht in der Mitte (rote Balken) und das rekonstruierte Ergebnis im Ausgang. Die latente Schicht zeigt das Codierungsresultat, welches in diesem Fall bedeutet, dass es zwei komprimierte Zustände gibt: a) alle drei Neuronen angeregt führt zu dem breiten Gauß an der oberen Position und b) nur das erste Neuron angeregt, während die zwei folgenden Neuronen null sind, was mit dem schmalen, vorderen Gauß assoziiert wird.

5.5.5 Klassifizierung im latenten Raum

Da der latente Raum des AE eine besondere Bedeutung hat, macht es Sinn sich diese Neuronen gezielt auszugeben. Im Listing 5.12 nutzen wir diesen Ansatz, um die Verteilung der Neuronenaktivitäten darzustellen.

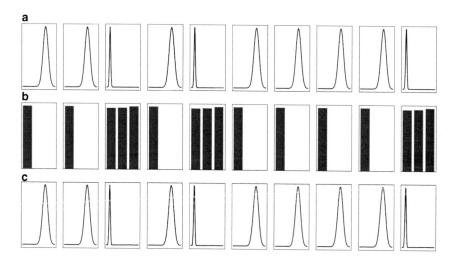

Abb. 5.6 Ergebnis des AE aus Listing 5.10, dargestellt mit dem Visualisierungscode aus Listing 5.11

Listing 5.12 Visualisierung der latenten Schicht des AE

```
encodedGauss = autoencoder.encoder(np.array(Xtest)).numpy()
decodedGauss = autoencoder.decoder(encodedGauss).numpy()

n = 10
plt.figure(figsize=(11, 7),dpi=100)
for i in range(n):
    if Ytest[i]==0:
        myColor = 'r'
    else:
        myColor = 'k'
    plt.scatter(range(0,len(encodedGauss[i])), encodedGauss[i
        ], s=120, color=myColor)

plt.grid(True)
plt.xlabel('#_Neuron_der_latenten_Schicht', fontsize=22)
plt.ylabel('Anregung_des_Neurons', fontsize=22)
plt.tick_params('both', labelsize=20.0)
plt.xticks([0,1,2])
plt.show()
```

Beachten Sie bitte, dass wir hier Ytest nur einsetzen, um die Farbe zu generieren. Sie hilft uns die unterschiedlichen Fälle zu begutachten. Abb. 5.7 zeigt die Visualisierung der latenten Schicht. Anhand unseres Beispiels können wir sehen, dass ein einfacher Algorithmus nun prüfen kann, welche Gauß-Form vorliegt. So könnten allein die einfachen Bedingungen

$$a_1 < 0.5 \text{ oder } a_3 < 0.5, \tag{5.21}$$

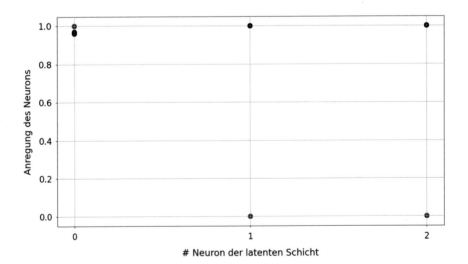

Abb. 5.7 Visualisierung des latenten Raums

bereits die Entscheidung der Gruppe herbeiführen. An dieser Stelle bieten sich folgende Schritte an:

- Formulierung eines einfachen Entscheidungsverfahrens wie (5.21),
- Einsatz eines nachgelagerten neuronalen Klassifikationsverfahrens,
- Einsatz eines Entscheidungsbaums.

Durch das Ergebnis des AE verfügen wir über Label für die überwachten Lernverfahren. Man kann also ein Folgeverfahren einsetzen, um aus dem unüberwacht gelernten latenten Raum zu einer Klassifikation zu gelangen.

5.5.6 Unsicherheit im AE

Wir betrachten weiterhin unseren Testfall mit Gauß-Funktionen. Dieser Fall ist natürlich wesentlich einfacher als die Situationen, die wir in der Realität erwarten. Er eignet sich aber hervorragend, um zu beobachten, wie sich ein AE unter Störungen und Unsicherheiten verhält.

Für den Moment belassen wir das Training exakt auf dem Stand, den wir oben in Listing 5.10 erzielt haben. Jedoch modifizieren wir die Erzeugung unserer Testdaten und fügen in Zeile 18 von Listing 5.9 folgenden Zufallsprozess hinzu:

Listing 5.13 Änderung der Testdaten

```
18  f = gaussianDistribution(t, mu=thisMu, sigma=thisSigma +0.1*np
        .random.randn(100)
```

Abb. 5.8 zeigt die Ergebnisse des verrauschten Falls. Die Rekonstruktion ist noch immer gut. Die latenten Neuronen klassifizieren die Ergebnisse weiterhin korrekt. Ein Rauschen von 10 % führt also zu keiner Störung bei der Zuordnung. Da wir immer noch den AE benutzen, welcher auf die unverrauschten Gauß-Funktionen trainiert wurde, versucht der AE genau diese auch zu reproduzieren.

5.5.7 Erkennung einer unbekannten Anomalie

Vorbereitung der Testdaten
Wir wollen nun untersuchen, wie man eine prinzipiell unbekannte Anomalie erkennen kann. Hierzu wandeln wir den Code zur Erzeugung unserer Trainings- und Testdaten noch einmal ab. Zunächst erhöhen wir das Rauschen auf 25 %, in derselben Zeile wie zuvor:

Listing 5.14 Änderung der Testdaten: Rauschen auf 25 %

```
18  f = gaussianDistribution(t, mu=thisMu, sigma=thisSigma +0.25*
        np.random.randn(100)
```

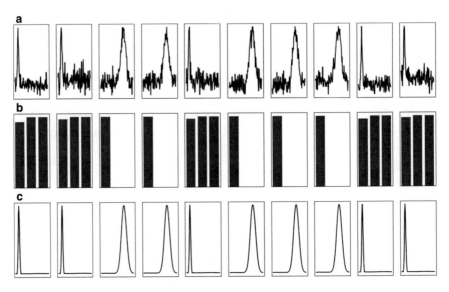

Abb. 5.8 Test des AE mit verrauschten Eingangsdaten

Danach ergänzen wir unter Zeile 25 im Code 5.9 schließlich:

Listing 5.15 Änderung der Testdaten: Hinzufügen eines einzelnen Exoten

```
18  Xtest[5] = gaussianDistribution(np.array(range(0,100),dtype=
        float), mu=50, sigma=2)+0.25*np.random.randn(100)
```

Damit fügen wir `Xtest` genau einen exotischen Fall ein: eine Gauß-Form bei einer völlig anderen Position als bei allen anderen Fällen. Wir fügen diesen Fall nicht bei der Trainingsmenge ein! Dies ist wichtig, der AE soll von diesem Fall beim Training nichts wissen – sonst wäre es eine bekannte Anomalie.

Erkennung im latenten Raum

Zuvor hatten wir in Abschn. 5.5.3 zwei Wege aufgezeigt, wie wir eine Anomalie erkennen können. Ein Weg untersucht die Verteilungen bekannter Daten im latenten Raum. Mit diesem Ansatz werden wir beginnen. Wir trainieren den AE mit dem Code aus Listing 5.10, verwenden hierbei die verrauschten Daten und betrachten mit Listing 5.11 das Ergebnis. Abb. 5.9 zeigt die Gegenüberstellung von Eingang, latenter Schicht und Ausgang. Das komprimierte Ergebnis in der latenten Schicht des sechsten Testfalls ist verschieden von den anderen Fällen. Hier sehen wir den Effekt unserer künstlichen Anomalie. Wir erkennen auch, wie der AE sich in der Rekonstruktion verhält. Er versucht einen Fall zu rekonstruieren, den er kennt.

Diesen einzelnen Fall überblenden wir im Plot aller Testfälle. Dazu wird ein zusätzlicher, einzelner Scatter-Plot-Punkt unseres Testfalls hinzugefügt. Abb. 5.10 zeigt das Ergebnis und ermöglicht uns, die Lage der Anomalie in den Aktivierungs-schichten zu analysieren. Bei einem realen Datensatz, bei dem keine Labels bekannt

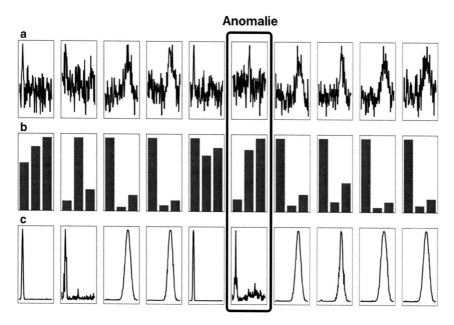

Abb. 5.9 AE Eingang, latente Schicht und Ausgang, für 10 Tests auf den verrauschten Daten mit einer dediziert hinzugefügten Anomalie an der Stelle $i = 5$ (dem sechsten Eintrag)

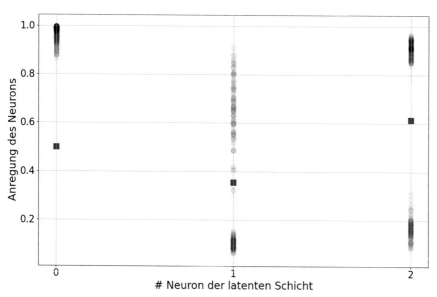

Abb. 5.10 AE-Ergebnis auf den verrauschten Daten mit einer dediziert hinzugefügten Anomalie. Die in Abb. 5.9 dargestellte Anomalie ist hier als blaues Viereck eingetragen

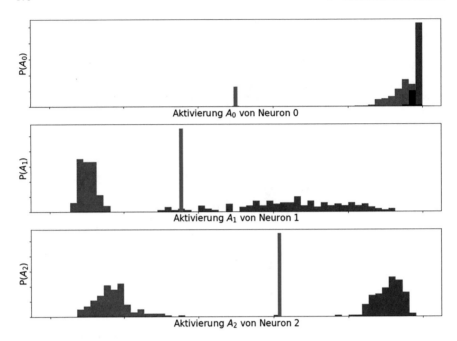

Abb. 5.11 Aus den Histogrammen gewonnene Wahrscheinlichkeitsverteilungen für die Aktivierung der latenten Neuronen

sind, muss die Entscheidung für das Vorliegen einer Anomalie nur auf Basis der Aktivierungen und der Rekonstruktion getroffen werden.

Wir können noch einen Schritt weiter gehen und die Verteilungen der Neuronenaktivierung, die auch bereits in Abb. 5.10 zu erkennen sich, als Histogramme zeichnen. Abb. 5.11 zeigt die Histogramme für jedes der drei latenten Neuronen. Mit Hilfe der Labels haben wir die Flächen eingefärbt, um sie besser den zwei Klassen von Gauß-Funktionen zuordnen zu können. Ein einzelner, blauer Balken symbolisiert die Anomalie. Letztere lässt sich klar von den normalen Fällen abgrenzen.

Bedingte Wahrscheinlichkeit im latenten Raum
Die bedingte Wahrscheinlichkeit hilft uns, die Vorhersage einer Anomalie weiter zu optimieren. Es stellt sich ja nicht nur die Wahrscheinlichkeit ob A_2 z. B. zu einer Anomalie gehört; vielmehr müssen wir fragen ob A_2 zu einer Anomalie gehört, unter der Bedingung das A_1 gilt. Die Diagramme in Abb. 5.11 zeigen uns lediglich die Verteilung der Aktivierung und sind damit proportional zur Wahrscheinlichkeit, eine Aktivierung an einem bestimmten Zahlenwert zu finden.

Was aber ist mit $P(A_2|A_1)$ bzw. in unserem Fall mit den konkreten Zahlenwerten $P(A_2 \approx 0.63|A_1 \approx 0.35)$? Auch für diesen Fall können wir ein Histogramm erstellen, wir müssen nur vorher die Ergebnisse filtern und die Bedingung $A_1 \approx 0.35$

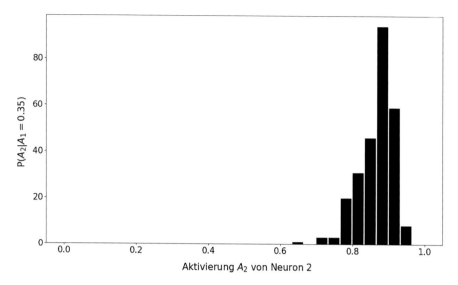

Abb. 5.12 Histogramm der bedingten Menge, als Maß für die bedingte Wahrscheinlich für ein latentes Neuron

anwenden. Wir zeigen dies im Listing 5.16, wo eine bedingte Untermenge von Ereignissen ausgefiltert wird.

Listing 5.16 Bedingte Wahrscheinlichkeit für zwei latente Neuronen ermitteln

```
def conditionalSet(x, results, condNeuron1=1, condNeuron2=2,
    window=0.05):
    mySet = []
    for eachResult in results:
        if x-window < eachResult[condNeuron1] < x + window:
            mySet.append(eachResult[condNeuron2])
    return np.array(mySet, dtype=float)
```

Wir nutzen ein Fenster, welches ±0.05 um die Position unseres Neurons 1 mit einer Aktivierung von 0.35. Von allen Fällen, die dieser Bedingung genügen, werden jeweils die Aktivierungen des Neurons 2 in mySet sortiert. Sie bilden eine neue Menge, für die wir ein Histogramm bilden können.

Abb. 5.12 zeigt das Ergebnis. Wenn eine Aktivierung beim Neuron 1 ca. 0.35 beträgt, dann liegen die Aktivierungen für Neuron 2 alle oberhalb von 0.6. Somit können wir für unseren speziellen Fall noch weiter absichern, denn das Histogramm zeigt uns an, dass die Wahrscheinlichkeit für einen Normalfall verschwindend gering ist.

Erkennung einer Anomalie über den Vergleich von Eingang und Rekonstruktion

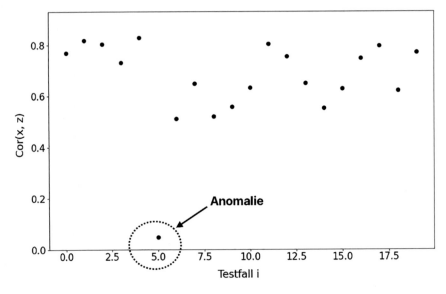

Abb. 5.13 Rekonstruktionsqualität pro Testfall, Ausreißer zeigt die Anomalie an

Der zweite Weg eine Anomalie zu erkennen ist die Rekonstruktionsqualität. Um diese zu untersuchen, können wir bei unserem Beispiel alle Testfälle durchlaufen und sukzessive die Korrelation zwischen Eingang x und Ausgang z berechnen (die latente Schicht war y, hinter dem Encoder, z ist das Ergebnis hinter dem Decoder). Diese Korrelation ist in Abb. 5.13 dargestellt und wird in folgendem Codebeispiel berechnet:

Listing 5.17 Rekonstruktionsqualität eines AE über die Korrelation von Eingang und Ausgang

```
18  reconstructionQuality = []
19  for i in range(0,20):
20      reconstructionQuality.append(np.corrcoef([Xtest[i],
            decodedGauss[i]])[0,1])
```

5.5.8 Kombination von Verfahren

Autoencoder können mit anderen Verfahren kombiniert werden. Dazu leitet man die Ausgabe ab der latenten Schicht weiter. Abb. 5.14 zeigt dies schematisch. Hier können beliebige Folgeverfahren eingesetzt werden, im Bild sind exemplarisch ein Entscheidungsbaum, sowie ein Klassifikations- oder Regressionsnetz aufgeführt. In allen obigen Beispielanwendungen ist das Klassifikationsnetz eine Lösung, um z. B. die Zuordnung der Gauß-Funktionen auf ihre Klassen zu realisieren.

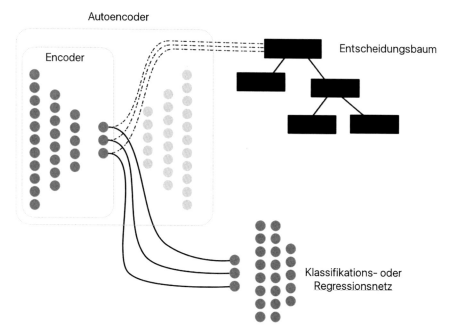

Abb. 5.14 Mehrstufige Kombination von AE mit einem Klassifikations- oder Regressionsnetz sowie mit einem Entscheidungsbaum

Das in Abb. 5.14 gezeigte Datenflusskonzept erlaubt auch den gleichzeitigen Betrieb beider Folgeverfahren. Die Ergebnisse von Entscheidungsbaum und neuronalen Netz werden dann gemeinsam ausgewertet.

Stapeln von Autoencodern
Auf ähnliche Art und Weise werden mehrere Autoencoder miteinander verbunden. Man spricht dabei auch vom Stapeln (engl. *stacking*) von AE. Die einzelnen AE aus einem Stapel werden dabei einzeln, jeder für sich trainiert.

Zusammenfassung
In diesem Kapitel haben wir Lernverfahren kennengelernt, welche die Struktur in Daten analysieren. Sie finden Gruppen zusammenhängender Daten, Cluster, die von ihrer Charakteristik her ähnliches Verhalten in Prozessen zeigen.

Das K-Means-Verfahren versucht Clusterzentren durch geometrische Verschiebung von Schwerpunkten zu ermitteln. Ziel ist es hierbei, die Clustervarianz zu minimieren.

Die PCA stellt die Kovarianzmatrix der Eingangsdaten in den Vordergrund. Sie analysiert den Eigenraum dieser Matrix und ermöglicht es, nichtrelevante Eigenvektoren auszusortieren und somit die Dimension zu reduzieren. Im Eigenraum können außerdem Anomalien erkannt werden, eine Anwendung, die in vielen realen Maschinen und Anlagen eine wichtige Rolle spielt.

t-SNE projiziert hochdimensionale Eingangsdaten auf einen niedrigdimensionalen Raum, häufig auf eine Ebene. Dabei sorgt es dafür, die ursprünglichen Distanzen möglichst zu erhalten, während die einzelnen Cluster getrennt werden.

Letztlich haben wir den Autoencoder kennengelernt, ein neuronales Netz, das die Eingangsvariablen auf den Ausgang abbildet. Der AE legt damit die Grundlage für Klassifizierungsprobleme und ist eine beliebte Vorverarbeitungsstufe für diverse Folgeverfahren. In seiner inneren Schicht realisiert der AE eine nichtlineare Kompression und hebt sich damit von der PCA, einer rein linearen Methode, ab.

Ein wiederkehrendes Konzept ist die Dimensionsreduktion. Sowohl die PCA als auch der Autoencoder sind in der Lage, die Dimension der Eingangsdaten effektiv zu vermindern. Somit werden große Datenmengen auf einen optimierten Informationsgehalt reduziert. Aus diesem Grund sind diese beiden unüberwachten Lernverfahren häufig im Bereich des Deep Learning als Vorverarbeitung anzutreffen.

Aufgaben

5.1 Wenden Sie die PCA wie beschrieben auf das Motorstrombeispiel an und führen Sie die transformierten Daten in das Klassifikationsnetz aus Abschn. 4.5.7. Was beobachten Sie mit Hinblick auf Trainingszeiten und Vorhersagequalität?

5.2 Erstellen Sie einen Autoencoder für das Motorstrombeispiel und trainieren Ihn auf einer geeigneten Trainingsmenge. Fügen Sie nun ein Klassifikationsnetz wie in Abschn. 4.5.7 ein und trainieren es auf die Ergebnisse des Autoencoders. Vergleichen Sie danach Ihre Ergebnisse mit dem Resultat aus Aufgabe 5.1. Welche Unterschiede sehen Sie?

5.3 Nutzen Sie die t-SNE Anwendung auf das Motorstrombeispiel und trainieren Sie mit den t-SNE Ergebnissen wiederum ein Klassifikationsnetz wie in Abschn. 4.5.7 sowie in Aufgabe 5.1 und 5.2 beschrieben. Woran scheitert die Anwendbarkeit dieses direkten Ansatzes?

5.4 Führen Sie das Batch-K-Means-Verfahren auf unserem Motorstrombeispiel aus. Geben Sie a) 2 Cluster, b) 4 Cluster, c) 6 Cluster und d) 8 Cluster für das Training vor. Welche Unterschiede sehen Sie bei der Anwendung?

Literatur

1. D. Boardman and A. Flynn, "Performance of a fisher linear discriminant analysis gamma-ray identification algorithm," *IEEE Trans. Nucl. Sci.*, vol. 60, no. 2, pp. 482–489, 2013.
2. D. Boardman, M. Reinhard, and A. Flynn, "Principal component analysis of gamma-ray spectra for radiation portal monitors," *IEEE Trans. Nucl. Sci.*, vol. 59, no. 1, pp. 154–160, 2012.
3. G. Hinton and S. Roweis, "Stochastic neighbor embedding," *Advances in neural information processing systems*, vol. 15, pp. 833–840, 2003. [Online]. Available: http://citeseerx.ist.psu.edu/viewdoc/download?doi=10.1.1.13.7959&rep=rep1&type=pdf.

4. X. Jin and J. Han, *K-Means Clustering*. Boston, MA: Springer US, 2010, pp. 563–564. [Online]. Available: https://doi.org/10.1007/978-0-387-30164-8_425.

5. U. S. Kameswari and I. R. Babu, "Sensor data analysis and anomaly detection using predictive analytics for process industries," in *IEEE Workshop on Computational Intelligence: Applications and Future Directions*, Dec. 2015.

6. L. J. P. Maaten and G. E. Hinton, "Visualizing high-dimensionality data using t-sne," *Journal of Machine Learning Research*, vol. 9, pp. 2579–2605, Sep. 2008.

7. L. McInnes and J. Healy, "Umap: Uniform manifold approximation and projection for dimension reduction," *ArXiv*, vol. abs/1802.03426, 2018.

8. M. J. Neuer, *Quantifying Uncertainty in Physics-Informed Variational Autoencoders for Anomaly Detection*. Springer Nature, 2021.

9. M. J. Neuer, A. Quick, T. George, and N. Link, "Anomaly and causality analysis in process data streams using machine learning with specialized eigenspace topologies," in *Proceedings of ESTAD 2019*, 2019.

10. J. Newling and F. Fleuret, "Nested mini-batch k-means," 2016.

11. M. L. Shyu, S. C. Chen, K. Sarinnapakorn, and L. Chang, "Principal component-based anomaly detection scheme," *Studies in Computational Intelligence*, vol. 9, p. 19, 2006.

Kapitel 6
Physikalisch-informiertes Lernen

Schlüsselwörter Physikalisch-informiertes Lernen · Datenanreicherung ·
Differentialgleichungen · Integration · Automatische Differentiation ·
Prozesskorridore

Ein Lernverfahren kann durch gezielte Vorinformationen unterstützt werden, ein Ansatz der physikalisch-informiertes Lernen heißt. Im Rahmen dieses Konzepts zeigen wir Methoden der Datenanreicherung und der Einbettung von analytischen Ausdrücken in neuronale Netze auf. Danach werden Wege skizziert, wie Unsicherheit als Element in die Lernverfahren integriert werden kann. Dabei stehen die praktischen Aspekte im Vordergrund, die nötig sind, um derartige Ansätze im industriellen Umfeld anzuwenden. Das Kapitel endet mit einem Blick auf die Analyse von Prozesskorridoren.

Das Hinzufügen von bereits existierenden Informationen verringert den Trainingsaufwand. Es werden weniger Daten benötigt, die Trainingszeiten werden kürzer und das Ergebnis wird interpretierbar. Über diesen Weg wirkt sich das vorliegende Kapitel auch auf alle vorherigen Konzepte aus, was in Abb. 6.1 skizziert ist. Zusätzlich liefern die hier präsentierten Verfahren einen Beitrag zur Erklärbarkeit.

6.1 Einführung

In den vorangegangenen Kapiteln haben wir gelernt, wie leistungsstarke unüberwachte und überwachte maschinelle Lernverfahren auf Produktionsprozesse angewendet werden können. Methoden wie Entscheidungsbäume und neuronale Netze können für Klassifizierungs- und Regressionsprobleme eingesetzt werden. Beide sind bereits von großem Wert für industrielle Anwendungen. Robuste Modelle sind das Herzstück vieler Kontrolltechniken, wie z. B. der modellprädiktiven Regelung oder bei Regelung mit internen Modellen. Bei Optimierungsproblemen ist die Vorhersage

M. J. Neuer, *Maschinelles Lernen für die Ingenieurwissenschaften*,
https://doi.org/10.1007/978-3-662-68216-6_6

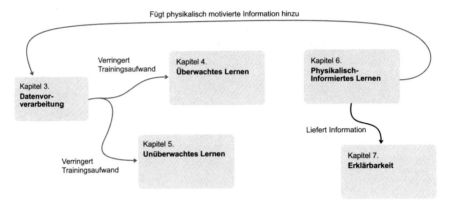

Abb. 6.1 Auswirkung von Kap. 6 auf die anderen Kap.

des zukünftigen Zustands eines Systems mit einem Vorhersagemodell ebenfalls von entscheidender Bedeutung.

In diesem Kapitel werden wir uns darauf konzentrieren, den Lernalgorithmus absichtlich so zu gestalten, dass er bestimmte Vorabinformationen einbezieht, wobei wir der Frage nachgehen: „Warum sollten wir Informationen vor einem Algorithmus verbergen, wenn diese Informationen sein Training und seine Leistung tatsächlich verbessern würden?" Die Antwort auf diese Frage ist nicht offensichtlich und wir sollten klug abwägen, auf welche Informationen wir zu welchem Zeitpunkt zugreifen können.

In den letzten Kapiteln haben wir auch unser Verständnis von physikalischen Messungen als stochastische Prozesse festgelegt. Der Messwert $x(t)$ und der Zeitstempel t werden als Größen mit Unsicherheiten betrachtet: $x(t) = \xi(t) + \delta\xi$ und $t = \tau + \delta\tau$. Diese Unsicherheiten betreffen alle technischen Prozessdaten und ihre Berücksichtigung ist für viele technische Lösungen von großem Interesse.

6.1.1 Was ist physikalisch-informiertes Lernen?

Physikalisch-informiertes, maschinelles Lernen stellt nicht nur die rohen Eingabedaten für einen maschinellen Lernalgorithmus bereit, sondern liefert zusätzliche, hilfreiche Informationen – *prior knowledge* – an den Algorithmus. Aus unserer Sicht kann das Vorwissen Transformationen der Eingabedaten, funktionale Abhängigkeiten oder Differentialgleichungen enthalten – im Allgemeinen jede Art von Gesetzmäßigkeit, die dem Algorithmus beim Training des Modells hilft.

Viele Arbeiten beschränken die Verwendung des Begriffs „physikalisch-informiert" auf neuronale Netze, bei denen das Gesetz in die Architektur eingebettet ist, oft durch Erzwingen einer angepassten Verlustfunktion. Wir werden den Begriff weiter fassen. Für uns bezieht sich physikalisch-informiertes, maschinelles

Lernen auf all jene Lerntechniken, die in ihrem Ansatz Vorwissen nutzen. Dazu gehören insbesondere geeignete mathematische Transformationen der Eingabedaten, wenn sie auf einer konsistenten wissenschaftlichen Gesetzmäßigkeit beruhen und zur Reduzierung des Trainingsaufwandes eingesetzt werden. Auf die Einbettung von Gleichungen und Differentialgleichungen in Netzarchitekturen werden wir aber natürlich in Abschn. 6.3 eingehen, da dies eine der wichtigsten Methoden ist.

Lernalgorithmen können in der Tat die besten Transformationen selbst finden. Insbesondere Deep Learning hat sich für diese Aufgabe als sehr leistungsfähig erwiesen, mit Faltungsnetzen, die beliebig viele nichtlineare Filterstufen erzeugen können. Repräsentationslernen und Transformationslernen, wie sie z. B. von [8] vorgestellt wurden, sind ebenfalls gute Beispiele für die Modellierung selbst anspruchsvollen Systemverhaltens.

Warum sollten wir uns dann die Mühe machen, Vorwissen einzubeziehen? Weil durch die Bereitstellung der richtigen Transformationen ab initio diese relevanten Vorverarbeitungen der Daten nicht trainiert werden müssen und der gesamte Lernprozess einfacher wird. Natürlich könnte ein neuronales Netz die optimale Repräsentation aus dem Datensatz lernen, aber wenn wir es mit einer guten Transformation unterstützen, wird dies den Trainingsaufwand des Netzes verringern.

6.1.2 Ein einfaches, motivierendes Beispiel

Die Auswirkungen der Einbeziehung von Vorwissen lassen sich anhand des folgenden vereinfachten Beispiels besser verstehen:

Beispiel: Motorstrom mit physikalisch-informiertem Netz
Wir untersuchen einige Daten eines Motors. Diese Daten sind in Form der Messgröße μ gegeben – es ist zweitrangig, um welche Größe es sich handelt. Der Motor hat drei *normale* Betriebsarten, für die die Kurven μ in einen Datensatz **G** sortiert werden, der die *Gut*-Fälle repräsentiert. In einigen seltenen Fällen weist der Motor einen bestimmten Ausfallmodus auf und die entsprechenden Kurven für μ werden im Datensatz **B** für *Schlecht*-Fälle gesammelt. Die Unterscheidung dieser Fälle ist ein kanonisches Klassifikationsproblem.

In Abb. 6.2 sind einige Beispielkurven von μ aufgezeichnet und die verschiedenen Klassen sind zu erkennen. Die grünen Kurven (und es gibt in der Tat mehrere grüne Kurven) stellen die schlechten Fälle dar. Offensichtlich können wir auch ohne Details über den Prozess zu haben visuell erkennen, dass die schlechten Fälle durch eine Oszillation gekennzeichnet sind.

Sie können nun sicherlich ein tiefes neuronales Netz trainieren, das groß genug ist, um intern eine beliebige nichtlineare Transformation zu bilden, die eine bestimmte Lösung finden könnte, die zu einer guten Trennung zwischen guten und

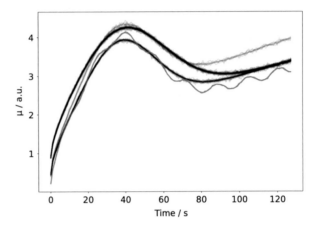

Abb. 6.2 Aufteilung des Motorstrombeispiels in Gut- und Schlecht-Fälle. Die schwarzen Kurven gehören zu dem „guten" Datensatz **G** und die grünen Kurven zu dem „schlechten" Datensatz **B**

schlechten Fällen führt. Da der Fehlermodus jedoch in irgendeiner Weise diese charakteristischen Schwingungen aufweist, ist die ihm zugrunde liegende Dynamik im Fourier-Raum mit der in 2.4 vorgestellten FFT-Methode viel einfacher zu identifizieren.

Die Fourier-Transformation (FT) ist daher für diesen Fall eine gut geeignete Anreicherung für die algorithmische Ausführung – sie verbessert das Lernverfahren. Abb. 6.3a zeigt auf der linken Seite ein gewöhnliches Klassifizierungsnetz und Abb. 6.3b ein ähnliches Netz, bei dem die FT nur zusätzlich zu den ursprünglichen rohen Eingabedaten hinzugefügt wird. Dieses Netz ist bereits ein einfaches physikalisch-informiertes, neuronales Netz (PINN). Beachten Sie, dass es auch Situationen geben kann, in denen die Bereitstellung nur der transformierten (angerei-

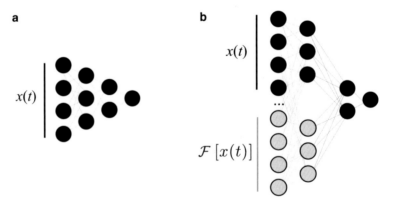

Abb. 6.3 Unterschied zwischen klassischem Netz (links) und durch FFT angereichertem, physikalisch-informiertem Netz (rechts)

cherten) Teile der Daten ausreicht und die Rohdaten sogar vernachlässigt werden können. In der Tat würde die Verwendung der Fourier-Transformation und die Konzentration auf die relevanten Frequenzwerte die Menge der Eingabedaten für die Klassifizierung erheblich reduzieren.

Eine Schwierigkeit bei dieser Technik ist die Verfügbarkeit des *prior knowledge*. Im Beispiel haben wir den Vorteil der Verwendung einer Fourier-Transformation anhand der Daten selbst gesehen. Mit anderen Worten, wir brauchten einen Experten mit Prozesswissen, der uns sagt, dass die Einbeziehung der Fourier-Transformation eine gute Idee ist. Wir beziehen wieder menschliche Intelligenz ein, anstatt uns vollständig auf das maschinelle Training zu verlassen. Später werden wir sehen, dass diese Ableitungen auch automatisch mit Hilfe einer Datenbank für Expertenwissen durchgeführt werden können.

Diese Einbeziehung von Expertenwissen führt aber auch zu einem der markantesten Vorteile der physikalisch-informierten Ansätze: Die Erklärbarkeit der Form. Wenn wir ein Netzwerk wie links in Abb. 6.3 trainieren, könnte dieses Netzwerk die Klassifizierung der rohen Zeitreihe korrekt durchführen. Es gibt uns jedoch keine nützlichen Informationen darüber, warum die Trennung so gut funktioniert. Wenn wir stattdessen ein Netzwerk wie auf der rechten Seite von Abb. 6.3 verwenden, können wir gezielt nach den einflussreichsten Eingabedaten suchen. Im obigen Beispiel würde der größte Einfluss von den fouriertransformierten Eingabedaten ausgehen, was zu der einfachen Interpretation führt, dass eine Oszillation die Ursache des Problems ist. Die Lösung ist nun etwas besser erklärbar.

6.1.3 Kontinuierliche Veränderung in der Prozesskette

Bei der Implementierung des maschinellen Lernens im technischen Kontext, insbesondere in der Prozessindustrie, ist ein Hindernis zu beachten: die Verfügbarkeit ausreichender Trainingsdaten. Produktionsstraßen sind nicht statisch. Sie erfordern Werkzeuge und Anlagen, die einem ständigen Verschleiß ausgesetzt sind. Komponenten und Werkzeuge werden iterativ ersetzt, was eine normale Folge ihrer Nutzung ist. In diesem Sinne verändern sich die Produktionsprozesse, die die Daten erzeugen und die wir für die Ausbildung verwenden, mit der Zeit.

Die Modernisierung von Prozessen und Anlagen ist ein weiterer Grund für Veränderungen in der Produktion. Manchmal entwickeln sich die Prozesse im Laufe der Zeit weiter, um die Produktqualität und die Prozessstabilität zu verbessern. Die Daten dieser Aggregate, die zu verschiedenen Zeitpunkten z. B. im Laufe von zwei bis drei Jahren erhoben wurden, werden sich entscheidend verändern.

Die damit verbundenen Schwierigkeiten für maschinelle Lernlösungen könnten entschärft werden, wenn es eine gut etablierte, digitale Dokumentation der Produktionsveränderungen gäbe. Eine erste Stufe wäre ein Logbuch des Werkzeugwechsels, das einige ID-Nummern für die Werkzeuge enthält. Auch dies entspricht einer Art der Datenanreicherung, hier realisiert durch eine zusätzliche Datenbank.

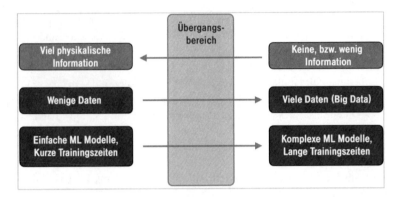

Abb. 6.4 Veranschaulichung des Verhältnisses zwischen dem Grad der Physik, die einbezogen werden sollte, und der Datenmenge, in Anlehnung an die in [6] gegebene Klassifizierung. Auch die Komplexität des Lernalgorithmus und die Trainingszeiten können durch Hinzufügen von externem Wissen reduziert werden

6.1.4 Statistische Balance

Die Schwierigkeit einer unzureichenden Datenbasis wird sogar noch verschärft, wenn man von nahezu perfekten Produktionsprozessen ausgeht. Fehlerhafte Produkte können nur selten auftreten, im schlimmsten Fall in einer Häufigkeit, die geringer ist als die Änderung von Prozessen, wie in Abschn. 6.1.3 beschrieben. Aber selbst wenn überhaupt keine Änderungen stattfinden, wird es zu einer schwierigen Aufgabe, ausgewogene Mengen von guten und schlechten Fällen zu finden (Abb. 6.4).

6.1.5 Gründe für physikalisch-informiertes, maschinelles Lernen

Das maschinelle Lernen kann mit den richtigen Eingabedaten verschiedene und sehr facettenreiche Arten von Beziehungen trainieren. Natürlich müssen die Eingabedaten die Beziehung in irgendeiner Weise widerspiegeln – wenn die notwendigen Informationen nicht in den Daten enthalten sind, gibt es keine Chance, sie tatsächlich zu lernen. Ist die Abhängigkeit jedoch einmal in den Daten enthalten, wird das Training erfolgreich sein, wenn a) genügend Daten zur Verfügung stehen und b) die Hyperparameter des Lernalgorithmus richtig gewählt sind. Aber sowohl Abschn. 6.1.3 als auch Abschn. 6.1.4 zeigen, dass es wünschenswert, teilweise sogar erforderlich ist, mit kleinen Datenmengen zu arbeiten – ein Grund für die Verwendung von physikalisch-informierten Ansätzen ist daher, maschinelles Lernen auf diese erheblich kleinen Daten anzuwenden.

Ein weiterer Grund ist, dass uns die Einbeziehung von Vorwissen auch hilft, den Entscheidungsfindungsprozess innerhalb des Lernalgorithmus besser zu verstehen.

Wir können dies sehen, indem wir unser einfaches Beispiel aus 6.1.2 erneut betrachten. Angenommen Sie haben dem Lernalgorithmus sowohl die Rohdaten als
auch die Fourier-Daten zur Verfügung gestellt und ihn erfolgreich auf die Vorhersage von guten und schlechten Produktzuständen trainiert. Dann wäre der nächste
einfache Schritt zu analysieren, welcher der beiden Vektoren der Eingangsvariablen
den größten Einfluss auf das Ergebnis hatte – eine Technik, die wir als Sensitivitätsanalyse im kommenden Kapitel kennenlernen werden. Zeigt diese Analyse, dass
die FFT-Vorbereitung einen deutlich größeren Einfluss auf das Gesamtergebnis hat,
kann man daraus schließen, dass Schwingungen dafür verantwortlich sind.

Mit anderen Worten: Physikalische Vorinformationen können auf zwei verschiedene Arten genutzt werden: Erstens können sie den Trainingsaufwand verringern und
uns helfen, mit kleinen Datenmengen umzugehen. Zweitens helfen sie auch bei der
Identifizierung derjenigen Inputs, die den größten Einfluss auf das Ergebnis haben.

6.2 Datenanreicherung

Die Datenaufbereitung im Sinne der Suche nach der besten Darstellung der Daten war
schon immer ein Bestandteil des Data Minings, der über die rudimentären Aufgaben
der Datenbereinigung und des Ausschlusses bösartiger Daten hinausgeht. Dieser
Vorgang war aber eher auf eine reine Anpassung der Daten beschränkt.

Bei der physikalisch-informierten Datenanreicherung beziehen wir uns ausdrück-
lich auf eine aktive Gestaltung der Eingabedaten, bei der wir dem Algorithmus für
maschinelles Lernen zusätzliche Informationen zur Verfügung stellen. Aktiv heißt
hier, dass wir aus physikalischen Zusammenhängen und Überlegungen folgern, welche zusätzlichen Informationen Sinn für das Training haben. In dieser Form geht
also entweder ein bewusster, kognitiver Vorgang der Selektion vom Programmierer
des Lernverfahrens aus oder es existiert eine Wissensebene, von der ein Lernverfahren automatisiert diese Information abfragen kann. Wenn Sie dies mit Abb. 6.3
vergleichen, ging auch hier eine solche Anreicherung durch die zusätzliche Fourier-
Transformation voraus.

So mathematisch trivial und nachvollziehbar dies sein mag, aus praktischer Sicht
wirft diese Frage neue Fragen für unsere Datenerfassung auf: Wo und wann berechnen wir die Datenanreicherung?

6.2.1 Optimierte Wahl der Vorverarbeitung

Lassen Sie uns zunächst überprüfen, welche Arten der Vorverarbeitung wir im Zusammenhang mit physikalischen Informationen als geeignet ansehen können. Viele
dieser vorbereitenden Schritte wurden bereits in Kap. 3 besprochen. Nun möchten
wir ihren Nutzen für die Gestaltung effizienter Verarbeitungspipelines hervorheben:

- **Histogramme.** Die Verwendung von Histogrammen der Eingabedaten ist eine einfache, aber wirksame Maßnahme zur Reduzierung der Datenmenge. Ein Histogramm spiegelt die Wahrscheinlichkeitsverteilung der Zeitreihe wider. In diesem Sinne wird $x(t)$ in $P[x(t)]$ transformiert.

- **Ableitungen.** Wie wir in Kap. 3 gezeigt haben, können Ableitungen dazu beitragen, den Fokus auf bestimmte Eigenschaften zu schärfen. Sie entfernen konstante Anteile aus den Eingabedaten und heben Veränderungen hervor.

- **Funktionsverläufe.** Wenn Sie vermuten, dass eine funktionale Abhängigkeit als Eingabe geeignet ist, verwenden Sie sie als Transformation. Viele technische Probleme unterliegen bekannten physikalischen Gesetzen, sodass wir dem Lernalgorithmus einfach diese Gesetze vorgeben sollten.

- **Formeigenschaften (Features).** Die Identifizierung bestimmter Merkmale in den Eingabedaten und die Beschränkung des Lernens auf diese Merkmale ist ebenfalls hilfreich, sofern diese Merkmale tatsächlich eine gute Repräsentation darstellen. Wie bereits erwähnt, kann diese Aufgabe natürlich auch durch Repräsentationslernen effektiv gelöst werden – allerdings erfordert dies eine ausreichende Anzahl von Datenpunkten. Wenn Sie eine manuelle Vorauswahl signifikanter Merkmale treffen können, ist dies eine gute Wahl für Eingabedaten.

- **Frequenzspektren.** In vielen Situationen haben wir es mit oszillierenden Problemen zu tun und hier sind sowohl die Fourier-Transformation als auch die verschiedenen Varianten der Wavelet-Transformation gut geeignete Transformationen, um mehr Licht auf die Details in den Rohdaten zu werfen.

- **Hauptkomponentenanalyse bzw. Karhunen-Loevé-Transformation.** Als eine der besten Techniken, um die Dimensionen auf ein Minimum zu reduzieren, ist die PCA immer ein sinnvoller Kandidat für die Aufbereitung Ihrer Eingabedaten. Man kann argumentieren, dass dies nicht direkt dem Begriff *physics-informed* zugeordnet werden kann, und diese Kritik ist berechtigt. Aber man ist nicht darauf beschränkt, die Eigenraumanalyse nur auf der Kovarianzmatrix durchzuführen, man kann diese Idee auch auf den Eigenspace z. B. einer Wavelet-Erweiterung ausdehnen.

6.2.2 Expertenwissen über Datenobjekte

Die Verwendung von physikalischen Informationen bedeutet, dass wir die Informationen von irgendwoher bekommen müssen. Es gibt mehrere Möglichkeiten, dies zu realisieren.

- **(A) Datentabelle.** Der einfachste Ansatz besteht darin, eine Tabelle zu speichern, die die Variablen und ihre jeweiligen Transformationseigenschaften wie in Abb. 6.5 dargestellt verbindet. Dieser Ansatz ist sicherlich effektiv und eine der Lösungen, die am wenigsten Speicherplatz beansprucht. Bei der Arbeit mit digitalen Zwillingen hat diese Methode jedoch den Nachteil, dass diese separate Tabelle mit

Abb. 6.5 Erweiterung von Datenobjekten, um ideale Vorverarbeitungsschritte für physikalisch-informiertes Machine Learning zu berücksichtigen

den Daten versorgt werden muss, da sonst wichtige Teile der Interpretation nicht automatisiert werden können.

- **(B) Metainformationen für jede Variable.** Eine weitere, etwas detailliertere Möglichkeit wäre, die Anreicherungsinformationen mit jeder gespeicherten Datenvariablen zu liefern, wie in Abb. 6.5 gezeigt. Dies hat den Vorteil, dass nur Metainformationen (kurze Strings) im Datenobjekt gespeichert werden müssen. Im Vergleich zu (A) ist es speicherintensiver, da jedes Objekt redundante Informationen speichert. Aber jetzt können wir einfach Teilmengen der Objektdaten an verschiedene Orte kopieren, ohne eine zusätzliche Tabelle zu benötigen und ohne die Fachinformationen zu verlieren.
- **(C) Vollständig angereicherte Daten.** Die speicherintensivste Lösung ist die Berechnung der Datenanreicherung während der Speicherung der Daten oder in einem automatisch ausgelösten Teilprozess. Alle Daten werden dann in das ursprüngliche Datenobjekt aufgenommen, das zu einem Produkt oder einer Maschine gehört. Obwohl diese Option extrem erscheint, ist sie dennoch der bevorzugte Ansatz, um Folgeprozesse zu beschleunigen: Die Anreicherung muss nicht zur Trainingszeit oder zur Visualisierung berechnet werden. Die Berechnung wurde vor diesen Schritten durchgeführt und somit ist diese speicherintensive Lösung auch die schnellste Lösung für die Weiterverarbeitung.

6.2.3 Automatische Optimierung der Datenanreicherung bei binärer Klassifizierung

Lassen Sie uns nun einen einfachen Brute-Force-Ansatz ausprobieren, der uns hilft die Auswahl geeigneter Vorverarbeitungsschritte zu überprüfen. Wir konzentrieren uns auf einen Fall, in dem wir gute und schlechte Fälle so gut wie möglich trennen möchten, und beschränken uns daher auf eine physikalisch-informierte Optimierung der Datenanreicherung für eine binäre Klassifikation. Nehmen wir an, dass $\hat{\mathbf{O}}$ einen Vektor mit den Transformationskandidaten darstellt, die hier durch einen entsprechenden Operator repräsentiert werden,

$$\hat{\mathbf{O}} = \left[\frac{d}{dt}, \frac{d^2}{dt^2}, \exp, \log, \mathcal{F}, \mathcal{L}, ... \right]. \tag{6.1}$$

In diesem Sinne kann man beliebige Differential- oder Integraloperatoren definieren und sie in (6.1) unterbringen. Sobald wir eine solche Auswahl von Transformationen haben, können wir ein Skalarprodukt aller Operatoreinträge in $\hat{\mathbf{O}}$ mit einem Gewichtsvektor ω konstruieren,

$$\hat{\mathbf{L}}(\omega) = \omega \hat{\mathbf{O}} = \sum_{i=0}^{N} \omega_i \hat{O}_i, \tag{6.2}$$

wobei $\hat{\mathbf{L}}$ wirklich nichts Kompliziertes ist, sondern nur eine Kombination der Operatoren in $\hat{\mathbf{O}}$, jeweils gewichtet mit einem Faktor ω_i. Man beachte, dass wir hier ω als Symbol wählen, um diese Gewichte nicht mit den Gewichten w eines neuronalen Netzes zu verwechseln. Diese Kombination von Operatoren kann auf $x(t)$ wirken. Mit den Trainingsdaten in den Mengen $\mathbf{G}$ und $\mathbf{B}$ können wir die idealen Gewichte finden, indem wir das folgende Optimierungsproblem lösen,

$$\begin{aligned}
\underset{w_i}{\text{maximize}} \quad & J_{\text{phys}} = \sum_k |\xi_k - \zeta_k| \\
\text{u. d. B.} \quad & \text{(C1)} \ \xi_k = \hat{\mathbf{L}}(\omega) \, x_k(t), \quad \text{with} \ x_k \in \mathbf{G}, \\
& \text{(C2)} \ \zeta_k = \hat{\mathbf{L}}(\omega) \, z_k(t), \quad \text{with} \ z_k \in \mathbf{B}, \\
& \text{(C3)} \ \omega_i \geq 0.
\end{aligned} \tag{6.3}$$

Dieses Optimierungsproblem versucht, den Abstand zwischen ξ_k und ζ_k zu maximieren, die durch Anwendung von $\hat{\mathbf{L}}$ auf die Beispielfälle aus $\mathbf{G}$ und $\mathbf{B}$ gewonnen werden.

6.3 Einbettung von analytischen Ausdrücken in Neuronale Netze

Physikalisch-informiertes Lernen beinhaltet auch Techniken, um Differentialgleichungen (DGL) in das Netz zu integrieren. Da das Training von Netzen auf einem Optimierer beruht, der einen Gradientenabstieg vollzieht, können diese Gradienten auch genutzt werden, um die Lösung einer gewöhnlichen DGL zu finden.

In der Arbeit von Pfau et al. [11] wird dies für den Fall der Schrödinger-Gleichung demonstriert, einer wichtigen Grundgleichung der Quantenmechanik. Auch in rekurrenten Netzen ist eine Einbettung von Differentialgleichungen möglich und hilfreich, wie die Arbeit von Nascimento et al. [9] zeigt. Einige der grundlegendsten Arbeiten zu diesem Thema stammen von Karniadakis et al., wobei [6] nur ein Beispiel darstellt.

6.3.1 Automatische Ableitung

Die Differenzierung ist bei Weitem eine der häufigsten mathematischen Operationen. Sie ist die formale Beschreibung der Art und Weise, wie sich eine Variable im Verhältnis zu einer anderen verändert, und somit grundlegender Ausgangspunkt für die Modellierung dynamischer Systeme mit Differentialgleichungen. Man kann die Ableitung $x'(t)$ einer Funktion $x(t)$ auf drei Wegen berechnen:

1. **Analytische Berechnung.** Entweder mit einem klassischen Stift- und Papieransatz oder mit einer Software, die eine symbolische Auswertung vornimmt, wird hierbei die Ableitung nach den Regeln der Analysis bestimmt.
2. **Numerische Ableitung.** Die Datenreihe $x(t)$ kann zu $x'(t)$ numerisch abgeleitet werden, wobei wir die Formel für den Differentialquotienten oder symmetrische Varianten verwenden.
3. **Automatische Differenzierung (engl. automatic differentiation).** Hierbei nutzen wir sowohl die Daten als auch die Funktionen, die in unseren Optimierungsbibliotheken hinterlegt sind. Zeichnet man während der Optimierung das Gradientenabstiegsverfahren auf, so können wir stets die Ableitung einsehen.

In den nächsten Programmbeispielen werden wir uns mit Möglichkeiten zur Darstellung der automatischen Differenzierung im Code befassen. Bibliotheken wie Tensorflow bieten praktische Werkzeuge für den Zugriff auf den Gradienten der Optimierung.

In Listing 6.1 ist eine einfache Ableitung dargestellt. Dabei wird die interne Differenzierung von Tensorflow auf die Funktion x**2 angewendet. Sie können sich das Ergebnis aus Zeile 8 mit Matplotlib visualisieren.

Listing 6.1 Ableitung mit Gradient Tape

```
import tensorflow as tf

x = tf.Variable(tf.range(0,10, dtype=tf.float32))

with tf.GradientTape() as tape:
    y = x**2

dy_dx = tape.gradient(y, x)
```

Auch partielle Ableitungen sind hier möglich. Dazu stellen sie eine Funktion von mehreren Variablen z. B. x1 und x2 auf und verwenden GradientTape wie in Listing 6.2 dargestellt ist.

Listing 6.2 Partielle Ableitung mit Gradient Tape

```
x1 = tf.Variable(tf.range(0,10,0.1, dtype=tf.float32))
x2 = tf.Variable(tf.range(0,10,0.1, dtype=tf.float32))

with tf.GradientTape() as tape:
    y = x1**2+tf.sin(5*x2)

[dy_dx1, dy_dx2] = tape.gradient(y, [x1,x2])
```

Diese einfachen Beispiele helfen uns, die Funktionsweise von GradientTape zu verstehen. Als nächstes werden wir diesen Ansatz nutzen, um weitere analytische Ausdrücke mit einem Netz zu realisieren.

6.3.2 Einbinden einer Funktion als Optimierungsziel

Die grundlegendste Operation besteht darin, eine Funktion mit einem neuronalen Netz zu replizieren. Dies klingt sehr ähnlich zu dem, was wir zuvor gesehen haben, als wir ein Regressornetz zur Modellierung funktionaler Abhängigkeiten entworfen haben. In diesem früheren Ansatz haben wir einen Eingangsvektor t mit Zeiten definiert und dann die interessierende Gleichung $f(t_i)$ ausgewertet. t_i stellte dann den Trainingseingang dar und $f(t_i)$ war der Trainingsausgang.

Wir werden nun eine analytische Beziehung direkt in das Training eines Netzes implementieren – was nichts anderes ist als der vorherige Ansatz, nur dass wir die Zielfunktion an einer anderen Stelle einfügen. Dies kann durch Modifikation der Verlustfunktion J des Netzes erreicht werden,

$$J = \sqrt{\sum_i (\mathcal{N}(t_i) - f(t_i))^2},\tag{6.4}$$

wobei $\mathcal{N}(t)$ die Ausgabe des Netzes ist. Für die Implementation nutzen wir den Regressor, der in Listing 6.3 aufgeführt wird. Allerdings müssen wir für dieses Lernverfahren ein individualisiertes Training programmieren, damit wir den Gradient Tape Ansatz einfügen können.

Listing 6.3 Regressor für die Auswertung einer Funktion

```
import numpy as np
from tensorflow import keras
from tensorflow.keras import layers, losses, metrics
from tensorflow.keras.models import Model
```

```
import tensorflow as tf

class NNRegressor(Model):
    def __init__(self, inputLayerLength):
        super(NNRegressor, self).__init__()
        self.inputLayerLength = inputLayerLength
        self.construct_layers()
        self.regressor = keras.Sequential(self.mylayers)
        self.compile(optimizer='sgd',
                        metrics=[metrics.MeanAbsoluteError()])
        self.optimizer.learning_rate = 1E-3

    def construct_layers(self):
        self.mylayers = []
        self.mylayers.append(layers.Input(self.
            inputLayerLength))
        self.mylayers.append(layers.Dense(30, activation='
            sigmoid', use_bias=True, bias_initializer=tf.random
            .normal, kernel_initializer=tf.random.normal))
        self.mylayers.append(layers.Dense(30, activation='
            sigmoid', use_bias=True))
        self.mylayers.append(layers.Dense(1, activation='relu'
            , use_bias=True))

    def call(self, x):
        fittedData = self.regressor(x)
        return fittedData
```

Der Trainingsaufruf erfolgt in einer eigenen Klasse myEvaluator. Sie bekommt den Regressor über die Variable NN übergeben. In Zeile 20 setzen wir die Netzausgabe mit einer Funktion f gleich und erzwingen somit, dass das Netz diese Funktion im Training annähert.

Listing 6.4 Individualisiertes Training in Keras mit Aufruf von Gradient Tape

```
class myEvaluator():

    def __init__(self, NN, f0=1):
        self.NN = NN
        self.f0 = f0
        self.loss = []

    def g(self, t):
        with tf.GradientTape() as tape:
            result = t * self.NN(np.array([t])) + self.f0
        return result

    def f(self, t):
        return t**2

    def my_loss(self):
        integral = []
```

```
18        dt = np.sqrt(np.finfo(np.float32).eps)
19        for t in np.linspace(0,2,6):
20            integral.append((self.g(t) - self.f(t))**2)
21        return tf.reduce_sum(integral)
22
23    def step(self):
24        with tf.GradientTape() as tape:
25            self.loss.append(self.my_loss())
26            self.NN.gradients = tape.gradient(self.loss[-1],
                  self.NN.trainable_variables)
27            self.NN.optimizer.apply_gradients(zip(self.NN.
                  gradients, self.NN.trainable_variables))
28
29    def train(self, number_of_steps=1000):
30        for i in range(number_of_steps):
31            self.step()
32            if i%30==0:
33                print('{} | Loss = {}'.format(number_of_steps -
                      i, self.my_loss().numpy()))
```

Letztlich rufen wir den Regressor wie folgt auf:

Listing 6.5 Aufruf des Trainings

```
1  myNeuralNetwork = NNRegressor(inputLayerLength=1)
2  myEvaluator = myEvaluator(NN=myNeuralNetwork, f0=0)
3  myEvaluator.train(number_of_steps=10000)
```

Das neuronale Netz enthält nun die Funktion, die wir vorgegeben haben. Dabei ist es wichtig zu verstehen, dass wir diesen Vorgang oft nur für einen Teilbereich übergreifender Netze verwenden.

6.3.3　Integration einer Funktion

Während die Abbildung einer Funktion im neuronalen Netz auch wesentlich einfacher realisiert werden kann, können neuronale Netze auch kompliziertere analytische Probleme lösen. Dies wurde 1998 von Lagaris et al. in [7] gezeigt. Die Autoren liefern darin Lösungen für die Integration gewöhnlicher und partieller Differentialgleichungen. Der Ansatz beginnt mit einer generischen Differentialgleichung

$$x' = f(x, t), \tag{6.5}$$

für die wir eine Lösung x finden möchten. Als nächstes definieren wir dieses x als die Ausgabe eines neuronalen Netzes $\mathcal{N}(t)$, das mit der Eingabe t gespeist wird,

$$\mathcal{N}(t) \approx x(t). \tag{6.6}$$

Dies ist natürlich gleichbedeutend mit

$$\frac{d\mathcal{N}(t)}{dt} \approx f(x,t), \tag{6.7}$$

die wir als Grundlage für die Definition einer Verlustfunktion für unser neuronales Netz verwenden können,

$$J = \sqrt{\sum_i \left(\frac{d\mathcal{N}(t_i)}{dt} - f(x,t) \right)^2}, \tag{6.8}$$

die explizit die Differentialoperation in $f(x,t)$ mit dem Netzwerk $\mathcal{N}$ verbindet. Ein wichtiger Teil bei der Lösung einer Differentialgleichung ist es, eine Lösung zu finden, die die Randbedingungen erfüllt. Um dies sicherzustellen, haben Lagaris et al. in [7] folgende Substitution vorgeschlagen

$$g(t) = x_0 + t\mathcal{N}(t). \tag{6.9}$$

Wir können sehen, wie hilfreich diese Substitution ist, wenn wir $g(t = 0) = x_0$ betrachten, was uns sofort zu $dg(t = 0)/dt = 0$ führt. Mit g können wir (6.8) umschreiben zu

$$J = \sqrt{\sum_i \left(\frac{dg(t_i)}{dt} - f(x,t) \right)^2}. \tag{6.10}$$

Gl. (6.10) ist die Verlustdefinition für das neuronale Netz. Wenn der Gradientenabstieg das neuronale Netz trainiert, um den Verlust zu reduzieren, konvergiert g gegen die Lösung der Differentialgleichung. Der Vorteil dieses Ansatzes besteht darin, dass das Training des neuronalen Netzes mittels Gradientenabstieg automatisch eine Optimierung (6.10) vornimmt und die Differentialgleichung schließlich numerisch löst. Einzelheiten zu partiellen Differentialgleichungen finden Sie in [12] oder [6], die weitere Einzelheiten zu komplexeren Anwendungen liefern.

In modernen Frameworks für maschinelles Lernen wie Tensorflow kann die Änderung der Verlustfunktion auf recht bequeme Weise erfolgen – und das ist genau das, was wir brauchen, um Gl. (6.10) zu minimieren. Wir haben gesehen, wie tf.GradientTape für die automatische Differenzierung in Abschn. 6.3.1 funktioniert.

Mit dem gleichen Mechanismus können wir, bevor wir die Lösung einer Differentialgleichung angehen, zunächst eine Funktion $f(t)$ integrieren. Wir beginnen wieder mit der Klasse NNRegressor aus unserer obigen Betrachtung, wie sie in Listing 6.3 beschrieben ist. Diesen ändern wir mit Hinblick auf die Aktivierungsfunktionen und die Topologie des Netzes wie folgt ab:

Listing 6.6 Regressionsnetz

```
 1  import matplotlib
 2  import matplotlib.pyplot as plt
 3  import numpy as np
 4  from tensorflow import keras
 5  from tensorflow.keras import layers, losses, metrics
 6  from tensorflow.keras.models import Model
 7  import tensorflow as tf
 8
 9  np.random.seed(123)
10
11  class NNRegressor(Model):
12      def __init__(self, inputLayerLength):
13          super(NNRegressor, self).__init__()
14          self.inputLayerLength = inputLayerLength
15          self.construct_layers()
16          self.regressor = keras.Sequential(self.mylayers)
17          self.compile(optimizer='sgd',
18                       metrics=[metrics.MeanAbsoluteError()])
19          self.optimizer.learning_rate = 0.001
20
21      def construct_layers(self):
22          self.mylayers = []
23          self.mylayers.append(layers.Input(self.
                inputLayerLength))
24          self.mylayers.append(layers.Dense(50, activation='relu
                ', use_bias=True,bias_initializer=tf.random.normal
                , kernel_initializer=tf.random.normal))
25          self.mylayers.append(layers.Dense(50, activation='relu
                ', use_bias=True))
26          self.mylayers.append(layers.Dense(1, activation='relu'
                , use_bias=True))
27
28      def call(self, x):
29          fittedData = self.regressor(x)
30          return fittedData
```

Wir haben das Netz so parametrisiert, dass es eine stochastische Gradientenabstiegs-
optimierung verwendet und eine feste Architektur mit $[l, 50, 50, 1]$ verwendet, wobei
l die Anzahl der Eingabevariablen ist. Außerdem werden für jede Schicht die Initia-
lisierung und der Bias individuell festgelegt, um später damit experimentieren zu
können. Als Aktivierungsfunktion für alle Schichten wurde Leaky-ReLU gewählt.

Der nächste Code, Listing 6.7, liefert ein Klassenbeispiel für einen Integrator. Er
kombiniert, was wir über die automatische Differenzierung und das neuronale Netz
wissen.

Listing 6.7 Beispiel eines Integrators basierend auf einem neuronalen Netz

```
 1  class myIntegrator():
 2
 3      def __init__(self, NN, fOperator, f0=1):
```

```
 4          self.NN = NN
 5          self.f = f
 6          self.f0 = f0
 7          self.loss = []
 8
 9      def g(self, t):
10          with tf.GradientTape() as tape:
11              result = t * self.NN(np.array([t])) + self.f0
12          return result
13
14      def my_loss(self):
15          integral = []
16          dt = np.sqrt(np.finfo(np.float32).eps)
17          for t in np.linspace(0,1,10):
18              dNN = (self.g(t+dt)-self.g(t))/dt
19              integral.append((dNN - self.f(t))**2)
20          return tf.reduce_sum(tf.abs(integral))
21
22      def step(self):
23          with tf.GradientTape() as tape:
24              self.loss.append(self.my_loss())
25              self.NN.gradients = tape.gradient(self.loss[-1],
                    self.NN.trainable_variables)
26              self.NN.optimizer.apply_gradients(zip(self.NN.
                    gradients, self.NN.trainable_variables))
27
28      def train(self, number_of_steps=1000):
29          for i in range(number_of_steps):
30              self.step()
31              if i%30==0:
32                  print('{} | Loss = {}'.format(number_of_steps -
                        i, self.my_loss().numpy()))
```

Der Konstruktor der Klasse myIntegrator benötigt das neuronale Netz und einen Funktionsoperator fOperator als Eingabe. Beachten Sie, dass in den Zeilen 9 bis 12 die von Lagaris et al. vorgeschlagene Substitution (6.9) in der Klasse implementiert ist. Dies ist auch die entscheidende Stelle, an der wir das vorgestellte GradientTape zur automatischen Differenzierung verwenden. Es zeichnet die Auswertung der Funktion *g* über das neuronale Netz auf und erlaubt uns daher in den Zeilen 23 bis 25 den Zugriff auf die Gradienten.

Nun können wir eine Funktion *f* angeben, die von diesem Algorithmus integriert werden soll. Der zugehörige Operator fOperator, der im Konstruktor von myIntegrator in Zeile 3 verwendet wird, kann über einen Lambda-Ausdruck übergeben werden, der in Listing 6.8 gezeigt wird.

Listing 6.8 Aufruf des Trainings

```
f = lambda t: 2*t
myNeural_network = NNRegressor(inputLayerLength=1)
myIntegrator = myIntegrator(NN=myNeuralNetwork, fOperator=f,
    f0=1)
myIntegrator.train(number_of_steps=1000)
```

In der Auflistung 6.8 wird $x' = f(t)$ definiert, gefolgt von der Instanziierung des neuronalen Netzes und schließlich einer Instanziierung des Integrators. Durch den Aufruf der Funktion train() des Integrators wird der Optimierungsprozess des neuronalen Netzes gestartet, der die Minimierung von Gl. (6.10) in mathematischer Hinsicht durchführt.

Listing 6.9 Testen und Darstellen der Funktion und des Ergebnisses

```
def analytical_solution(x):
    return x**2 + 1

result = []
tv = np.linspace(0,1,10)
for t in tv:
    result.append(float(my_integrator.g(t)))

S = analytical_solution(tv)

plt.plot(tv, S, 'k--', label="Original Function", linewidth=2)
plt.plot(tv, result, label="Neural_Net_Approximation",linewidth
    =3.0, color=[0.0,0.6,0.6])
plt.legend(loc=2, prop={'size': 20})
plt.tick_params('both', labelsize=16)
plt.ylabel('x(t)_/_ a.u.', fontsize=18)
plt.xlabel('t_/_ i.u.', fontsize=18)
plt.show()
```

Die analytische Lösung ist hier ebenfalls im Code angegeben. Die Integration startet bei f0=1, was den Offset der Parabel erklärt. In Abb. 6.6 ist die Lösung des obigen Codes dargestellt. Sie konvergiert schnell zu einer Lösung, die der analytischen Lösung nahekommt. Die Kurven wurden mit dem in Listing 6.9 implementierten Code erzeugt.

6.3.4 Integration einer gewöhnlichen Differentialgleichung erster Ordnung

Während das vorangegangene Beispiel die Integration einer Funktion zeigt, werden wir nun eine einfache Differentialgleichung lösen. Als Beispiel wenden wir den Ansatz der automatischen Differenzierung auf die einfachste gewöhnliche Differentialgleichung (DGL) an,

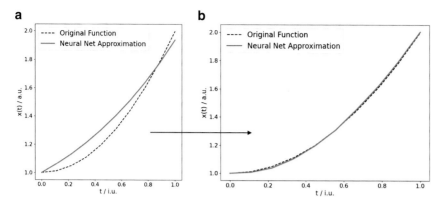

Abb. 6.6 Lösungen für x in beliebigen Einheiten. Links: Zwischenstufe des Trainings, der Verlust ist hier noch größer als $L > 1.5$. Rechts: Die Lösung der Integration ist zum richtigen Ergebnis konvergiert, der Verlust ist nun $L < 0.02$

$$x' = f(x, t) = x(t) \Leftrightarrow x(t) = x_0 \exp(t) + C, \qquad (6.11)$$

die weiter vereinfacht wird, indem man die Randbedingung $x(0) = x_0$ annimmt und $C = 0$ belässt. Diese einfache DGL kann mit unserem vorherigen Code integriert werden. Der Ansatz bleibt derselbe, wie von Lagaris et al. skizziert und in den vorherigen Codebeispielen bereits ausgeführt wurde. Was uns noch fehlt, ist die Repräsentation eines Differentialoperators, im Wesentlichen der Übergang einer Abhängigkeit nur von t hin zu einer Abhängigkeit von t und $x(t)$. Auf der Grundlage von Listing 6.7 entfernen wir dafür im Code die Eingabe von f über das Lambda-Kalkül und fügen stattdessen der Integratorklasse eine eigene Funktion f hinzu. Dies ist in Listing 6.10 dargestellt. Sie spiegelt direkt die Problemstellung wider (6.11).

Listing 6.10 Änderungen an der Integratorklasse 6.7.

```
    ...
    def f(self,x):
        return self.g(x)
    ...
```

Dieser Ausdruck allein entspricht aber noch nicht der DGL. Ohne die Verwendung des Lambda-Ausdrucks können wir das neuronale Netz zur Lösung der DGL mit dem Code in Listing 6.11 aufrufen,

Listing 6.11 Vereinfachter Aufruf, um die Differentialgleichung zu lösen.

```
myNeuralNetwork = NNRegressor(inputLayerLength=1)
myIntegrator = myIntegrator(NN=myNeuralNetwork, f0=1)
myIntegrator.train(number_of_steps=1000)
```

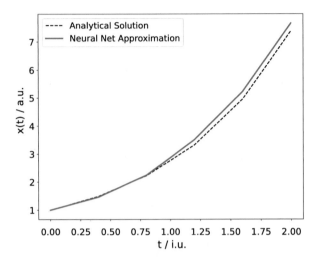

Abb. 6.7 Analytische Lösung $\sim \exp(t)$ (schwarz) der Differentialgleichung im Vergleich mit der Lösung des Netzes (grün)

was zu dem in Abb. 6.7 gezeigten Ergebnis führt. Beachten Sie, dass wir den Test- und Ergebnisvisualisierungscode im Listing 6.9 wiederverwendet haben, um die Ergebnisse darzustellen. Der Integrator hat die erwartete exponentielle Lösung gefunden. Der Code kann nun als Ausgangspunkt für beliebige Differentialgleichungen verwendet werden.

6.4   Stochastische Methoden zur Integration von Unsicherheit in den Lernprozess

6.4.1   Berücksichtigung von Unsicherheit in den Eingangsdaten

Messungen sind stets behaftet mit Unsicherheit. In Kap. 3 wurde gezeigt, wie die Unsicherheit im Messprozess selbst zustande kommt und wir konnten aleatorische und epistemische Unsicherheit unterscheiden. Da Unsicherheiten durch stochastische Prozesse bestimmt sind, kann man sie mit Wahrscheinlichkeitsverteilungen erfassen. Auch viele Lernverfahren nutzen stochastische Ansätze. Die meisten jedoch aus der Intention, Verfahren schneller und effizienter auszuführen.

Wir wollen nun die Unsicherheit in unseren Daten stärker in die Verfahren mit einbinden. Dazu ist es ungemein wichtig, diesen Wert – die Unsicherheit eines Datenpunkts – überhaupt vorliegen zu haben. Wie bereits zuvor erwähnt, sind industrielle

Prozesse zwar inzwischen gut digitalisiert, eine Kenntnis der aktuellen Messunsicherheiten ist aber oft nicht unbedingt vorhanden.

Eine sehr einfache, aber hilfreiche Strategie, um Unsicherheiten einzubinden ist die **stochastische Anreicherung**. Dieses Verfahren vergrößert die Datenmenge mit einem synthetischen Anteil, der jedoch aus den Daten selbst stammt und eine Repräsentation der Unsicherheit erzeugt. Der Ablauf der Anreicherung ist wie folgt:

- **Auswahl einer Untermenge echter Datenpunkte.** Die Auswahl einer Untermenge entspricht der grundsätzlichen Idee beim Training von Lernverfahren, die betrachteten Daten zu segmentieren. Beim K-Means-Verfahren in Kap. 6 haben wir dies als Batch K-Means kennengelernt. Um die Datenpunkte sinnvoll auszuwählen, nutzen wir einen Zufallszug der eine N-elementige Teilmenge aus der M-elementigen Datenpunktmenge extrahiert.
- **Iteration über jeden Datenpunkt der Untermenge.** Wir bewegen uns nun von Punkt zu Punkt und ermitteln seine Unsicherheit. Im besten Fall existiert eine Unsicherheit pro Punkt in der Datenmenge. Ist die Unsicherheit hingegen nur über eine einmalige Angabe der Messgenauigkeit angegeben oder gar geschätzt, so ordnen wir jedem Punkt genau diesen Wert zu. In einigen Fällen muss der Wert aus der Datenmenge selbst berechnet werden, indem man die Varianz zur Hilfe nimmt.
- **Zufallszug aus der Unsicherheitsverteilung.** Wir haben nun N Datenpunkte mit ihren Unsicherheiten. Jeder Datenpunkt besitzt eine Wahrscheinlichkeitsverteilung $p(\mu = x; \sigma = u_x)$ die den stochastischen Prozess darstellt. Dabei wählen wir den Schwerpunkt der Verteilung derart, dass er dem Datenpunkt entspricht. Wenn wir aus dieser Verteilung neue Punkte ziehen, erzeugen wir an ihrem Maximum (wo der ursprüngliche Messpunkt lag) viele Punkte und an Stellen, wo die Verteilung niedrig ist, nur wenige Punkte. Diese neue Punktemenge ist die **stochastisch angereicherte Datenmenge**.

Das skizzierte Vorgehen wirft einige Fragen auf: Haben wir die Unsicherheiten wirklich vorliegen? Ist uns auch die Wahrscheinlichkeitsdichte p bekannt? Wie viele Punkte müssen wir erzeugen, um eine sinnvolle statistische Auswahl zu erhalten? All diese Fragen sind stark problembezogen. Wie wichtig sie sind, zeigen aktuelle Bemühungen in den Standardisierungsprozessen, wo gefordert wird, zu jedem Datenpunkt die absolute oder relative Unsicherheit zu erfassen und auch die Verteilung p.

Es gibt verschiedene Ansätze, die ähnlich oder gar identisch zur stochastischen Anreicherung sind. Ein Beispiel hierfür ist das Konzept des **Kerndichteschätzers**. Hier wird ebenfalls jedem Punkt einer Datengruppe eine ganze Wahrscheinlichkeitsverteilung zugeordnet.

K-Means mit stochastisch angereicherten Daten

Wir demonstrieren nun die stochastische Anreicherung an einem einfachen Beispiel und betrachten erneut den Einsatz des K-Means-Algorithmus. Der in Kap. 6 vorgestellte Batch-K-Means-Algorithmus arbeitet bereits stochastisch, in dem Sinne, dass er in seinem Ablauf eine Zufallswahl trifft, um die Menge an Datenpunkten zu reduzieren.

Jetzt wenden wir die obige stochastische Betrachtung auf die eigentlichen Daten an. Wir wissen bereits, dass unsere Daten mit Unsicherheiten u_x behaftet sind. Sie repräsentieren also, jeder für sich, die Mittelpunkte von einzelnen Wahrscheinlichkeitsverteilungen p. Wir gehen nun von einer Gauß-Verteilung der Daten aus, was häufig die beste Wahl ist, wenn eine genauere Angabe der erwarteten Verteilung fehlt. Auch die Funktion, die uns einen Zufallszug aus der Verteilung realisiert, haben wir bereits während des K-Means-Beispiels kennengelernt.

Listing 6.12 zeigt den Zufallszug aus einer 2D-Gauß-Verteilung, und wie wir daraus zusätzliche Punkte stoch_x und stoch_y generieren.

Listing 6.12 Anwendung des K-Means-Verfahren

```
def gauss2d(mu_x, sigma_x, mu_y, sigma_y, numberOfPoints=400):
    x1 = mu_x + sigma_x * np.random.randn(numberOfPoints)
    y1 = mu_y + sigma_y * np.random.randn(numberOfPoints)
    return x1, y1

XtrainWithUncertainty = []
stochasticEnrichment = 10
ux = 1.2
uy = 2.4
for i in range(0, 300):
    stoch_x, stoch_y = gauss2d(Xtrain[i][0], ux, Xtrain[i][1],
        uy, stochasticEnrichment)
    for j in range(0,stochasticEnrichment):
        XtrainWithUncertainty.append([stoch_x[j],stoch_y[j]])
```

Diese neuen Daten werden im Code einer neuen Trainingsvariablen XtrainWithUncertainty zugeordnet. Diese neue Trainingsmenge kann nun in Lernverfahren weiterverwendet werden. Bitte beachten sie besonders, an welcher Stelle die Unsicherheiten eingesetzt werden. In Zeile 8 und 9 haben wir sie fest definiert, um ihnen dies am Beispiel hier zu zeigen. Sollten sie individuelle Unsicherheiten in ihrer Datenmenge angegeben haben, so existiert für sie ux[i] und uy[i], und in Zeile 11 des Beispiels muss schließlich Listing 6.13 verwendet werden.

Listing 6.13 Konkrete Unsicherheit angegeben in der Datenmenge

```
stoch_x, stoch_y = gauss2d(Xtrain[i][0], ux[i], Xtrain[i][1],
    uy[i], stochasticEnrichment)
```

Um das Beispiel zu vervollständigen zeigt Listing 6.14 die Anwendung des Scikit-Learn K-Means auf die stochastisch angereicherte Datenmenge.

Listing 6.14 Anwendung des K-Means-Verfahren

```
miniBatchKmeans = MiniBatchKMeans(n_clusters = 3, batch_size =
    20, n_init = 10)
miniBatchKmeans.fit(XtrainWithUncertainty)
```

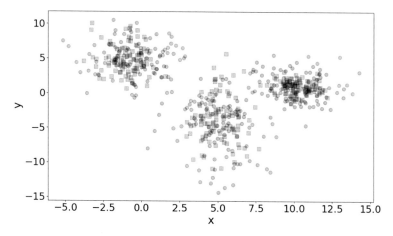

Abb. 6.8 Vergleich der ursprünglichen Datenmenge (schwarz) und der stochastisch angereicherten Datenmenge (blau)

Diskussion der Methode

Welchen Unterschied bringt die stochastische Auswertung im Vergleich zur ursprünglichen Datenmenge? Wenn sie keinerlei individuelle Information zur Unsicherheit des einzelnen Punkts besitzen, ist der Mehrwert der Methode nur gering. Die Datenpunkte selbst müssen effektiv auch die Wahrscheinlichkeitsverteilung enthalten. In Abb. 6.8 sind beide Datenmengen gezeigt, die ursprünglichen Punkte (schwarz) und die angereicherten Punkte. Den stärksten Effekt sehen wir bei der Unsicherheit der resultierenden Clusterpunkte. Es gibt weitere Anwendungen, wo die stochastische Anreicherung wichtig wird und relevante Unterschiede in der Interpretation von Ergebnissen mit sich bringt.

Ein Beispiel ist die zeitliche Veränderung der Unsicherheit. Sie kann starken Einfluss auf die Ergebnisse haben: Messgeräte können altern, ihre Auflösung kann sich verschlechtern oder der physikalische Prozess, auf dem die Messung beruht, kann Schwankungen unterlaufen. Stellen sie sich Messprozess vor, die auf einer konstanten elektrischen Spannung beruhen, bei denen für definierte Zeiten eine hohe Unsicherheit herrscht. Für derartige Probleme ist die stochastische Anreicherung prädestiniert. Sie kann dann für den jeweiligen Unterpunkt eine gute Repräsentanz erzielen.

6.4.2 Quantifikation der Unsicherheit aus den gelernten Ergebnissen

Wir wollen nun ermitteln, wie sich die Berücksichtigung der Unsicherheit auf die eigentlich vorhergesagten Ergebnisse auswirkt. Dazu greifen wir uns ein Clusterzentrum exemplarisch heraus, nämlich das Cluster an der ungefähren Position $(5, -5)$.

Um die resultierende Unsicherheit zu ermitteln, führen wir mehrere Versuche (engl.
trials) hintereinander durch und zeichnen die Position der Zentren in einem Array
auf. Dieses Vorgehen ist vergleichbar mit Monte-Carlo-Verfahren, nur das unsere
Eingänge auf realen Daten beruhen und unsere Verteilungen auf realen Unsicherheiten beruhen.

Listing 6.15 zeigt diesen Ansatz. Eine Schleife durchläuft 500 Versuche. Jeder
Versuch würfelt für die stochastische Datenmenge eine neue Konfiguration und trainiert einmal das K-Means-Verfahren. Nach dem Training werden die Schwerpunkte
gespeichert.

Listing 6.15 Anwendung des K-Means-Verfahren

```
cluster1x = []
cluster1y = []

for trial in range(0,500):

    XtrainWithUncertainty = []
    stochasticEnrichment = 10

    for i in range(0, 300):
        ux, uy = gauss2d(Xtrain[i][0], 1.4, Xtrain[i][1], 2.2,
            stochasticEnrichment)
        for j in range(0,stochasticEnrichment):
            XtrainWithUncertainty.append([ux[j],uy[j]])

    miniBatchKmeans = MiniBatchKMeans(n_clusters = 3,
        batch_size = 20, n_init = 10)
    miniBatchKmeans.fit(XtrainWithUncertainty)

    for k in range(0,3):
        xc = miniBatchKmeans.cluster_centers_[k][0]
        yc = miniBatchKmeans.cluster_centers_[k][1]
        if xc > 2 and xc < 7:
            cluster1x.append(xc)
            cluster1y.append(yc)
```

Um zu sehen, wie stark das Clusterzentrum (des ausgesuchten Clusters) streut, können wir uns die Histogramme für x- und y-Koordinate näher anschauen. Der Code
in Listing 6.16 zeigt die Erstellung des Histogramms.

Listing 6.16 Anwendung des K-Means Verfahren

```
fig, (ax1,ax2) = plt.subplots(2,1,figsize=(16,9))
ax1.hist(cluster1x,bins=20, rwidth=0.9)
ax1.set_xlim([3,8])
ax2.hist(cluster1y,bins=20,rwidth=0.9)
ax2.set_xlim([-3,-8])
```

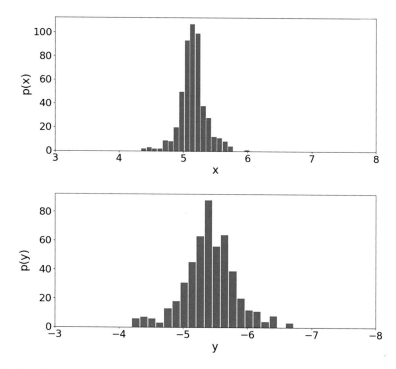

Abb. 6.9 Histogramme von x- und y-Koordinate des Clusterzentrums

Abb. 6.9 zeigt die Histogramme, wobei das Ergebnis für unser Beispiel nicht überraschend ist. Die Schwerpunkte der Histogramme müssen zwangsläufig am ursprünglichen Clusterzentrum liegen. Form der Verteilung und Breite der Streuung haben wir ja über unseren Code definiert.

Die hier gezeigten Ergebnisse werden später für die Diskussion des Vertrauens in Lernverfahren noch einmal aufgegriffen. Dieser Ansatz funktioniert für sämtliche Lernverfahren und wurde hier nur für K-Means exemplarisch durchgeführt.

6.4.3 Stochastische Anreicherung von Zielvariablen

Da wir nun einen Weg kennen, Unsicherheit in die Auswertung zu integrieren und dies für Eingangsdaten eines unüberwacht lernenden Algorithmus eingeübt haben, erweitern wir nun die Betrachtung auf unscharfe Klassen. Sie stellen einen Fall von Unsicherheit der Zielvariablen dar. Wir greifen hierfür den Klassifikator aus Kap. 5 wieder auf, den wir in Keras geschrieben haben. Dieser Klassifikator nutzte ein spezielle Zuordnungsfunktion, die ein Abbild auf Klassen erzeugt. Seine Zuordnung war in Kap. 5 scharf. Ein Kurvenverlauf der Trainings- bzw. Testdaten gehörte zu einer klar definierten Kategorie, z. B. Kategorie 3, die über den Vektor [0, 0, 0, 1, 0] angegeben wurde.

Wir stellen uns nun diese Zielvariablen als Wahrscheinlichkeitsaussage vor. Dann kann es sein, dass die Zuordnung auf eine Kategorie nicht mehr völlig sicher ist. Die Funktionsverläufe der Motorstromdaten sind ein gutes Beispiel hierfür. In der Abb. 3.2 sieht man, dass mehrere Kurven sehr nah aneinander liegen und schwierig zu unterscheiden sind.

Wenn man Zugang zu stochastischen Labeln hat, können diese im Klassifikator berücksichtigt werden. Exemplarisch wurde in 6.17 für den Motorstrom eine probabilistische Zuordnung der ursprünglichen Label auf Wahrscheinlichkeitswerte demonstriert. Diese Werte können u. a. aus dem Messprozess oder der automatischen Erfassung von Labeln stammen. Ein Scanner, der eine Zahl einscannt und nur 95 % genau ist, eine Farbdetektion, die Intensitätswerte auf eine Farbskala abbildet oder eine Korrelation, die niemals perfekt sein kann, all dies sind Beispiele für unsichere Labels.

Listing 6.17 Stochastische Label

```
Xtrain = []
Ytrain = []
Xtest = []
Ytest = []

def probabilityForLabel(label):
    if label == 1:
        probabilityLabel = [0,0.84,0,0,0]
    elif label == 2:
        probabilityLabel = [0,0.1,0.5,0.1,0.1]
    elif label == 3:
        probabilityLabel = [0,0,0,0.6,0.1]
    else:
        probabilityLabel = [0,0,0,0,0.7]
    return probabilityLabel

for i in range(0,1400):
    Xtrain.append(X[i])
    Ytrain.append(probabilityForLabel(data['Label'][i]))

for i in range(1401,1420):
    Xtest.append(X[i])
    Ytest.append(probabilityForLabel(data['Label'][i]))
```

Um diese Label zu trainieren, benötigen wir Änderungen des Klassifikators. Zum einen ist die Funktion to_categorical obsolet, denn diesen Schritt decken wir bereits mit der probabilityForLabel() Funktion in obigem Code ab.

Listing 6.18 Klassifikator für stochastische Label.

```
class Classifier(Model):

    def __init__(self, inputLayerLength, hiddenLayers=2):
        super(Classifier, self).__init__()
        self.inputLayerLength = inputLayerLength
        self.hiddenLayers = hiddenLayers
        self.constructLayers()
        self.classifier = tf.keras.Sequential(self.myLayers)
        self.compile(optimizer='adam',
                     loss=losses.MeanSquaredError())
        self.optimizer.learning_rate = 0.002

    def constructLayers(self):
        self.myLayers = []
        self.myLayers.append(layers.Input(self.
            inputLayerLength))
        for i in range(0,self.hiddenLayers):
            self.myLayers.append(layers.Dense(50, activation='
                leaky_relu'))
            self.myLayers.append(layers.Dense(50, activation='
                leaky_relu'))
        self.myLayers.append(layers.Dense(5, activation='
            softmax'))

    def call(self, x):
        classified = self.classifier(x)
        return classified

classifier = Classifier(len(Xtrain[0]))
history = classifier.fit(np.array(Xtrain),
                    np.array(Ytrain), epochs=150,verbose=
                         False, batch_size=50)
```

Der Code in Listing 6.18 zeigt den Klassifikator, mit den wenigen Änderungen. Hervorzuheben sind hier lediglich die Anpassung der Kostenfunktion auf MeanSquaredError() sowie die Änderung im Fitaufruf, explizit wieder Ytrain genutzt wird. Wir trainieren den Klassifikator und testen ihn schließlich mit dem Listing 6.19.

Listing 6.19 Test des Klassifikators mit stochastischen Labels

```
result = classifier.predict(np.array(Xtest))
for i in range(0,19):
    print('{} | {}'.format(np.round(result[i],2), Ytest[i]))
                         np.array(Ytrain), epochs=150,verbose=
                              False, batch_size=50)
```

Dieser Test führt zu einer Ausgabe in der folgenden Form:

Listing 6.20   Ergebnis des Tests Klassifikationstests

```
1   ...
2   [0.06 0.06 0.06 0.65 0.17] | [0, 0, 0, 0.6, 0.1]
3   [0.06 0.06 0.06 0.66 0.16] | [0, 0, 0, 0.6, 0.1]
4   [0.06 0.06 0.06 0.65 0.17] | [0, 0, 0, 0.6, 0.1]
5   [0.04 0.14 0.54 0.14 0.14] | [0, 0.1, 0.5, 0.1, 0.1]
6   [0.04 0.05 0.07 0.07 0.77] | [0, 0, 0, 0, 0.7]
7   [0.03 0.86 0.04 0.03 0.04] | [0, 0.84, 0, 0, 0]
8   [0.06 0.06 0.06 0.65 0.17] | [0, 0, 0, 0.6, 0.1]
9   ...
```

Die Ergebnisse, die das Netz vorhersagt, in der Ausgabe auf der linken Seite, spiegeln nun die Wahrscheinlichkeiten der Label wider.

6.4.4   Mixture-Density-Netze (MDN)

Grundlage von MDN
Eine Zielsetzung für jeden Algorithmus ist die Vorhersage der eigenen Genauigkeit. Diese Vorhersage ist bei Lernverfahren oft schwierig zu ermitteln, denn bei Lernverfahren hängt sie von der Qualität der Eingangsdaten ab. Jeder einzelne Messvorgang kann prinzipiell einer unterschiedlichen Unsicherheit unterliegen. Somit kann die Unsicherheit erfasst werden, wie u. a. in [3] gezeigt wird.

Ein Mixture-Density-Netz geht von der Grundidee aus, dass nicht ein fester Wert vorhergesagt wird, sondern vielmehr eine Verteilungsfunktion. Sie ermitteln in ihren verdeckten Schichten die Parameter für diese Verteilung und ermöglichen es uns, Zugriff auf die mittlere Vorhersage und ihre Unsicherheit zu erhalten. Mit anderen Worten, Mixture-Density-Netze können ihre eigene Unsicherheit vorhersagen. Die wichtigste Arbeit zu diesem Thema stellt das Buch von Bishop [1] dar, der auch in weiteren Veröffentlichungen [2, 4] auf ähnliche Ansätze eingeht. Einige allgemeine Ansätze für Exponential Mixture Modelling finden sich bei Julier et al. [5].

Wir werden hier die Ideen an einem einfachen Beispiel erklären, jedoch keine vollständige Herleitung des MDN durchführen. Um die praktische Anwendung zu verstehen, hilft es, sich auf eine leicht zu verstehende Abbildung $y = f(x)$ zu konzentrieren, die wir mit einem MDN modellieren wollen. Als Ergebnis interessiert uns die Wahrscheinlichkeitsverteilung $p(y|x)$, also wie hoch die Wahrscheinlichkeit von einem Wert y ist, unter der Annahme das x eingetreten ist.

Diese Verteilung wird bei MDN als,

$$p(y|x) = \sum_{i}^{K-1} \omega_i \mathcal{P}[\mu_i(x), \sigma_i(x)], \qquad (6.12)$$

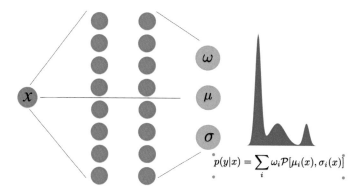

Abb. 6.10 Schematische Darstellung eines Mixture-Density-Netzes

angenommen. In der Summe berücksichtigen wir K verschiedene Komponenten, z. B. $K = 3$ Gauß-Funktionen, wie in Abb. 6.10 auf der rechten Seite gezeigt wird. Für jede dieser Verteilungen benötigen wir eine Amplitude bzw. einen Mischungsgewicht. Diese Gewichtung geschieht über ω_i. Natürlich ist dieses Gewicht Teil des Trainings und wird vom Modell später mit vorhergesagt. Letztlich erfasst $\mathcal{P}[\mu(x), \sigma(x)]$ die Verteilungsfunktion selbst, z. B. eine Gauß-Funktion,

$$\mathcal{P} = \exp\left(-\frac{(x - \mu)^2}{2\sigma^2}\right). \tag{6.13}$$

Vorwärtsberechnung eines MDN
Wichtig an dem Konzept der MDN ist die „Mixtur" mehrerer Verteilungen. Die Mixturfaktoren ω setzen eine Softmax-Aktivierung ein,

$$\omega_i(x) = \text{softmax}(\boldsymbol{W}_\omega \boldsymbol{h}(x) + \boldsymbol{b}_\omega), \tag{6.14}$$

da die Summe aller Faktoren 1 ergeben muss. Für die Mittelwerte können wir eine Aktivierung wie $f(x) = \text{ReLU}(x)$ anwenden. Wir sind jedoch nicht darauf angewiesen, daher schreiben wir die Aktivierung allgemein nur mit f,

$$\mu_i(x) = f(\boldsymbol{W}_\mu \boldsymbol{h}(x) + \boldsymbol{b}_\mu). \tag{6.15}$$

Die Breite einer Verteilung ist stets größer als 0, und daher müssen wir für die σ eine besondere Aktivierung auswählen. Sie darf nicht unter null fallen. Hierfür verwenden wir die Exponential Linear Unit (ELU). Sie ist definiert als

$$\text{ELU}(x) = \begin{cases} \exp(x) - 1 & \text{für } x < 0, \\ x & \text{für } x \geq 0. \end{cases} \tag{6.16}$$

Mit dieser Definition wird σ in der letzten Schicht berechnet über

$$\sigma_i(x) = \text{ELU}(\boldsymbol{W}_\sigma \boldsymbol{h}(x) + \boldsymbol{b}_\sigma) + 1, \tag{6.17}$$

wobei die ELU-Funktion und der addierte Offset dafür sorgen, dass Sigma ausschließlich positive Werte annimmt.

Gl. (6.14) bis (6.17) beschreiben die Vorwärtsauswertung des Netzes bis auf einen letzten Schritt, denn in der Ausgangsschicht werden so lediglich Parameter ausgegeben. Ein nutzbares Ergebnis erhält man erst, wenn aus diesen Parametern eine Gesamtverteilung aus der Mixtur an Unterverteilungen erzeugt wurde. Aus dieser Gesamtverteilung wird durch einen Zufallszug schließlich für ein festes x eine Vorhersage erzeugt.

Implementation eines MDN

Um ein MDN anzuwenden, erzeugen wir als erstes eine geeignete Trainings- und Testmenge. Dazu wählen wir einen möglichst einfachen und nachvollziehbaren Fall,

$$y = x + x^2 * \exp(v), \tag{6.18}$$

wobei v eine Zufallszahl zwischen 0 und 1 ist. Listing 6.21 zeigt die Generierung dieser Beispieldaten.

Listing 6.21 Beispieldaten für ein MDN.

```
def generateSyntheticData(n=20):
    xout = []
    yout = []
    for i in range(0,n):
        x = 10*np.random.random(1)
        y = x+0.05*x**2*np.exp(np.random.random(1))
        xout.append(x)
        yout.append(y)
    return xout,yout

Xtrain, Ytrain = generateSyntheticData(n=2000)
Xtest, Ytest = generateSyntheticData(n=200)
```

Wir widmen uns nun dem eigentlichen MDN-Regressor. Der Code in Listing 6.22 baut auf unseren vorherigen Keras Modellen auf, beinhaltet jedoch einige Besonderheiten. In Zeile 17 nutzen wir eine spezielle Kostenfunktion für MDN. Außerdem ist in der Konstruktion der Schichten als Ausgangsschicht ein MDN-Layer eingefügt. Es stammt aus der Bibliothek „mdn" die Keras alle nötigen Zusatzfunktionen zur Verfügung stellt, um mit MDN umzugehen.

Listing 6.22 Beispieldaten für ein MDN.

```
import keras
import numpy as np
import tensorflow as tf
from tensorflow.keras import layers, losses
from tensorflow.keras.models import Model
import mdn


class MDNRegressor(Model):

    def __init__(self, inputLayerLength, hiddenLayers=2):
        super(MDNRegressor, self).__init__()
        self.inputLayerLength = inputLayerLength
        self.hiddenLayers = hiddenLayers
        self.constructLayers()
        self.mdnRegressor = tf.keras.Sequential(self.myLayers)
        self.compile(optimizer='adam',
                     loss=mdn.get_mixture_loss_func(1,3))
        self.optimizer.learning_rate = 0.001

    def constructLayers(self):
        self.myLayers = []
        self.myLayers.append(layers.Input(self.
            inputLayerLength))
        for i in range(0,self.hiddenLayers):
            self.layers.append(layers.Dense(25, activation='
                leaky_relu'))
        self.myLayers.append(mdn.MDN(1, 3))

    def call(self, x):
        regressorResult = self.mdnRegressor(x)
        return regressorResult

mdnRegressor = MDNRegressor(len(Xtrain[0]))
history = mdnRegressor.fit(np.array(Xtrain), np.array(Ytrain),
    epochs=300, batch_size=200)
```

In Zeilen 17 und 25 werden konkrete Angaben über die Form und Ziele der Verteilung eingesetzt. Sie soll eine Variable vorhersagen und dazu 3 Mixturen nutzen. Dies sind Parameter, die sowohl die Kostenfunktion als auch das MDN-Layer benötigen.

Abb. 6.11 zeigt den Vergleich von Testpunkten (schwarz) und der Netzvorhersage (rot). Dabei geben die roten Kreuze die Position der Vorhersage und die roten Fehlerbalken die Unsicherheit wieder. Der Progammcode, der die Ergebnisse des Netzes testet und das Bild erstellt ist in Listing 6.23 aufgeführt.

Listing 6.23 Beispieldaten für ein MDN.

```
results = mdnRegressor.predict(np.array(Xtest))
y_samples = np.apply_along_axis(mdn.sample_from_output, 1,
    results, 1, 3, temp=1.0)
mus = np.apply_along_axis((lambda a: a[:3]), 1, results)
```

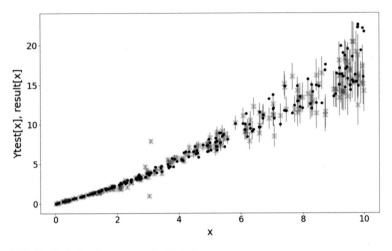

Abb. 6.11 Ergebnis der Auswertung des MDN

```
4    sigs = np.apply_along_axis((lambda a: a[3:3*2]), 1, results)
5
6    plt.scatter(Xtest,Ytest, color='k')
7    for i in range(0,len(y_samples)):
8        #plt.scatter(i, results[i][2], s=140, marker='x',linewidth
             =5,color='k')
9        plt.scatter(Xtest[i], y_samples[i], s=140, marker='x',
             linewidth=5,color='r',alpha=0.2)
10        plt.errorbar(Xtest[i], y_samples[i], yerr=sigs[i][1],color
             ='r',alpha=0.5)
11    plt.tick_params('both', labelsize=22)
12    plt.xlabel('x', fontsize=24)
13    plt.ylabel('Ytest[x], result[x]', fontsize=24)
```

Jede Ausführung des Netzes führt zu einem Ergebnis result. Dieses Ergebnis,
im Listing in Zeile 1 berechnet, kodiert nur die Verteilung. Um die Qualität der
Vorhersage prüfen zu können, muss aus der Verteilung noch ein Sample extrahiert
werden. Dies passiert in Zeile 2, wo wir sample_from_output ausführen, um aus
der Verteilung zu ziehen.

6.5 Prozesskorridore

6.5.1 Wahrscheinlichkeitsdichten durch 2D-Histogramme

Wie wir bereits im Kap. 3.7.1 gesehen haben, spiegeln Histogramme die Wahrscheinlichkeitsdichten von Datenvariablen wider. Nutzt man eine 2D-Histogrammierung,

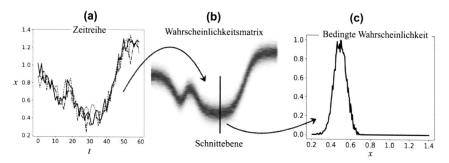

Abb. 6.12 Illustration eines Wahrscheinlichkeitskorridors der Variablen $x(t)$. Verschiedene Messungen von $x(t)$ sind in (**a**) dargestellt. (**b**) zeigt das daraus erzeugte 2D Histogramm. Jeder Schnitt dieses Histogramms stellt eine bedingte Wahrscheinlichkeitsdichte dar, und (**c**) gibt einen dieser Schnitte wieder

kann man den Wahrscheinlichkeitskorridor entlang einer Zeitreihe oder mehrerer Variablen visualisieren. Liegt diesen Wahrscheinlichkeitsverteilungen eine Prozesskette zu Grunde, sprechen wir auch von einem Prozesskorridor.

> **Prozesskorridor.** Eine Gruppe von Wahrscheinlichkeitsverteilungen $P_i(x, \pi)$ der Prozessvariablen x und Parametern π heißt Prozesskorridor, wenn jede Verteilung einem Prozess i zuzuordnen ist.

Wir möchten dies anhand eines Ansatzes aus [10] näher erklären.

Korridor für Zeitreihen

Abb. 6.12a zeigt eine Reihe von normalen Prozesskurven eines beliebigen, sich wiederholenden Prozesses. Wir können davon ausgehen, dass sich jede gemessene Datenreihe so ähnlich verhalten sollte wie ihr Vorgänger. Es gibt mehrere bekannte anomale Ereignisse in diesem Signal, aber der am schwierigsten zu erkennende Effekt ist eine oszillierende Störung der Spannung.

Formal definieren wir **G** als die Menge aller normalen (guten) Situationen und **B** als die Menge aller schlechten Szenarien. Für unser Beispiel können wir diese Mengen selbstverständlich noch weiter unterteilen in G_{Train}, G_{Test}, B_{Train} und B_{Test}.

Wir setzen unsere Überlegungen fort, indem wir eine sehr vereinfachte Perspektive einnehmen. Zunächst möchten wir unseren Unsicherheitskorridor entlang des Signals richtig beschreiben. Dazu lassen wir $x \in X$ einen stochastischen Prozess sein, nämlich eine Zeitreihe mit diskreten Zeitschritten, die eine Prozessvariable eines Produktionsprozesses beschreibt. Dann beschreibt $P(x|t_j)$ mit $j \in \mathbb{N}$ die Wahrscheinlichkeit, den Wert x zu einem bestimmten Zeitpunkt t_j zu finden. Die Menge X kann weiter diskretisiert werden durch eine begrenzte Anzahl von Intervallen $\xi_i = [\xi_{i_<}, \xi_{i_>}]$, sodass mit

$$\xi_{i_<} < x < \xi_{i_>} \Rightarrow x \in \xi_i \tag{6.19}$$

eine Wahrscheinlichkeitsmatrix $\mathbf{P} = (P_{i,j})$ definiert werden kann,

$$P_{i,j} = P(x \in \xi_i | t_j). \tag{6.20}$$

Die Größe von $\mathbf{P}$ hängt von der Anzahl der Intervalle ξ_i und der Anzahl der Zeitschritte t_j ab. $\mathbf{P}$ umfasst die gesamte analytische Bewegung $\tilde{x}(t)$, genauer gesagt ist der durch $\tilde{x}(t)$ beschriebene Pfad das Verteilungsmittel von $\mathbf{P}$.

Ist (6.20) erst einmal aus den Daten berechnet, ist es bereits ein praktisches Werkzeug, um Anomalien im Prozess zu erkennen. Jedes Auftreten von x in einem Intervall ξ_i mit einer geringen Wahrscheinlichkeit deutet auf ein anomales Verhalten des Prozesses hin. Abb. 6.12 veranschaulicht dies durch die Annahme einer Prozesszeitreihe in Abb. 6.12a. Mit einem ausreichend großen Datensatz kann die Matrix $\mathbf{P}$ so trainiert werden, dass sie das statistische Verhalten der Zeitreihe widerspiegelt, wie in Abb. 6.12b dargestellt, wobei die Intensitäten mit den Zahlen der Matrix skalieren. Schließlich stellen die Spaltenvektoren der Matrix $\mathbf{P}$ bei t_j natürlich die einzelnen bedingten Wahrscheinlichkeitsverteilungen dar.

Die gezeigte Methode oder sehr ähnliche Varianten davon sind in der Industrie häufig für die heuristische Erkennung von Anomalien zu finden. Sie erfordert lediglich die Kenntnis einiger statistischer Kennzahlen und eine Schätzung der Form der normalen Prozesskurve. Obwohl dieser Wahrscheinlichkeitskorridor ein guter Ansatz für die Beobachtung von Abweichungen vom Pfad ist, hat er mehrere Schwächen:

1. Es erkennt keine Abweichungen, die innerhalb des statistisch definierten Normalpfades bleiben, selbst wenn die Hauptform erheblich verzerrt ist. Dies ist z. B. der Fall, wenn ein sinusförmiges Rauschen das ursprüngliche Signal stört, dessen Amplitude klein genug ist, um von der Rauschschwankung erfasst zu werden.

2. Die Annahme, dass die Verteilung $P(x|t_i)$ unabhängig von der vorherigen Position $x(t_{i-1})$ ist, ist eine starke Vereinfachung. Sie impliziert, dass für jede Position $x(t_{i-1})$ die nachfolgende Wahrscheinlichkeitsverteilung für den nächsten Zeitschritt gleich ist.

3. Jede kontinuierliche Verschlechterung im Laufe der Zeit, die im Rahmen dieses Ansatzes verwendet wird, spiegelt sich lediglich in einer Verbreiterung des Wahrscheinlichkeitskorridors wider und trägt somit dem Vorhandensein einer Anomalie nicht angemessen Rechnung.

Implementation des Wahrscheinlichkeitskorridors
Es gibt viele Varianten die 2-Histogrammierung zu nutzen, um einen derartigen Korridor zu erstellen. Wir wählen hier einen eigenen Code. Er ermöglicht es uns später, auf dieser Basis aufzubauen und dieses Konzept auf bedingte Wahrscheinlichkeiten zu erweitern.

In Abb. 6.13 ist ein Gitter dargestellt, welches auf diskrete Weise den Lauf einer Funktion (schwarze Linie) abtastet. Dazu haben wir Fenster erzeugt, die durch ihre x- und y-Positionen festgelegt sind. Wann immer die schwarze Kurve durch ein Fenster

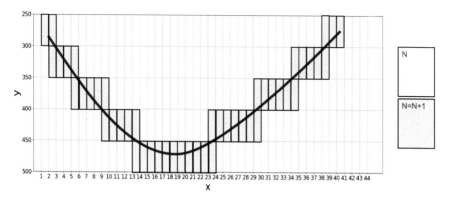

Abb. 6.13 2D-Histogramm mit Zählung der Ereignisse pro Element

kommt, wird hierin ein Zähler erhöht. Am Anfang sind alle Fenster auf 0 gesetzt. Dies führen wir nun für jede wiederholte Zeitreihe aus. Nach mehreren Zeitreihen entsteht dann der Prozesskorridor wie er in Abb. 6.12b abgebildet ist.

Listing 6.24 zeigt wie man dieses Verfahren, nur mittels Numpy und ohne Hilfe von weiteren Bibliotheken, in Python programmieren kann. Vorgegeben wird eine Diskretisierung der beiden abstrakten Achsen, also wie viele Fenster Sie in Summe betrachten möchten. Dies entspricht den Bins beim normalen, eindimensionalen Histogramm und daher werden die einzelnen Fenster im Code als Bins bezeichnet.

Listing 6.24 Einfacher Wahrscheinlichkeitskorridor

```
%matplotlib tk
import pickle
import numpy as np
import matplotlib.pyplot as plt

class probabilityCorridor(object):

    def __init__(self, data, x, y):
        self.x = x
        self.y = y
        self.bin = np.zeros([y+1, x+1]) #x+1,y+1])
        self.train(data)

    def train(self, data):
        dataMatrix = np.array(data)
        self.ymax = dataMatrix.max()
        self.ymin = dataMatrix.min()
        self.scalefactor = self.y / (self.ymax-self.ymin)

        for eachSet in data:
            for x in range(0,self.x):
                y =  int(np.floor(self.y *(eachSet[x]-self.
                    ymin)/(self.ymax-self.ymin)))
                self.bin[self.y-y][x] += 1
```

```
24
25        return self.bin
26
27  dt = probabilityCorridor(data['X'][0:400],100,100)
28  dt.train(data['X'][0:400])
29  plt.imshow(dt.bin, vmin=0, vmax=20)
```

Das Training skaliert die Daten und zählt in den entsprechenden Bins einen Zähler hoch, wann immer die Kurve das Fenster durchquert. Fenster mit hohen Zählerwerten werden also von der Zeitreihe häufiger getroffen, welche mit niedrigen Werten seltener.

Korridor für mehrere Sensorvariablen
Ein Prozesskorridor muss nicht unbedingt auf eine Zeitreihe angewendet werden. Genauso kann das Verfahren auch auf z. B. bei mehreren verschiedenen Variablen von Sensoren angewendet werden. Dann macht es Sinn, diese vorher entsprechend zu normieren und zu skalieren – zwei sehr problemabhängige Schritte.

Ein solcher Korridor ist in Abb. 6.14 für 26 individuelle Sensoren einer Temperaturmessung dargestellt. Als Beispiel ist eine konkrete, anomale Messung in Form von Punkten im Diagramm dargestellt. An einer Stelle verlassen die Messpunkte den Korridor.

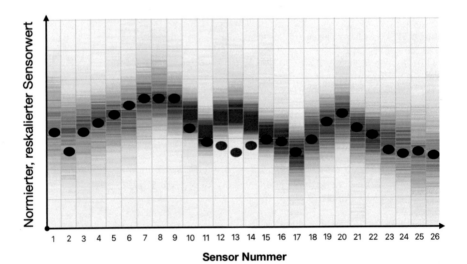

Abb. 6.14 Prozesskorridor für mehrere entkoppelte Sensoren, entsprechend normiert und aneinandergereiht. Wenn ein Element mehrfach durch den unwahrscheinlichen Bereich läuft, liegt eine Anomalie vor. Schwarze Kreise zeigen die jeweiligen Variable. Rote Kreise mit weißen Kreuzen zeigen die anomalen Variablen. Sie weichen von der erwarteten Verteilung, die hier schattiert im Hintergrund illustriert ist, zu weit ab

Zusammenfassung

In diesem Kapitel haben wir das physikalisch-informierte, maschinelle Lernen erörtert, bei dem neuronale Netze mit Vorwissen versorgt werden, um ihre Vorhersage zu verbessern oder um das Vorwissen in den algorithmischen Ablauf einzubetten.

Wir haben gesehen, dass wir die Optimierungs-Engine von ML-Frameworks nutzen können, um automatische Differenzierungen durchzuführen, Funktionen zu integrieren und sogar Differentialgleichungen zu lösen. Durch die Einbettung solcher Informationen wird die für das Training benötigte Datenmenge reduziert. Diese Techniken werden für die spätere Behandlung des erklärbaren maschinellen Lernens – das auf einem gründlichen Verständnis der Datenanreicherung und der Einbeziehung von Vorwissen beruht – von wesentlicher Bedeutung sein.

Unsicherheit kann mit Hilfe von Mixture-Density-Netzen erfasst und in die Vorhersage von Modellergebnissen systematisch integriert werden. Auch andere Verfahren wie Entscheidungsbäume oder Clusterverfahren lassen sich um den Begriff der Unsicherheit erweitern. Stochastische Anreicherung der Daten ermöglicht es, bei Kenntnis der unterliegenden Unsicherheiten, diese auf praktische Art und Weise in die Auswertung mit aufzunehmen.

Für technische Prozesse besonders interessant ist das Konzept des Prozesskorridors. Hier wurde gezeigt, wie verschiedene Verteilungen helfen können, Prozesse auf Anomalien hin zu überwachen.

Aufgaben

6.1 Betrachten Sie wieder unser Beispiel des Motorstroms. In Abschn. 3.6.3 haben wir die FFT kennengelernt und in Abschn. 6.1.2 erklärt, wie sich das Hinzufügen einer Fourier-Transformation auf die Klassifikationsqualität des neuronalen Netzes auswirkt. Implementieren Sie eine physikalisch-informierte Klassifikation für das Motorstrombeispiel mit einem neuronalen Netz. Benutzen Sie folgende Vorverarbeitungen:

a) Fourier-Transformation als Vorverarbeitung

b) Laplace-Transformation, welche über

$$\mathcal{L}(\zeta) = \int_0^\infty x(t)e^{-\zeta t}dt$$

definiert ist.

Welchen Unterschied erkennen Sie mit Blick auf die Klassifikation?

6.2 Skizzieren Sie das Datenbankkonzept, damit ein physikalisch-informierter Code für maschinelles Lernen automatisch Anreicherungsinformationen für die Vorhersage von Wasserpumpen abrufen kann. Welche Variablen sind wichtig?

6.3 Programmieren Sie die Integration der Funktion

$$f(t) = 4t + \cos(2\pi t)$$

mit Hilfe eines neuronalen Netzes.

6.4 Schreiben Sie die gewöhnliche Differentialgleichung zweiter Ordnung

$$x'' = 2x + t$$

als System von Differentialgleichungen erster Ordnung. Passen Sie den Code von Listing 6.8 und 6.11 so an, dass auch Differentialgleichungen zweiter Ordnung mit dem Code erster Ordnung integriert werden können.

6.5 Wie würden Sie die Prinzipien des physikalisch-informierten, maschinellen Lernens auf die K-Means-Methode anwenden, die Sie in den vorherigen Kapiteln gelernt haben?

Literatur

1. C. M. Bishop, *Neural Networks for Pattern Recognition*. Oxford University Press, 1996.
2. C. M. Bishop and D. Barber, „Ensemble learning for multi-layer networks," in *Advances in Neural Information Processing Systems*, vol. 10, 1997, pp. 395–401.
3. A. Brando, „Mixture density networks (mdn) for distribution and uncertainty estimation," 2017, gitHub repository with a collection of Jupyter notebooks intended to solve a lot of problems related to MDN. [Online]. Available: https://github.com/axelbrando/Mixture-Density-Networks-for-distribution-and-uncertainty-estimation/
4. D. Barber and C. M. Bishop, „Ensemble learning in bayesian neural networks," in *Generalization in Neural Networks and Machine Learning*. Springer Verlag, 1998, pp. 215–237.
5. S. J. Julier, T. Bailey, and J. K. Uhlmann, „Using exponential mixture models for suboptimal distributed data fusion," *IEEE Nonlinear Statistical Signal Processing Workshop*, pp. 160–163, 2006.
6. G. E. Karniadakis, I. G. Kevrekidis, L. Lu, P. Perdikaris, S. Wang, and L. Yang, „Physics-informed machine learning," *Nature Reviews Physics*, vol. 3, pp. 422–440, 2021.
7. I. E. Lagaris, A. Likas, and D. I. Fotiadis, „Artificial neural networks for solving ordinary partial differential equations," *IEEE Transactions on Neural Networks*, vol. 9, no. 5, pp. 987–1000, 1998.
8. J. Maggu, A. Majumdar, E. Chouzenoux, and G. Chierchia, „Deep convolutional transform learning," in *ICONIP 2020 - 27th International Conference on Neural Information Processing, Bangkok, Thailand*, 2020.
9. R. G. Nascimento, K. Fricke, and F. A. Viana, „A tutorial on solving ordinary differential equations using python and hybrid physics-informed neural network," *Engineering Applications of Artificial Intelligence*, vol. 96, p. 103996, 2020. [Online]. Available: https://www.sciencedirect.com/science/article/pii/S095219762030292X
10. M. J. Neuer, *Quantifying Uncertainty in Physics-Informed Variational Autoencoders for Anomaly Detection*. Springer Nature, 2021.
11. D. Pfau, J. S. Spencer, A. G. Matthews, and W. M. C. Foulkes, „Ab initio solution of the many-electron schrödinger equation with deep neural networks," *Phys. Rev. Res. 2*, vol. 2, p. 033429, 2020.
12. M. Raissi, P. Perdikaris, and G. E. Karniadakis, „Physics-informed neural networks: a deep learning framework for solving forward and inverse problems involving nonlinear partial differential equations," *J. Comput. Phys.*, vol. 378, pp. 686–707, 2019.

Kapitel 7
Erklärbarkeit

Schlüsselwörter Semantische Strukturen · Taxonomie · Ontologie · Vokabular · Synonyme · Erklärbarkeit · Kausalität

Um Lernverfahren nachvollziehbar zu gestalten, müssen wir Eingangsvariablen, Prozesseigenheiten und Zusammenhänge zwischen den Variablen modellieren. Dazu werden Taxonomien und Ontologien vorgestellt. Sie sind Hilfsmittel, um strukturierte Informationsablagen für physikalisch-informiertes Lernen und Erklärbarkeit zu erzeugen. Das Kapitel widmet sich der Sensitivitätsanalyse und erklärt an einem Beispiel, wie man gelernte Prozessmodelle auf ihre Abhängigkeiten hin untersuchen kann. Schließlich folgt eine Diskussion von Erklärbarkeit und ein klares Rezept, wie man sie für eigene Projekte realisieren kann.

Die semantischen Werkzeuge dieses Kapitels ermöglichen es uns, genau diese Erklärbarkeit für unsere Lernverfahren zu generieren, abhängig von Nutzertypen und Personenkreisen. Dafür muss aber zunächst eine neue Form von Information digital erfasst werden: die „Bedeutung" von Verfahren und ihrem zugehörigen Prozess-Know-How. Diese Bedeutung wird schließlich zur Interpretation von Ergebnissen benötigt.

Abb. 7.1 zeigt wieder Auswirkungen von Kap. 7, wobei sich ein Großteil nun an den Nutzer unserer Verfahren richtet.

7.1 Semantische Ordnungsstrukturen zur Digitalisierung von Bedeutung

Wir haben bereits viele verschiedene Beispiele zum Umgang mit Daten kennengelernt. In all diesen Fällen ging es darum, bestehende Messdaten zu analysieren, zu bewerten, sie zu klassifizieren und letztlich zu einer Aussage über diese Daten zu gelangen.

M. J. Neuer, *Maschinelles Lernen für die Ingenieurwissenschaften*, https://doi.org/10.1007/978-3-662-68216-6_7

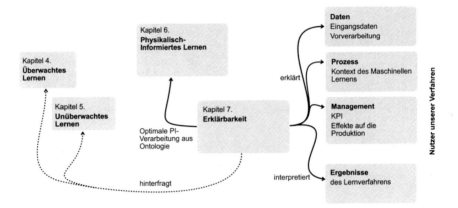

Abb. 7.1 Übersicht über den Zusammenhang von Kap. 7 mit den vorherigen Kapiteln

In diesem Kapitel werden wir uns darauf konzentrieren, Kontext zu modellieren. Warum ist das wichtig? Computer haben zunächst keinen eigenen Zugang zu Informationen über Zusammenhänge. Dies haben Sie sicherlich, sobald ausgereifte KI-Algorithmen mit dem World Wide Web interagieren, aber wir möchten für den Moment im Bereich der technischen Anwendungen z. B. für die Industrie verharren.

Weiß ein Computer, was eine Beize ist? Kennt er die Bedeutung einer Ultraschallprüfung? Er kennt die Daten dieser Prozesse, aber er kann sie nicht in größere Gesamtzusammenhänge einordnen. Dieser Schritt ist, zumindest in allen unseren Beispielen, nur über den menschlichen Data Scientist vorgenommen worden. Der Spezialist entscheidet die Vorverarbeitung der Daten, wählt das Verfahren aus und interpretiert die Ergebnisse – nicht der Computer.

7.1.1 Semantik

Semantik beschreibt die Bedeutung von Dingen. Wenn wir von einem „Auto" sprechen, weiß jeder, mit dem wir reden, was damit gemeint ist: ein Fahrzeug, mit dem man sich von A nach B bewegen kann, welches Energie verbraucht, ein bis fünf Passagiere fassen kann usw. Sie wissen um die Bedeutung des Wortes „Auto", weil Sie gelernt haben, was das ist.

Ein Computer könnte dies ebenso, nur hat er nie diesen Lernvorgang durchlaufen. Sie können z. B. eine Bilderkennung trainieren, die es schafft, einen „Pinguin" von einem „Elefanten" zu unterscheiden – doch der Interpreter wird allein durch diese Unterscheidung noch nicht verstehen, was ein Pinguin ist.

Stellen Sie sich nun vor, es gäbe eine Tabelle, in der ein „Pinguin" der übergeordneten Kategorie „Vogel" zugewiesen ist. Dann wäre einem Algorithmus klar, dass es

Abb. 7.2 Semantische Werkzeuge, geordnet gemäß steigender Komplexität

sich bei einem Pinguin um einen Vogel handelt. Nun muss aber der Begriff „Vogel" erklärt werden.

Eine vollständig digitale Erfassung von realen Gegenständen erfordert also von uns, dass wir einen Weg finden, Computern digitale Erklärungen von diesen Gegenständen zur Verfügung zu stellen. Und genau hier kommen die semantischen Werkzeuge **Synonym, Taxonomie** und **Ontologie** ins Spiel. All dies sind Hilfsmittel und Technologien, um die **Bedeutung** von etwas digital zu speichern und diese Information für Algorithmen nutzbar werden zu lassen.

7.1.2 Übersicht über die semantischen Konzepte

In Abb. 7.2 haben wir die wichtigsten Konzepte von semantischen Ordnungsstrukturen aufgeführt und sie nach steigender Komplexität geordnet. Wir werden diese Konzepte im nachfolgenden Abschnitt systematisch erklären. Sie sind wichtig für die Erklärbarkeit von Algorithmen. Unser übergeordnetes Ziel ist erklärbares maschinelles Lernen im technischen Umfeld aufzubauen. Wie können uns diese Konzepte nun dabei helfen?

Beispiel: Anomaliedetektion mit semantischer Zuordnung
Eine hydraulische Presse drückt Streifen in einem Prozess zusammen. Es entstehen geprägte Formteile für die Weiterverarbeitung. Die Kraft (bzw. der Druck) der Presse wird kontinuierlich und digital gespeichert; über eine Online-Darstellung wird sie auch visualisiert. Anhand der Kurve kann ein Experte erkennen, ob der Prozess in Ordnung (i.O.) oder nicht in Ordnung (n.i.O.) war. Nun wird, immer wenn das Maximum der Presskraft erwartet wird, ein plötzlicher Abfall in der Kraft des Systems detektiert. Diese Anomalie kann (für unser Beispiel!) auf zwei mögliche Ursachen zurückgeführt werden: 1) Entweder bricht die Grundleistung der Hydraulikpumpe kurz ein oder 2) ein Riss in der Zuleitung lässt Flüssigkeit austreten. Datentechnisch sei auch die Hydraulikpumpe digital erfasst.

Die semantische Lösung ist in diesem Fall wie folgt möglich: Wir wissen, das die Pumpe für das Erzeugen der Kraft nötig ist. Pumpe und Presse sind also miteinander logisch verbunden. Semantisch beschreiben können wir dies mit folgender Logik: Wenn der Pumpendruck fällt, fällt auch die Presskraft. Diese Wenn-Dann-Beziehung ist das Kernelement unserer Überlegung. Wenn also das Signal der Pumpe zeigt, dass es keinen Leistungszusammenbruch gab, dann kann nur noch Ursache 2), ein Leck in der Zuleitung, die mögliche Erklärung sein.

Dieses Beispiel basiert auf sogenannter **deontischer Logik.**

7.1.3 Alphabete und Wörter

Wie bilden wir überhaupt Wörter und ab wann enthält ein Wort einen Sinn? Ein Wort besteht aus sehr vielen kleinen Einheiten, den Buchstaben. Das Besondere an diesen Symbolen ist, dass sie alle gut voneinander zu unterscheiden sein müssen. Sonst würde es oft zu Verwechselungen kommen.

Alphabet Ein Alphabet Σ ist eine endliche Menge von eindeutig unterscheidbaren Elementen $s_i \in \Sigma$. Ein solches Element s aus Σ heißt Zeichen (Symbol, Buchstabe).

Aus den Elementen eines Alphabets kann nun ein Wort konstruiert werden:

Wort Jede endliche Kombination aus Zeichen eines Alphabets $x, y, z \in \Sigma$ heißt Wort. Die Zahl der Zeichen ergibt die Länge des Wortes.

Diese Sicht der Informatik beinhaltet noch keinerlei Sinn, den ein Wort tragen kann. Alle möglichen Kombinationen aus Zeichen sind Wörter. Letztlich ist die Zuweisung von Bedeutung die Hauptaufgabe des Begriffs Semantik:

Semantik Wird einem Wort eine Bedeutung zugeordnet, so spricht man von einer semantischen Abbildung.

Nur durch diesen Vorgang werden spezielle Wörter aus der Menge aller durch das Alphabet Σ zu bildenden Wörter ausgezeichnet: sie bekommen eine Bedeutung. Durch diesen Schritt erhalten wir eine Teilmenge der möglichen Wörter des Alphabets Σ. Allerdings können zwei unterschiedliche Wörter auch den gleichen Sinn enthalten. Diese Eigenschaft werden wir später in unserer Betrachtung von Synonymen wieder aufgreifen.

7.1.4 Vokabular

Wenn Sie einmal eine Fremdsprache erlernt haben, dann ist Ihnen die Bedeutung des Vokabulars sicher allgemein geläufig. Es beschreibt eine Sammlung von Wörtern bezüglich eines gemeinsamen Kontexts und in einer gemeinsamen Sprache. Computertechnisch kann ein Vokabular ein Array von Strings sein. Mit Hilfe des Vokabulars kann dann geprüft werden, ob ein eingegebener Text tatsächlich kompatibel mit der jeweiligen Sprache ist.

Vokabular Ein Vokabular ist die Menge an Wörtern, die aus einem Alphabet Σ gebildet werden können, denen über eine semantische Abbildung eine Bedeutung zugeordnet wurde. Ein **beschränktes Vokabular** limitiert diese Wörter auf einen bestimmten Kontext an Bedeutung.

7.1.5 Synonymer Ring

Sagen Sie „Ich fahre Fahrrad." oder „Ich fahre Rad."? Offenbar können verschiedene Wörter die gleiche oder zumindest eine sehr ähnliche Bedeutung besitzen.

Synonym Zwei Wörter, deren semantische Zuweisung von Bedeutung gleich ist, nennt man Synonyme.

In der Informatik kennt man den Umgang mit Synonymen gut. Wenn stringbasierte Eingaben ausgewertet werden, ist eine Synonymtabelle hilfreich. Lassen Sie uns dies wieder an einem praktischen Beispiel diskutieren:

Beispiel: Defekte an Stahlbändern
Stahlbänder können verschiedene Defekte aufweisen. Einer von diesen Defekten bezieht sich auf die Kante des Stahlbands. Hier kann es prozessbedingt zu einer Rissbildung kommen. Sie ist problematisch für Folgeprozesse und oft Ausgangspunkt für einen vollständigen Bandriss – was möglichst vermieden werden soll. Wenn Sie nun Bänder in der Produktion beobachten, können Sie natürlich einen Mitarbeiter beauftragen, manuell die Bandkante zu inspizieren und aufzuschreiben, ob ein Problem besteht oder nicht. Was Sie erhalten werden, sobald ein Rissansatz gesehen wird, ist eine Tabelle mit Dateneinträgen wie „Kantenreißer", „Kantenriss", „Ausfransung", „Kerbe" und vieles

mehr. Für das zugrunde liegende Problem sind dies alles Synonyme für den eigentlichen Defekt.

Wenn eine Vielfalt von Begriffen existiert, die einen Sachverhalt mit gleicher Bedeutung beschreiben, so nennen wir die Begriffe Synonyme. Wir sagen, ein Begriff ist synonym zu einem anderen Begriff der Menge. Die Mathematik kennt hierfür den Begriff der Relation, genauer gesagt die Äquivalenzrelation. Sie erlaubt uns den Bezug von Elementen in einer Menge festzulegen.

Äquivalenzrelation Es seien Elemente $A \in S$ und $B \in S$. Wir nennen $\equiv$ eine Äquivalenzrelation auf S, wenn jedes Element $x_i \in S$ mit sich selbst äquivalent ist $x_i \equiv x_i \forall i$ (Reflexivität), wenn aus $A \equiv B$, $B \equiv A$ folgt (Symmetrie) und wenn aus $A \equiv B$ und $A \equiv C$ folgt, das $B \equiv C$ ist (Transitivität).

Eine Äquivalenzrelation muss also reflexiv, symmetrisch und transitiv sein.

Sind $A \in S$ und $B \in S$ Wörter einer Wortmenge S, auf der eine Äquivalenzrelation $\equiv$ definiert ist, so bilden alle $x_i, x_j \in S$ mit $i \neq j$, die miteinander äquivalent sind, $x_i \equiv x_j$ einen synonymen Ring Ξ.

Beispiel: Synonymer Ring für das Wort Automobil
Der synonyme Raum für das Wort „Automobil" ist gegeben durch

$$\Xi(\text{„Automobil"}) = \big\{ \text{„PKW"}, \text{„Auto"}, \text{„Kraftfahrzeug"}, \text{„Wagen"}, \dots \big\}. \tag{7.1}$$

Das Beispiel in Gl. (7.1) kann in Python umgesetzt werden. Dazu haben wir in Listing 7.1 diese Wortmenge und einen Beispieltext programmiert. Aus dem Beispieltext soll in der Schleife herausgefunden werden, wie oft der Begriff „Automobil" oder eines seiner Synonyme fällt.

Listing 7.1 Beispiel für die Anwendung einer Synonym Analyse

```
Synonyms = {"Automobil":["Auto", "PKW", "Kraftfahrzeug", "
    Wagen"]}
Counter = {}

for eachWord in Text.split('␣'):
    for eachEntry in Synonyms:
```

```
 6        if eachWord in Synonyms[eachEntry]:
 7            if eachEntry not in Counter.keys():
 8                Counter[eachEntry] = 1
 9            else:
10                Counter[eachEntry] +=1
11
12  print(Counter)
```

Bitte erinnern Sie sich an unsere Betrachtung von Datentypen und der Charakterisierung von Daten. Ein Text stellt eine Sammlung nominaler Daten dar. Und für nominale Daten können wir nur die Vorkommen eines Elementes zählen, nicht mehr. Deswegen ist obiges Beispiel mit einem Counter versehen. Die Zahl der Vorkommnisse der Synonyme für „Automobil" ist die einzige Operation, die wir durchführen können.

7.1.6 Taxonomien

Der Begriff Taxonomie (gr. *táxis,* die Ordnung) beschreibt eine Vorschrift, mit der Objekte in Gruppen geordnet werden. Dabei sucht man ein alle Objekte verbindendes Element und definiert dies als Oberbegriff der Taxonomie.

Beispiel: Vereinfachte biologische Taxonomie
In der Biologie kennt man Taxonomien schon sehr lange. Abb. 7.3 zeigt eine vereinfachte Ordnungsstruktur für einen Teil der Tiere. Betrachtet werden nur die beiden Kategorien Wirbeltiere und Gliederfüßer. Wirbeltiere werden weiter aufgeteilt in Säugetiere, Vögel, Fische und Amphibien. Ein Hund gehört zur Kategorie Säugetier. Man unterscheidet jedoch noch weitere Detailgrade des Hundes.

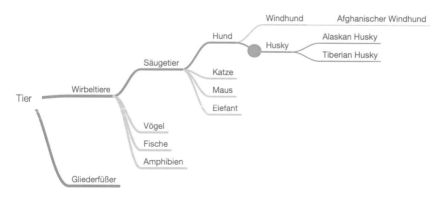

Abb. 7.3 Einfaches Beispiel für eine Taxonomie, angelehnt an die Biologie

Ist die Information aus Abb. 7.3 digital verfügbar, kann ein automatisches Verfahren algorithmisch schließen, dass ein Hund ein Tier ist. Ohne den Abhängigkeitsbaum der Taxonomie ist dies nicht möglich. Ordnungsstrukturen benötigen ein Kriterium, also eine mathematische Vorschrift, nach der ihre Elemente sortiert werden können. Dieses Sortieren bringt die geforderte Ordnung.

Im Vergleich mit dem synonymen Ring, der ja lediglich eine Äquivalenz zwischen seinen Elementen fordert, kann eine Taxonomie also vergleichen. Taxonomien überführen nominale Daten in ordinale Daten.

Ordnungsrelation Eine geordnete Menge M ist eine Menge, für deren Elemente $x, y, z \in M$ gilt:

$$x \leq x \quad \text{Reflexivität}, \quad (7.2)$$

$$x \leq y \wedge y \leq x \Leftrightarrow x = y \quad \text{Antisymmetrie}, \quad (7.3)$$

$$x < y \wedge y < z \Leftrightarrow x < z \quad \text{Transmittivität}. \quad (7.4)$$

Auf dieser geordneten Menge sind $<$, $>$, $\leq$ und $\geq$ Ordnungsrelationen für die Elemente.

Dies führt uns zu einer kompakten und klaren Definition einer Taxonomie:

Taxonomie Eine Taxonomie ist eine geordnete Menge von Begriffen. Die Ordnungsrelation auf diesen Begriffen entsteht durch den ihnen gegebenen Kontext.

Lassen Sie uns dies am Beispiel des Begriffs „Automobil" veranschaulichen, welches wir eben bereits genutzt haben, um uns einen synonymen Ring zu erklären. Nur jetzt erweitern wir die Begriffe, sodass verschiedene Fahrzeuggrößen erfasst werden.

Beispiel: Taxonomie für Automobile
Die Taxonomie der Verkehrsteilnehmer sortiert alle ihre Elemente gemäß ihrer Masse. Dann ist die Rangfolge innerhalb der Taxonomie: 1) LKW größer 20t, 2) LKW kleiner als 20t aber größer als 7.5t, 3) kleine LKW bis 7.5t, 4) PKW, 5) Motorräder, 6) Fahrräder und 7) Personen.

Um die Arbeitsweise einer programmierten Taxonomie einsehen zu können, haben wir in Listing 7.2 eine naive Hierarchie in Python gesetzt. Sie zeigt Ihnen einen Weg, wie man Synonymmengen nutzt, um verschiedene Begriffe miteinander zu vergleichen.

Listing 7.2 Beispiel für die Anwendung einer Synonym-Analyse.

```
import numpy as np
class taxonomy(object):

    def __init__(self, name):
        self.name = name
        self.set = {}
        self.entries = []
        self.index = []

    def addSynonymList(self, dictOfSynonyms, orderNumber):
        for eachEntry in dictOfSynonyms:
            self.set[eachEntry]=dictOfSynonyms[eachEntry]
            self.entries.append((str(eachEntry),orderNumber))

    def hierachy(self):
        dtype = [('name', 'S10'), ('index', int)]
        data = np.array(self.entries, dtype=dtype)
        return np.sort(data,order='index')

    def isLarger(self, element, comparison):
        for eachElement in self.set:
            if element in self.set[eachElement]['Synonyms'] or
                element in eachElement:
                    theElement = eachElement
            if comparison in self.set[eachElement]['Synonyms']
                or comparison in eachElement:
                    theComparison = eachElement

        for eachTuple in self.entries:
            if theComparison in eachTuple[0]:
                theIndexOfComparison = eachTuple[1]
            if theElement in eachTuple[0]:
                theIndexOfElement = eachTuple[1]

        if theIndexOfElement>theIndexOfComparison:
            return True
        else:
            return False

myTaxonomy = taxonomy(name='Verkehrsteilnehmer')
myTaxonomy.addSynonymList({"Automobil":{"Synonyms":["Auto", "
    PKW", "Kraftfahrzeug", "Wagen"]}},2)
myTaxonomy.addSynonymList({"Fahrrad":{"Synonyms":["Bike", "Rad
    ", "Drahtesel", "Zweirad"]}},1)
myTaxonomy.addSynonymList({"LKW":{"Synonyms":["Laster", "
    Lastwagen", "Truck"]}},3)

print(myTaxonomy.isLarger('Laster','Rad'))
print(myTaxonomy.isLarger('Drahtesel','LKW'))
```

Im Ergebnis ist es dieser Taxonomie egal, welchen Begriff der Synonymliste Sie zum Vergleich angeben. In Zeile 43 vergleichen wir „Laster" und „Rad". Da der LKW tatsächlich die Ordnungsnummer 3 hat, ist er in dieser Ordnungsstruktur größer als ein Fahrrad. In der Praxis werden derartige Wortmengen in großen Datenbanken gespeichert. Schnelle Queries erlauben dann ähnliche Vorgänge wie im Code gezeigt.

7.1.7 Ontologien

Modellierung von Beziehungen
Ontologien enthalten Begriffe, ähnlich wie Taxonomien. Sie sind jedoch zusätzlich in der Lage, Beziehungen zwischen diesen Begriffen zu erfassen. Die gleichzeitige Modellierung von semantischer Beschreibung eines Objekts und seinen Beziehungen zu anderen Objekten zeichnet die Ontologie aus. Sie kann Wissen und Kontext digital speichern.

> Eine **Ontologie** $O(K; I, R)$ ist ein Raum mit den Klassen K, Objekte I, die aus diesen Klassen instanziert werden und Relationen R, die Beziehungen zwischen den Objekten wiedergeben.

Erst wenn ein Computersystem über eine Ontologie verfügt, kann es komplexe Zusammenhänge aus Informationen auswerten. In dem Artikel von Babik et al. aus dem Jahr 2006 [1] wird eine Integration der Web Ontology Language (OWL), siehe auch [8], in Python gezeigt. Wie wichtig die Rolle der Ontologie sein kann, wird in den Arbeiten von Furbach et al. klar [4, 5], wo die Autoren Wege aufzeigen, wie automatische Entscheidungsfindungen von einer Ontologie profitieren.

Wir erläutern dies an einem Beispiel:

> **Beispiel: Strangguß**
> Stahl wird im Strangguß in eine Bramme gegossen. Er besteht aus einer Pfanne mit flüssigem Stahl, einem Verteiler, einer Kokille, den Führungsrollen, einem Stopfen und vielen weiteren Komponenten. Verschiedene Variablen beeinflussen diesen Prozess: die chemische Zusammensetzung des Stahls, die Gießgeschwindigkeit, die Temperatur der Stahlschmelze, das zeitliche Verhalten des Badspiegels, eine mögliche Verstopfung des Gießauslass und verschiedene Aktuatoren, wie z. B. die Menge des Zusatzes von Argon.
>
> All diese Einflüsse stehen also in einer Beziehung mit dem Stranggußprozess. Diese Variablen sind verantwortlich für sein Gelingen.

Ein mögliches Tool, um Ontologien zu erstellen und zu verwalten, ist Protegé [7]. Es bietet eine graphische Oberfläche, die einem den Umgang mit semantischen Eigenschaften und die Erstellung von Relationen deutlich erleichtert. Auch der Import und Export verschiedener Ontologieformate ist hier integriert. Auch das Semantic-Media-Wiki[1] ist eine Form der ontologischen Datenverwaltung.

Implementation einer Mikroontologie in Python
Um das grundsätzliche Konzept praktischer kennenzulernen, konstruieren wir uns eine eigene kleine Ontologie, eine Mikroontologie. Wir nehmen hierfür das Stranggußbeispiel als Grundlage. In Listing 7.3 ist der Aufbau einer Klasse namens ProcessElement gezeigt.

Listing 7.3 Aufbau einer einfachen Mikroontologie

```python
class ProcessElement():

    def __init__(self, inName:str='', inId:int=0):
        self.name = inName
        self.iAmPartOf = []
        self.iContain = []
        self.iCanProduce = []
        self.id = inId

    def addPart(self,x):
        self.iContain.append(x)
        x.beingPartOf(self)

    def beingPartOf(self, y):
        self.iAmPartOf.append(y)

    def showWhatIAmPartOf(self):
        print(['{}_({})'.format(element.name, element.id) for
            element in self.iAmPartOf])

    def showWhatIContain(self):
        print(['{}_({})'.format(element.name, element.id) for
            element in self.iContain])

Caster = ProcessElement(inName='Strangguss')
for i in range(0,10):
    newGuide = ProcessElement(inName='Fuehrungsrolle', inId=i)
    Caster.addPart(newGuide)

Mold = ProcessElement(inName='Kokille')
Caster.addPart(Mold)

Caster.showWhatIContain()
Mold.showWhatIAmPartOf()
```

---

[1] https://www.semantic-mediawiki.org/

Wir instanzieren dann diese Klasse, um die verschiedenen Gegenstände im Prozess zu erfassen und miteinander in Verbindung zu setzen. Anhand der Begriffe beingPartOf() und addPart() können wir einen Prozess modellieren. Im Code haben wir hierzu einen Caster angelegt, der 10 Führungsrollen als Teile enthält und eine Kokille.

Mikroontologie für physikalisch-informiertes Lernen
In Listing 7.4 zeigen wir, wie Sie die ontologische Beschreibung erweitern können. Dazu führen wir eine eigene Beschreibungsebene für Variablen ein, die wir Quantity nennen. Sie erfasst nicht nur den Namen der Variablen, sondern auch die Angaben zur Unsicherheit, der Verteilung, der Einheit und ihren Vorverarbeitungsschritten (modes).

Listing 7.4 Erweiterung der Mikroontologie zur Erfassung von Eingangsvariablen

```python
class Quantity():

    def __init__(self,
                 inName:str='',
                 inUnit:str='',
                 inDistribution:str='',
                 inUncertainty:float='',
                 inModes=[]):
        self.name = inName
        self.unit = inUnit
        self.distribution = inDistribution
        self.uncertainty = inUncertainty
        self.modes = inModes

    def getModes(self):
        return self.modes


class ProcessElement():

    def __init__(self, inName:str='', inId:int=0):
        self.name = inName
        self.iAmPartOf = []
        self.iContain = []
        self.iCanProduce = []
        self.myQuantities = []
        self.id = inId

    def addQuantity(self, q):
        self.myQuantities.append(q)

    def addPart(self,x):
        self.iContain.append(x)
        x.beingPartOf(self)

    def beingPartOf(self, y):
```

```
37        self.iAmPartOf.append(y)
38
39    def showWhatIAmPartOf(self):
40        print(['{}_({})'.format(element.name, element.id) for
            element in self.iAmPartOf])
41
42    def showWhatIContain(self):
43        print(['{}_{})'.format(element.name, element.id) for
            element in self.iContain])
44
45    def showMyQuantities(self):
46        for eachElement in self.iContain:
47            for eachQuantity in eachElement.myQuantities:
48                print('{}({})'.format(eachQuantity.name,
                    eachQuantity.getModes()))
49
50 Caster = ProcessElement(inName='Strangguss')
51 for i in range(0,10):
52     newGuide = ProcessElement(inName='Fuehrungsrolle', inId=i)
53     Caster.addPart(newGuide)
54
55 Mold = ProcessElement(inName='Kokille')
56 MoldLevel = Quantity(inName='Giesspiegel', inUnit='mm',
        inUncertainty=0.2, inDistribution='Gauss', inModes=['FFT',
        'Derivative'])
57 ArgonFlow = Quantity(inName='ArgonFluss', inModes=['Maximum',
        'Minimum','Log'])
58 Mold.addQuantity(MoldLevel)
59 Mold.addQuantity(ArgonFlow)
60
61 Caster.addPart(Mold)
62 Caster.showWhatIContain()
63 Mold.showWhatIAmPartOf()
64
65 Caster.showMyQuantities()
```

Dieses kurze Beispiel soll Ihnen zeigen, wie Sie sich schnell lokale Ontologien aufbauen können. Erstrebenswert ist jedoch, stets sorgfältig und strukturiert eine vollständige Ontologie für ein gesamtes Prozessumfeld zu erstellen. Die obigen Ansätze wären dann nur ein Teil von einer solchen, größeren Beschreibung des Systems.

7.2   Sensitivitätsanalyse

Um Modelle nachvollziehbar zu erklären, müssen wir in ein Black-Box-Modell hineinschauen. Unser Ziel in diesem Abschnitt ist es, aus dem einmal aufgestellten Lernverfahren durch sukzessives Abtasten der Eingangsvariablen, zu einer Aussage über deren Sensitivität auf die Modellvorhersage zu gelangen. Bastani et al. zeigen in [2] einen derartigen Ansatz mit Fokus auf einen Entscheidungsbaum. Wir werden einen ähnlichen Weg wählen, diesen jedoch einfach halten und über eine Störungstheorie begründen.

7.2.1 Störungstheoretischer Ansatz

Störungstheorie bezeichnet in einigen Disziplinen der Physik eine bewusste Störung in ein Modell einzugeben und anschließend die Antwort des Systems zu bestimmen. Dieser Ansatz enthält einige starke Einschränkungen. Die erste Einschränkung ist, dass es sich um eine kleine Störung handelt. Dies wird durch einen sogenannten Kleinheitsparameter ε ausgedrückt, für den $\varepsilon \ll 1$ gilt. Nehmen wir an, wir haben einen Testvektor x und stören diesen, so schreiben wir

$$\boldsymbol{\xi} = x + \varepsilon \boldsymbol{\delta} x + \varepsilon^2 \boldsymbol{\delta} x_2 + \mathcal{O}(\varepsilon^3) \tag{7.5}$$

und erhalten einen gestörten Zustandsvektor $\boldsymbol{\xi}$. Wir führen den quadratischen Störungsanteil lediglich zur Illustration aus und werden uns auf die Wirkung von $\nu \varepsilon \boldsymbol{\delta} x$ konzentrieren. Sei nun $\mathcal{F}$ ein beliebiges Lernverfahren, so schätzen wir den Einfluss der Störung wie folgt ab,

$$\begin{aligned} y &= \mathcal{F}(\boldsymbol{\xi}) \\ &\approx \mathcal{F}(\boldsymbol{\xi}) + \varepsilon \mathcal{F}(\boldsymbol{\delta} x) + \varepsilon^2 \mathcal{F}(\boldsymbol{\delta} x_2) + \mathcal{O}(\varepsilon^3), \end{aligned} \tag{7.6}$$

wobei hier eine weitere, starke Annahme sichtbar wird, nämlich dass eine lineare, additive Störung in $\boldsymbol{\delta} x$ sich als eine additive Funktion auf y auswirkt. Auch Bhatt et al. nutzen in [3] einen ausgesuchten, zentralen Testpunkt und erweitern das Konzept zu einer verallgemeinerten Erklärbarkeit. Aktuelle Arbeiten, wie z. B. von Tan et al. [11], beschäftigen sich mit Frage, wie stark sich die Einschränkung auf Additivität bei derartigen Ansätzen auswirkt.

Wir beschränken uns in der hier diskutierten Ausführung auf den vereinfachten obigen Ansatz. Der Grund hierfür ist, dass er in vielen praktischen Anwendungen zu guten Ergebnissen führt und es uns erlaubt, Ihnen die Ideen hinter dem Wort Erklärbarkeit mathematisch zu vermitteln. Das Konzept ist außerdem auf allen hier vorgestellten Lernverfahren direkt anzuwenden.

Für weiterführende Ideen und Verfahren möchten wir zunächst auf die LIME und SP-LIME-Ansätze von Ribeiro et al. in [9] hinweisen, die mitunter auch die Redundanz von Eingangsvariablen betrachten. Des Weiteren gibt es mehrere Arbeiten, z. B. [6] oder [12], die auf die sogenannten Shapley-Werte zurückgehen und auf einem Fundament der Spieltheorie von L. Shapley [10] beruhen. Zu beiden Analysestrategien existieren eigenständige Python-Pakete, LIME und SHAP, die leicht auf die in diesem Buch vorgestellten Beispiele anzuwenden sind, deren Diskussion aber an dieser Stelle zu weit führen würde.

7.2.2 Störung eines Entscheidungsbaum

Um die obige theoretische Formulierung mit Leben zu füllen, betrachten wir ein einfaches, aber instruktives Beispiel. Dazu erzeugen wir uns zunächst einen Satz an synthetischen Daten. Diese sind derart gewählt, dass wir die Störung einfach anbringen können und anhand der gewählten Datenart manuell überprüfen können, ob unsere Störung die richtigen Aussagen liefert.

Die synthetischen Daten generieren wir mit einer Funktion

$$y = \mathcal{F}(\boldsymbol{x}) = x_0 + x_1^2 + \log(1 + x_2), \qquad (7.7)$$

die einen Eingangsvektor $\boldsymbol{x}$ mit drei Komponenten $\boldsymbol{x} = (x_0, x_1, x_2)$ auf einen skalaren Wert y abbildet. Wie Sie an (7.7) sehen können, ist diese Abbildung eine nichtlineare Kombination von den Komponenten. Listing 7.5 zeigt den Code für die Erzeugung der Trainingsdaten.

Listing 7.5 Synthetische Daten für den störungstheoretischen Ansatz der Sensitivitätsanalyse

```
import matplotlib.pyplot as plt
import numpy as np

def function(x):
    return x[0]+x[1]**2+np.log(1+x[2])

def generateSyntheticData(n):
    X = []
    Y = []
    for i in range(0,n):
        x = 5*np.random.random(3)
        y = function(x)
        X.append(x)
        Y.append(y)
    return X, Y

Xtrain, Ytrain = generateSyntheticData(10000)
```

Dabei ist wichtig anzumerken, dass in Zeile 11 ein zufälliger $\boldsymbol{x}$-Vektor erzeugt wird und danach Gl. (7.5) auf diesen angewendet wird. Dabei nutzen wir für $\boldsymbol{x}$ Werte zwischen 0 und 5.

Wir trainieren nun einen Entscheidungsbaum von Scikit-Learn, um aus den Trainingsdaten ein Modell aufzustellen. Listing 7.6 zeigt den Aufruf dieses Trainings.

Listing 7.6 Fit durch einen Entscheidungsbaum

```
from sklearn.tree import DecisionTreeRegressor

reg = DecisionTreeRegressor()
reg.fit(Xtrain, Ytrain)
```

Mit den synthetischen Daten und unserem Modell haben wir alle Versatzstücke zum Verständnis einer praktischen Sensitivitätsanalyse zurechtgelegt. In Listing 7.7 erstellen wir eine Funktion `perturbationScan`. Ihr wird der Entscheidungsbaum `reg` übergeben und die Störungsposition `pos`. Wir variieren hier nicht x_0, sondern nur die Anteile x_1 und x_2 von x. Die Variation δx wird auf einen Grundzustand addiert, diesen Grundzustand wählen wir als $(0, 0, 0)$.

Listing 7.7 Scanvorgang, um die Sensitivität im Eingang zu untersuchen

```
 1  def perturbationScan(reg, pos=0, scanRange=np.arange
        (0.1,5,0.2)):
 2      y = []
 3      x = []
 4      yt = []
 5      for i in scanRange:
 6          x0 = np.array([0.0,0.0,0.0])
 7          deltaX = np.array([0.0,0.0,0.0])
 8          deltaX[pos] = float(i)
 9          test = [x0 + deltaX] # x0 + eps*x1 ...
10          yr = reg.predict(np.array(test))
11          x.append(i)
12          y.append(yr[0])
13          ytest = function(test[0])
14          yt.append(ytest)
15      return x, y, yt
16
17  x1, yfx1, testfx1 = perturbationScan(reg, 1)
18  x2, yfx2, testfx2 = perturbationScan(reg, 2)
```

In Abb. 7.4 ist das Ergebnis dieser Analyse angeführt. Geplottet ist die Referenz `testfx1` und `testfx2` als schwarze Linie. Die roten Kreuze symbolisieren unser Scanergebnis `yfx1` und `yfx2`. Wir erhalten also tatsächlich den wahren funktionalen Zusammenhang, den wir ursprünglich für unsere Datengenerierung definiert hatten. Auf diese Weise können Sie also Lernverfahren systematisch untersuchen und auf ihre Abhängigkeit von den Eingangsvariablen analysieren.

7.3   Erklärbares maschinelles Lernen

Erklärbarkeit spielt für Algorithmen eine immer größere Bedeutung. In den verschiedenen Kapiteln haben wir uns daher bis hierhin die Komponenten zurechtgelegt, um Erklärbarkeit zu realisieren. Wir führen nun diese einzelnen Komponenten zu einem Bild für erklärbares Lernen im technischen Umfeld zusammen.

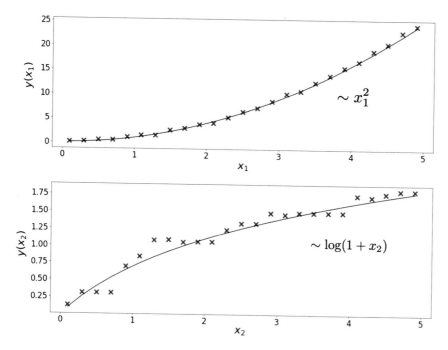

Abb. 7.4 Ergebnis der Sensitivitätsanalyse aus Listing 7.7

7.3.1 Ebenen der Erklärbarkeit

Wenn wir jemanden etwas erklären, dann ist es entscheidend, das Vorwissen des Zuhörers und den Kontext der Erklärung gut zu kennen. Ähnlich verhält es sich mit Algorithmen. Je nach Personenkreis muss die Erklärung passend zugeschnitten werden. Wir haben nun folgende Ebenen der Erklärbarkeit, die wir unterscheiden können, und jede diese Ebene kann (muss jedoch nicht) mit verschiedenen Personen und Fragestellungen korrespondieren:

(E1) **Geschäftsebene.** Vor Beginn eines jeden datenbasierten Projektes steht die Analyse der Sinnhaftigkeit. Kann ein Modell dem Prozess helfen schneller, qualitativer oder robuster zu werden und wenn ja, welchen monetären und administrativen Vorteil hat dies? Nutzertyp sind hier Manager und Entscheider.

(E2) **Prozessebene.** In dieser Ebene betrachten wir die technischen Zusammenhänge des eigentlichen Problems. Handelt es sich um eine Papierpresse, einen Motor oder eine komplexe Kombination aus mehreren Vorgängen? Der relevante Personenkreis beinhaltet hier Prozessexperten, die tiefes Wissen über den eigentlichen Vorgang besitzen und Anlagenpersonal, welches täglich, z. B. mit einem Fertigungsprozess arbeitet.

(E3) **Datenebene.** Bei der Vorverarbeitung werden Daten verändert mit dem Ziel, sie interpretierbarer und deutlicher werden zu lassen. Die sprichwörtliche „Brille", mit der ein Algorithmus die Ergebnisse besser sieht, erfordert ebenfalls spezielles Know-How. Relevanter Personenkreis ist hier der Data Scientist, aber auch Prozessexperten, die ein Feedback zur Datenverarbeitung geben.

(E4) **Modellebene.** Welcher Algorithmus wurde ausgewählt und warum? Können wir aus dem Modell noch weitere Aussagen ableiten? Primärer Nutzer in dieser Ebene sind Data Scientists.

(E5) **Ergebnisebene.** Wie sinnvoll, gehaltvoll und sicher sind die Ergebnisse? Wurde die Unsicherheit mit berücksichtigt? In welchem Rahmen gilt die Vorhersage des Modells? Personenkreis sind Entscheider und Prozessexperten, daher ist die Erklärbarkeit der Ergebnisse vielleicht die wichtigste.

(E6) **Kausalebene.** Ist das Modell kausal sinnvoll? Dies betrifft alle Personenkreise und kann oft nur von Gruppen ausgewertet werden.

Abb. 7.5 fasst die Ebenen bildlich zusammen. Sie verbindet auch die verschiedenen Themenfelder der vorigen Kapitel mit diesen Ebenen, auf die wir im Folgenden noch einmal detaillierter eingehen.

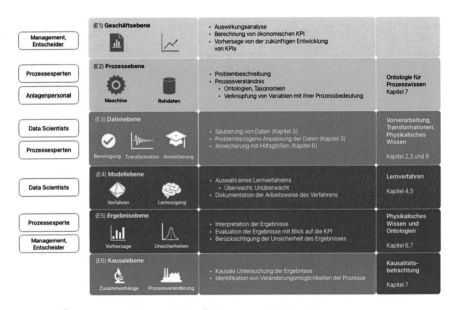

Abb. 7.5 Übersicht über die verschiedenen Ebenen von Erklärbarkeit

7.3.2 Praktische Umsetzung von Erklärbarkeit

Ontologie der Prozessebene
Die Prozessebene wird oft repräsentiert von einem Personenkreis mit tiefem Prozess-Know-How. Antworten von maschinellen Lernverfahren sollten hier an die technische Erfahrung dieser Experten anknüpfen und vor allem nachvollziehbar sein. Wenn ein Modell Ergebnisse liefert, so müssen Prozessexperten sicher sein, dass die Vorhersagen konsistent sind. Wichtigstes Element der Prozessebene sind die Rohdaten. Hier muss sichergestellt sein, dass diese ein unverfälschtes Bild des Prozesses darstellen und die Prozessexperten diesen Daten vertrauen.

Beachten Sie bitte, dass Sie von Seiten der Modellierung keinerlei Einfluss auf das Vertrauen eines solchen Experten in seine Rohdaten haben. Sollte dieses Vertrauen nicht existieren, kann auch kein Vertrauen in ein Modell entstehen, welches auf diesen Daten beruht. Achten Sie also darauf, dass die Rohdaten verlässlich sind und dass dies Konsens aller Beteiligten ist.

Konstruieren Sie mit Hilfe der Prozessexperten zunächst eine Ontologie. Hierbei ist ein mehrstufiges Vorgehen ratsam. Beginnen Sie mit den wichtigsten Prozessen und finden Sie Beschreibungen für ihre Wirkmechanismen. Abstrahieren und reduzieren Sie die Inhalte dabei so gut wie möglich. Hier können Zusammenhänge und bestehende Gesetze helfen.

Beispiel: Reduzierte, abstrahierte Beschreibung des Walzprozesses
Ziel: Verformung; Physikalische Aktoren: Kraft, Druck, Temperatur.

Wenn Sie die einzelnen Prozesse erfasst haben, modellieren Sie die Beziehungen zwischen den Prozessen. Abb. 7.6 illustriert ein Beispiel hierfür. Nun entsteht daraus die eigentliche Ontologie. Sie verfügen damit über eine digitale Prozessbeschreibung, die von Ihren anderen Komponenten angefragt werden kann.

Ontologische Anreicherung der physikalischen Wechselwirkungen
Basierend auf dieser ersten ontologischen Beschreibung, ergänzen Sie nun die Datenobjekte in Ihrer Ontologie um die Beschreibung von physikalischen Wechselwirkungen. Jede Datenvariable, die für Ihr Analyseprojekt relevant ist, sollte hier eine digitale Repräsentation haben. Nicht jede Variable muss dabei zwangsläufig eine physikalische Größe sein. Sie können hier selbstverständlich strukturiert neue Größen erweitern, so wie es Ihre individuelle Prozessumgebung erfordert.

Auf der rechten Seite von Abb. 7.6 ist dies gezeigt. Sie haben nun einen wichtigen Zwischenstand für die Erklärbarkeit erreicht: Prozessebene und Datenebene sind digital erklärbar gestaltet.

Erklärbarkeit der Vorverarbeitung
Jeder Vorverarbeitungsschritt, der das Verständnis von Daten vergrößert, ist erklärenswert. Aber wie entnimmt ein Lernverfahren automatisch aus einer Ontologie die

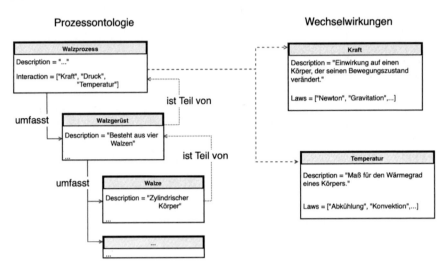

Abb. 7.6 Kombination von Prozessontologie und Beschreibung von Wechselwirkungen

Information, dass für eine bestimmte Prozessvariable die CWT eine gute Vorverarbeitung ist? Über den physikalischen Wirkmechanismus. Wenn wir einer Variablen explizit die Information über ihre besten Transformationen hinzufügen, dann können wir z. B. direkt aus für den Variablentyp „Walzkraft", die Vorverarbeitung „Ableitung" folgern. Die Nachvollziehbarkeit der Vorverarbeitung lebt von der Begründung ihrer einzelnen Schritte. Diese Begründung finden wir in der Beschreibung der Variablen.

Auch die Extraktion von charakteristischen Kenngrößen, siehe Abschn. 3.8, kann auf diese Weise in einer Ontologie gespeichert werden. Dazu wird für jede Kenngröße ein zusätzlicher Eintrag der Abhängigkeit im Prozess ergänzt und die Kenngröße selbst als abhängige Variable in der Ontologie eingefügt. Sie würde dann in Abb. 7.6 auf der rechten Seite stehen und auf der linken Seite als Abhängigkeit mit in die Prozessbeschreibung aufgenommen.

Automatisierung des physikalisch-informierten Lernens
Der Ablauf für eine automatische Analysekette ist wie folgt: Die Eingangsvariablen haben einen eindeutigen Namen. Er verweist auf eine Größe in der Ontologie. Diese hat entweder einen physikalischen Kontext oder nicht, sie ist aber in jedem Fall dort beschrieben. Sie rufen nun das Datenelement der Ontologie auf, welches die Variable beschreibt und haben daraufhin Zugriff auf eine Beschreibung für Ihre Daten und einen Verweis auf geeignete Vorverarbeitungsschritte.

Sie wählen dann die Transformationen aus, die für Ihre Variable in der Ontologie standen. Diese werden, neben den Daten selbst, dem Lernverfahren übergeben. Menschliches Wissen ist somit über die Ontologie digitalisiert worden und kann vom Lernverfahren genutzt werden. Dieser Schritt erhöht die Intelligenz des gesamten Systems, da das Lernverfahren nicht mehr selbst die beste Verarbeitung trainieren muss.

Das Vorgehen lässt sich natürlich gleichermaßen auf die Einbindung von Differentialgleichungen in den Trainingsprozess und auf die Auswirkung von Unsicherheiten anwenden. Dazu betrachten wir wieder die rechte Seite von Abb. 7.6. Hier ist in der Beschreibung der Kraft auch ein Verweis auf das Gravitationsgesetz enthalten. Auch diesen Zusammenhang kann ein Analyseprozess nun automatisch anfragen und in seiner Auswertung berücksichtigen.

Deduktives Element zur Erklärbarkeit des Ergebnisses

Es gibt nun noch einen Aspekt, der unsere Betrachtung der Erklärbarkeit vervollständigt: das deduktive Schließen aus der semantischen Information. Betrachten wir hierzu die Abb. 7.7, die einen größeren Kontext des gesamten Ablaufs für folgendes Beispiel veranschaulicht.

Beispiel: Ursache-Wirkungs-Deduktion für einen Schwingkreis
Eine Schaltung aus Kondensator, Spule und Widerstand fungiert als Schwingkreis. Wir messen nun sowohl den Strom als auch eine Qualitätsgröße – z. B. das Rauschen –, die uns angibt, wie gut unsere Schaltung ist. Mit einem neuronalen Netz sind wir bereits in der Lage, vom zeitlichen Stromverlauf auf Probleme in der Qualität zu schließen.

Wir nutzen nun physikalisch-informiert eine Ontologie. Sie enthält die Bedeutung der Stromstärke und ihre Beziehungen zu anderen Größen, wie z. B. dem Widerstand oder der Spannung. Zwei Transformationen werden für den Variablentyp „Strom" vorgeschlagen: FFT und Ableitung (Derivative). Beide werden nun als Vorverarbeitungsschritte genutzt, um die Daten des Lernverfahrens anzureichern.

Mit einer anschließenden Sensitivitätsanalyse finden wir schließlich heraus, dass die FFT-Eingänge des neuronalen Netzes den stärksten Einfluss auf das Ergebnis haben.

Hätte eine Ableitung den stärksten Einfluss, dann müssten wir von einer schockartigen Störung ausgehen. Da jedoch die FFT mit den Oszillationen im System verknüpft ist, kann der hier betrachtete Fehler nur von den Bauteilen des Schwingkreises herrühren. An dieser Stelle geschieht ein deduktiver Schluss. Von den allgemeinen semantischen Kenntnissen in der Ontologie kann im konkreten Beispiel direkt auf die Baugruppe geschlossen werden, die den Fehler ausprägt.

Auch wenn das hier gezeigt Beispiel stark vereinfacht ist, gibt es Ihnen jedoch hoffentlich einen Eindruck, zu welchen logischen Schlussfolgerungen eine semantische Digitalisierung von Informationen uns verhelfen kann.

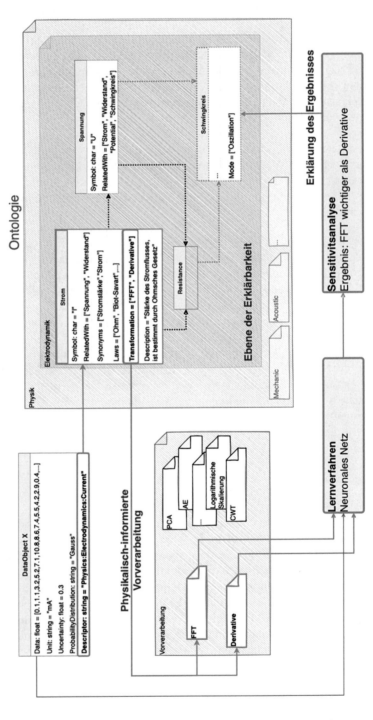

Abb. 7.7 Verbindung von Daten, Ontologie, physikalisch-informierter Vorverarbeitung, Lernverfahren und Sensitivitätsanalyse, mit dem Ziel Erklärbarkeit auf allen Ebenen zu realisieren

7.3.3 Kausalität in der technischen Prozesskette

In vielen technischen Situationen sind wir tatsächlich daran interessiert, die Beziehung zwischen Ursache und Wirkung zu verstehen, also den kausalen Zusammenhang aufzudecken.

> **Beispiel: Oberflächenfehler**
> Ein Stahlband wird in einer komplexen Prozesskette hergestellt. Am Ende der Kette wird mit einer Kamera die Oberfläche überprüft. Dabei werden Fehler gefunden, Kratzer, Einkerbungen, Risse und andere Strukturen, die für das Produkt wertmindernd sind.
> Kennt man den kausalen Zusammenhang zwischen Fehler und verantwortlichen Prozessvariablen, so kann man gezielt darauf hinwirken, den Fehler zu vermeiden. Oft ist bereits die Identifikation des Prozesses interessant, in dem der eigentliche Fehler entsteht.

Kausalität ist der Zusammenhang zwischen Ursache und Wirkung. In technischen Anwendungen ist der kausale Mechanismus oft durch physikalische Vorgänge gegeben. Im obigen Beispiel ist z. B. ein mechanischer Defekt an einer Walze die mögliche Ursache der Oberflächenprobleme. Will man also die Kausalität analysieren, muss man sich die Prozesskette näher anschauen.

Kausale Einordnung
Abb. 7.8 hilft uns, die Kausalität einer Prozesskette anhand eines abstrakten Beispiels zur Erkennung von Anomalien zu erläutern. Wir betrachten eine Prozesskette mit den Prozessen P1, P2 bis P6. Außerdem ist P3 anfällig für eine bestimmte Anomalie, die später in P6 entdeckt wird. Die Anomalie kann also kausal nur mit den Prozessen P1 und P2 verbunden sein oder unbekannten Effekten, die sich vor P1 abgespielt haben.

Nach dem Auftreten des Ereignisses können die Prozesse P4 und P5 zu seiner Entdeckung herangezogen werden. Der Einfachheit halber nehmen wir an, dass es sich bei dem Ereignis um eine Prozessanomalie handelt und wir zunächst an der Entdeckung dieser Anomalie interessiert sind. P6 ist ein spezifischer Testprozess, eine Qualitätsprüfung, für die wir annehmen, dass sie sicher herausfindet, ob die Anomalie aufgetreten ist oder nicht, indem sie eine spezielle Messung verwendet. Man beachte, dass P6 daher als abstrakter Label-Generator für das überwachte Lernen betrachtet werden kann.

Wir können nun verschiedene Typen von Algorithmen des maschinellen Lernens anhand ihres kausalen Kontextes identifizieren und sie durch die Abkürzung $\mathcal{A}_i$ definieren. Der Index i kennzeichnet dabei die Ausführung des Algorithmus innerhalb eines bestimmten Zeitsegments. Algorithmen vom Typ $\mathcal{A}_4$ hätten z. B. Zugriff auf

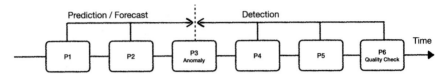

Abb. 7.8 Kausaler Fluss durch eine abstrakte Prozesskette. P1–P5 sind Prozesse, die mit einem Produkt interagieren und P6 ist eine spezifische Qualitätsprüfung

alle Daten, die bis zum Prozess P4 erzeugt wurden. Diese kausalen Beziehungen sind wichtig, denn wenn wir das anomale Ereignis mit $\mathcal{A}_5$ erst in P5 entdecken, wäre dieser Algorithmus nahezu nutzlos. Er findet die Anomalie erst kurz vor P6, wo sie in jedem Fall entdeckt würde. Im Gegensatz dazu könnten Algorithmen vom Typ $\mathcal{A}_3$, die die Anomalie erkennen, wenn sie auftritt, helfen, die Prozesse P4 oder P5 rechtzeitig anzupassen, um das Produkt zu retten. Je früher die Algorithmen die Anomalie erkennen, desto besser für den Produktionsweg. Sowohl $\mathcal{A}_4$ als auch $\mathcal{A}_3$ sind Erkennungsalgorithmen, da sie die Anomalie beobachten, nachdem sie aufgetreten ist.

Natürlich wäre es viel besser – wenn möglich – Algorithmen vom Typ $\mathcal{A}_2$ oder gar $\mathcal{A}_1$ zu finden, die das Auftreten einer Anomalie vorhersagen, bevor sie eintritt. In Abb. 7.8 wird dies als Vorhersage bezeichnet. Auch hier ist leicht zu erkennen, dass die früheren Algorithmen vom Typ $\mathcal{A}_1$ günstiger sind als $\mathcal{A}_2$, da ihre Vorhersage früh genug erfolgt, um gegebenenfalls P2 noch zu ändern und die Anomalie so zu verhindern.

Wir können diesen Gedankengang mit der folgenden Aussage abschließen: Jeder Vorhersage- oder Erkennungsalgorithmus in der Prozessindustrie sollte mit der geringstmöglichen Datenmenge und zum frühestmöglichen Prozessschritt arbeiten, um eine vorteilhafte Anwendung zu gewährleisten.

- $\mathcal{A}_1$ kann mit historischen Daten von P1 und P5 trainiert werden, wobei P6 die Labels liefert. Später wird $\mathcal{A}_1$ zur Vorhersage des Auftretens oder besser der Auftretenswahrscheinlichkeit der Anomalie verwendet, was zur Anpassung von P2 beiträgt.

- $\mathcal{A}_2$ kann mit Daten von P1–P2 und Labeln von P6 trainiert werden. Es bietet nicht das Potenzial, die Anomalie zu verhindern, stellt aber dennoch eine Früherkennung dar.

So ersichtlich dieser vermeintlich einfache Zusammenhang auch erscheint, so häufig finden wir in der Industrie jedoch Projekte und Lösungsstrategien zum Einsatz von maschinellem Lernen, die sich der kausalen Kette nicht bewusst sind.

7.3.4 Geschäftsverständnis

Hier sind Entscheidungsträger das Publikum und diese sollten weder Fachterminologie noch überfrachtete Erklärungen bekommen. Gerade für die Bewertungsphase des Einsatzes von maschinellem Lernen ist diese Ebene von Bedeutung.

Für Entscheider sind klar messbare Kennzahlen (engl. key performance indicators, KPI) wichtig. Im CRISP-DM Modell wurde dies bereits diskutiert. Die KPI quantifizieren den Erfolg eines Verfahrens. Sie können den Einsatz eines Verfahrens während der Inbetriebnahme begleiten, um ein kontinuierliches Monitoring der Lösung zu gewährleisten. Neben den KPI ist das Risiko einer Methode wichtig. Es beantwortet die Frage, wie sich man ist, ob ein Verfahren wirklich positive Auswirkungen hat.

Zusammenfassung
Dieses letzte Kapitel führt unseren vorherigen Methoden zur übergreifenden Idee von erklärbaren Lernverfahrens zusammen. Wir nutzen semantische Technologien wie Taxonomien und Ontologien, um digitale Beschreibungen datentechnisch zu erfassen. Auf diese Beschreibungen kann dann ein automatisiertes Verfahren zugreifen.

Dabei haben wir zwei Klassen in Python-Code kennengelernt, die eine Taxonomie und eine kompakte Mikroontologie darstellen. Sie sollen Ihnen zeigen, wie Sie konzeptionell eigene Lösungen umsetzen können. Oft werden dabei keine eigenen Codes genutzt, sondern fertige Programme und Sprachen (OWL), in denen man semantisch modelliert.

Eine Ontologie speichert nicht nur Beschreibungen. Vielmehr können hier auch Angaben zur Vorverarbeitung oder Hyperparameter hinterlegt werden. Ein Lernverfahren kann über eine Ontologie die beste Verarbeitungskette abfragen, abhängig vom Typ der Eingangsvariablen.

Erklärbarkeit muss sich schließlich immer auf ein diverses Publikum beziehen. Um modernes Machine Learning im technischen Umfeld umzusetzen, müssen verschiedene Ebenen in Unternehmen mit einbezogen werden. Vom Entscheider im Management über die Prozessexperten bis hin zum Datenexperten – eine algorithmische Lösung muss für diese unterschiedlichen Personengruppen erklärbar werden.

Aufgaben

7.1 Führen Sie in Listing 7.6 die Sensitivitätsanalyse statt für die Variablen $x[1]$ und $x[2]$ auch für die Variable $x[0]$ durch. Ist diese Abhängigkeit linear?

7.2 Führen Sie den Scan nach Eingangssensitivitäten auch für das Regressionsnetz in Abschn. 4.5.8 durch. Welche Variable hat den stärksten Einfluss?

Literatur

1. M. Babik and L. Hluchy, "Deep integration of python with web ontology language," in *2nd Workshop on Scripting for the Semantic Web*, 2006.
2. O. Bastani, C. Kim, and H. Bastani, "Interpreting blackbox models via model extraction," 2019.
3. U. Bhatt, A. Weller, and J. M. F. Moura, "Evaluating and aggregating feature-based model explanations," 2020.
4. U. Furbach and C. Schon, "Deontic logic for human reasoning," *Advances in Knowledge Representation, Logic Programming, and Abstract Augmentation*, pp. 63–80, 2014.
5. U. Furbach, C. Schon, and F. Stolzenburg, "Automated reasoning in deontic logic?" in *Proc. MIWAI 2014: Multi-Disciplinary International Workshop on Artificial Intelligence*, 2014.
6. D. Janzing, L. Minorics, and P. Bloebaum, "Feature relevance quantification in explainable ai: A causal problem," in *Proceedings of the Twenty Third International Conference on Artificial Intelligence and Statistics*, ser. Proceedings of Machine Learning Research, S. Chiappa and R. Calandra, Eds., vol. 108. PMLR, 26–28 Aug 2020, pp. 2907–2916. [Online]. Available: https://proceedings.mlr.press/v108/janzing20a.html.
7. M. A. Musen, "The protege project: A look back and a look forward," *Association of Computing Machinery Specific Interest Group in Artificial Intelligence*, vol. 1, no. 14, 2015.
8. P. F. Patel-Schneider, P. Hayes, and I. Horrocks, "OWL web ontology language: Semantics and abstract syntax," W3C, W3C Recommendation 10 February 2004, February 2004. [Online]. Available: http://www.w3.org/TR/owl-semantics/.
9. M. T. Ribeiro, S. Singh, and C. Guestrin, ""why should i trust you?": Explaining the predictions of any classifier," in *Proceedings of the 22nd ACM SIGKDD International Conference on Knowledge Discovery and Data Mining*, ser. KDD '16. New York, NY, USA: Association for Computing Machinery, 2016, pp. 1135–1144. [Online]. Available: https://doi.org/10.1145/2939672.2939778.
10. L. S. Shapley, *A Value for N-Person Games*. Santa Monica, CA: RAND Corporation, 1952.
11. S. Tan, G. Hooker, P. Koch, A. Gordo, and R. Caruana, "Considerations when learning additive explanations for black-box models," 2021.
12. E. Štrumbelj and I. Kononenko, "Explaining prediction models and individual predictions with feature contributions," *Knowl. Inf. Syst.*, vol. 41, no. 3, pp. 647–665, dec 2014. [Online]. Available: https://doi.org/10.1007/s10115-013-0679-x.

Anhang A: Grundlagen in Python

A.1. Eine Umgebung für Python aufsetzen

Um die im Buch vorgestellten Codes ausführen zu können, benötigen Sie zunächst eine Python-Umgebung auf Ihrem Computer. Sie haben hier die freie Wahl von mehreren Anbietern. Wir empfehlen hierbei die Anaconda Distribution[1] zu installieren, die es für jedes Betriebssystem gibt. Sie bringt bereits die meisten Bibliotheken mit, die wir für unsere Codes benötigen.

Ebenfalls in Anaconda enthalten ist die Programmierumgebung Jupyter[2]. Diese Umgebung eignet sich gut für den Einstieg in das maschinelle Lernen. Sie basiert auf Notebook-Dateien, welche Codefragmente in Form von Zellen am Stück oder einzeln ausführen. Sie können den Python-Code im Notebook verändern und die jeweilige Zelle direkt ausführen. Jedweder Fehler fällt schnell auf und kann durch einzelnen Zellen rasch gefunden werden.

A.2. Typisierung

Wie wichtig die Art von Daten ist, wurde bereits im ersten Kapitel ausgiebig diskutiert. In Programmiersprachen spielt die Wahl des richtigen Datentypen eine herausragende Rolle. Viele Sprachen erfordern daher eine eindeutige Festlegung einer Variablen auf einen Datentypen. Eine solche Vereinbarung könnte `Vorname=string` lauten.

Python arbeitet dagegen mit einer dynamischen Typisierung. Das bedeutet, dass der Interpreter während er ein Programm ausführt, den Typ der Variablen zuweist. Den Typ erfährt der Interpreter lediglich aus der ersten Zuweisung: aus `Vorname='Hans'` folgert es, dass Sie als Vornamen einen `string` verwenden.

---

[1] https://www.anaconda.com

[2] https://jupyter.org/

© Der/die Autor(en), exklusiv lizenziert an Springer-Verlag GmbH, DE, ein Teil von Springer Nature 2024
M. J. Neuer, *Maschinelles Lernen für die Ingenieurwissenschaften*,
https://doi.org/10.1007/978-3-662-68216-6

Listing A.1 Beispiele für verschiedene Datentypen in Python

```
 1  # integer
 2  i = 1
 3
 4  # float
 5  a = 2.0
 6
 7  # string
 8  Name = 'Hans'
 9  Color = 'Red'
10
11  # bool
12  isBlue = False
13  isRed = True
14
15  # Arrays
16  t = [0,1,2,3] # integer
17  x = [1.0,2.0,3.0,4.0] # float
18  persons = ['Hans', 'Peter', 'Frank'] # strings
```

In Listing A.1 sind in den Zeilen 1–13 einige Beispiele der Grundtypen aufgeführt. Die Zeilen 15–18 zeigen dagegen Vektoren bzw. arrays, die mehrere Elemente gleichen Typs enthalten können. Einige Programmierer, speziell solche, die viel mit Compilersprachen arbeiten, stört das Fehlen von Typenangaben. Allerdings existiert in späteren Versionen von Python ebenso eine Möglichkeit Typen explizit anzugeben, wenn auch nur zu Zwecken der Dokumentation. In Listing A.2 ist die gleiche Gruppe an Variablen noch einmal angelegt, nur jetzt mit expliziter Angabe der Typen im Code.

Listing A.2 Beispiele für verschiedene Datentypen in Python.

```
 1  # integer
 2  i: int = 1
 3
 4  # float
 5  a: float = 2.0
 6
 7  # string
 8  Name: str = 'Hans'
 9  Color: str = 'Red'
10
11  # bool
12  isBlue: bool = False
13  isRed: bool = True
14
```

```
15   # Arrays
16   t:list = [0,1,2,3] # integer
17   x:list = [1.0,2.0,3.0,4.0] # float
18   persons:list = ['Hans', 'Peter', 'Frank'] # strings
```

Die Typenangabe hilft Ihnen vor allem, wenn Sie später den Code automatisiert prüfen. Hier existieren Tools, die Konsistenz, Typenwechsel und Fehler besser finden können, wenn die Typisierung klar definiert wurde.

Neben den Grundtypen int, float, string und bool sowie den arrays ermöglicht es uns Python auch heterogene Strukturen zu definieren. Ein wichtiger Typ hierfür ist das dictionary. Es repräsentiert eine Schablone für semistrukturierte Daten und erlaubt es, komplexe Datenmodelle auf einfache Art und Weise zu schreiben. In Listing A.3 ist ein Beispiel hierfür aufgeführt.

Listing A.3 Beispiele für verschiedene Datentypen in Python

```
1   myDictionary = {'DictionaryID':'MyDict',
2                   'Color':'Red'
3                   'IsRed':True,
4                   'NumberOfPersons':3,
5                   'MeanAge':34.25,
6                   'Persons':['Hans','Peter', 'Frank']}
```

A.3. if-Bedingung, for-Schleife und while-Schleife

Wie alle Programmiersprachen ist Python in der Lage Bedingungen zu interpretieren. In Listing A.4 ist dies exemplarisch dargestellt.

Listing A.4 Beispiele für eine if-Bedingung in Python

```
1   i = 10
2
3   if i == 10:
4       print('i_ist_10')
5   elif i == 5:
6       print('i_ist_5')
7   else:
8       print('i_ist_alles,_aber_nicht_10_und_nicht 5')
```

Das Listing A.5 zeigt eine klassische for-Schleife, die von 0 bis 9 läuft. Es nutzt den internen Befehl range(start, end). Achtung, die Ausgabe dieses Listings wird bei 9 enden. Dies liegt an der Definition von range(start, end), die bei start beginnt und vor end aufhört.

Listing A.5 Beispiele für eine for-Schleifein Python

```
1  for i in range(0,10):
2      print(i)
```

for-Schleifen iterieren durch ihre Liste. Im obigen Fall war dies ein Vektor mit Zahlen, im nächsten Listing finden Sie eine Sammlung von Namen. In beiden Fällen geht die for-Schleife Element für Element des Vektors durch.

Listing A.6 Beispiele für eine for-Schleife für Strings in Python

```
1  list = ['Hans', 'Peter', 'Karl', 'Thomas']
2  for eachName in list:
3      print(eachName)
```

Die while-Schleife ist eine Variation dieses Konzepts.

Listing A.7 Beispiele für eine While-Schleife in Python

```
1  i=0
2  while i<10:
3      print(i)
4      i+=1
```

A.4. Listen Abstraktion/List Comprehension

List Comprehensions sind ein mächtiges Werkzeug in Python, um schnell neue Listen zu erzeugen. Sie sind oft den for-Schleifen überlegen. In Listing A.8 finden wir ein Beispiel für eine Comprehension, die gleich ein Tupel (x, y) anlegt.

Listing A.8 Beispiele für eine List-Comprehension in Python

```
1  [(x,y) for x in range(0,2) for y in range(4,6)]
```

Diese Schreibweise ist kompakt und erlaubt es, Listen mit wenig Code zu schreiben. Sie sind, wie man am Beispiel erkennt, klarer formuliert, ausdrucksstark und leichter zu lesen. Trotz all ihrer Vorteile sind for-Schleifen didaktisch bekannter. Für Algorithmenprototypen in diesem Buch wählen wir häufiger den Weg über die klassischen Schleifen. Ein wesentlicher Grund ist auch der Transfer in andere Sprachen, der dadurch einfacher fällt.

In einigen Fällen überlassen wir es den Übungsaufgaben, Code in die Form einer Comprehension zu überführen.

A.5. Funktionsdefinition

Funktionen lassen sich über den Vermerk `def` anlegen. Ein Beispiel ist in Listing A.9 die Definition einer Funktion, die zwei Zahlen addiert.

Listing A.9 Beispiele für eine if-Bedingung in Python

```
def add(a,b):
    c = a+b
    return c

# oder kuerzer:
def add2(a,b):
    return a+b
```

Auch hier kann die Angaben von Typen helfen, den Code klarer zu gestalten. Listing A.10 enthält daher eine Variation der Funktionendefinition, wo explizite Typen mit angegeben sind.

Listing A.10 Beispiele für eine if-Bedingung in Python

```
def add(a:float,b:float) -> float:
    c:float = a+b
    return c
```

A.6. Betrachten von Daten

Nachdem wir uns nun mit den vielfältigen Möglichkeiten beschäftigt haben, wie wir Daten innerhalb der Programmiersprache mit Beschreibungen kennzeichnen, wollen wir nun zeigen, wie man Daten visuell darstellt. Für uns ist es von vorrangigem Interesse, einen Überblick über unsere Daten zu erhalten. In Python ist die Bibliothek matplotlib ein praktisches Werkzeug zum Plotten und Visualisieren. Im Listing A.11 sehen wir, wie man das vorangegangene Beispiel 1.2 graphisch ausgeben kann.

Listing A.11 Visualisieren von Daten mit Matplotlib

```
plt.plot(myDataFrame['Time'],myDataFrame['Position'],'k-')
plt.scatter(loadedDataFrame['Time'],loadedDataFrame['Position'
    ], s=100, marker='o', color='b')

plt.xticks(fontsize=18)
plt.yticks(fontsize=18)
plt.xlabel('Time␣/␣.u.', fontsize=20)
plt.ylabel('Position␣/␣a.u.', fontsize=20)
```

Abb. A.1 Ausgabe vom
Programmcode in
Listing A.11

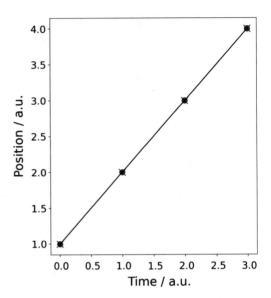

Die Abb. A.1 zeigt die Ausgabe des Diagramms, wenn man das Listing ausführt. Matplotlib verfügt über eine umfangreiche Zahl an Darstellungsarten.

A.7. Klassendefinition

Python ist eine objektorientierte Sprache. Man kann Klassen definieren und basierend auf dieser Definition mehrere Objektinstanzen erzeugen, die sich so verhalten, wie in der Klasse vorgeschrieben wurde.

Listing A.12 Beispiele für eine if-Bedingung in Python

```
 1  # Klassendefinition
 2  class myClass():
 3
 4      def __init__(self, inputName): # Konstruktor
 5          self.name=inputName   # Klassenvariable
 6          i = 3       # lokale Variable nur innerhalb
                __init__
 7          self.i = 4 # Klassenvariable
 8
 9      def whoAreYou(self): # Klassenfunktion
10          return self.name
11
12  # Test der Klasse
```

```
13  myInstance = myClass(inputName='Torben')
14  myInstance.whoAreYou()
15
16  mySecondInstance = myClass(inputName='Hans')
17  mySecondInstance.whoAreYou()
```

In A.12 ist gezeigt, wie man eine Klasse anlegt und diese instanziert. Der Begriff self
spielt dabei eine wichtige Rolle. Alle Variablen die über self.? definiert werden,
sind in der gesamten Klasse verfügbar. Einfache Variablen, wie sie in Zeile 6 definiert
sind, sind nur in dem Programmabschnitt verfügbar, wo sie angelegt wurden.

Nahezu alle Algorithmen, die wir kennenlernen werden, sind als Objekte angelegt.

A.8. Speichern und Laden von Daten

Werfen wir einen ersten Blick auf Wege, um Daten zu speichern und zu laden. Dies ist
in der Tat einer der grundlegenden ersten Schritte bei jeder Data-Mining-Arbeit oder
bei Entwicklungen für maschinelles Lernen. Entweder stellen wir eine Verbindung
zu einer Datenbank her oder wir laden Daten, die in speziellen Dateien gespeichert
sind und die relevante Daten zu unserem Problem enthalten.

In Listing A.13 ordnen wir der Einfachheit halber nur einen Vektor zu. Wir greifen
dazu ein Beispiel von weiter oben wieder auf. Die Vektoren repräsentieren die Zeit
t und einen bestimmten Positionsvektor x:

Listing A.13 Beispiele für das Laden und Speichern von Daten mit Pandas

```
1  import pandas
2
3  t = [0,1,2,3] # index
4  x = [1.0,2.0,3.0,4.0] # measurement
5  myDictionary = {'Position':x, 'Time':t}
6
7  myDataFrame = pd.DataFrame(myDictionary)
8  myDataFrame.to_csv('Test.csv')
9  loadedDataFrame = pd.read_csv('Test.csv')
```

Listing A.13 zeigt zum Einen in Zeilen 3–8, wie Sie Daten speichern können und
in Zeile 9, wie Sie die gespeicherte Information wieder laden können. Beachten Sie
bitte, dass wir in diesem Beispiel die Daten als csv-Datei, also als kommaseparierte
Werte ablegen.

Eine ebenso einfache Methode ganze Dictionaries zu speichern, bietet die Python-
Funktion pickle. Sie legt die Daten allerdings in binärer Form ab und komprimiert sie. Damit werden auch große Datenmengen kompakt und leicht austauschbar.

Das A.14 zeigt das gleiche Beispiel wie A.13 und speichert die Daten als `pickle`-Datei.

Listing A.14 Beispiele für das Laden und Speichern von Daten mit Pandas

```
import pickle

t = [0,1,2,3] # index
x = [1.0,2.0,3.0,4.0] # measurement
myDictionary = {'Position':x, 'Time':t}
pickle.dumps(myDictionary, open('Test.dat', 'wb'))

loadedDictionary = pickle.load(open('Test.dat', 'rb')
    )
```

Die Daten für die Beispiele in diesem Buch, werden im `pickle`-Format zur Verfügung gestellt. Sie können alle mit dem Kommando in Zeile 8 von A.14 geöffnet werden.

Stichwortverzeichnis

Printed in the United States
by Baker & Taylor Publisher Services